普通高等教育"十四五"系列教材

公安信息化应用基础教程

主　编　徐衍微　万雪勇

副主编　龚红辉　罗婷婷　徐　威　罗　娟

中国水利水电出版社
www.waterpub.com.cn
·北京·

内 容 提 要

本书是基于计算机技术、通信技术、计算机网络技术在公安业务工作中的应用而编写的公安信息化基础类教材,全书共分 9 章:计算机与计算思维、计算机系统、Windows 10 操作系统基础、多媒体技术在公安工作中的应用、文书制作与排版技术在公安工作中的应用、数据处理技术在公安工作中的应用、案情分析和汇报演示文稿制作、网络技术在公安工作中的应用、信息安全。通过对本书的学习,学生可初步掌握计算机及网络技术、信息安全、公安数据处理与管理和多媒体基础知识,了解有关信息技术的基本原理和应用,具备公安信息化的应用技能和公安业务信息处理的基本能力,为适应未来工作岗位需要和公安工作信息化变革,打下坚实基础。

本书适合作为公安类本科院校的计算机基础教材或公安机关民警的培训教材。

本书习题参考答案可以从中国水利水电出版社网站(www.waterpub.com.cn)或万水书苑网站(www.wsbookshow.com)免费下载。

图书在版编目(CIP)数据

公安信息化应用基础教程 / 徐衍微, 万雪勇主编
. -- 北京:中国水利水电出版社, 2022.8(2023.8 重印)
普通高等教育"十四五"系列教材
ISBN 978-7-5226-0838-9

Ⅰ. ①公⋯ Ⅱ. ①徐⋯ ②万⋯ Ⅲ. ①信息技术-应用-公安工作-中国-高等学校-教材 Ⅳ. ①D631-39

中国版本图书馆CIP数据核字(2022)第121499号

策划编辑:陈红华 责任编辑:魏渊源 加工编辑:白绍昀 封面设计:梁 燕

书 名	普通高等教育"十四五"系列教材 **公安信息化应用基础教程** GONG'AN XINXIHUA YINGYONG JICHU JIAOCHENG
作 者	主 编 徐衍微 万雪勇 副主编 龚红辉 罗婷婷 徐 威 罗 娟
出版发行	中国水利水电出版社 (北京市海淀区玉渊潭南路 1 号 D 座 100038) 网址:www.waterpub.com.cn E-mail: mchannel@263.net(答疑) sales@mwr.gov.cn 电话:(010) 68545888(营销中心)、82562819(组稿)
经 售	北京科水图书销售有限公司 电话:(010) 68545874、63202643 全国各地新华书店和相关出版物销售网点
排 版	北京万水电子信息有限公司
印 刷	三河市鑫金马印装有限公司
规 格	184mm×260mm 16 开本 18.25 印张 456 千字
版 次	2022 年 8 月第 1 版 2023 年 8 月第 2 次印刷
印 数	2001—4000 册
定 价	49.80 元

前　言

公安信息化即警务信息化，是指在警务活动的各个环节中，充分利用现代信息技术、信息资源和环境建立信息应用系统，使信息采集、流转、传输和利用集中高效，使信息资源优化配置，从而不断提高公安工作的效率和水平。

公安信息化的发展依托大数据、云计算、人工智能等主流计算机技术，以数据为基础，以实战为导向，向数据要警力，向应用要价值。公安信息化发展将以数据全面融合、视频深度应用、大数据增值应用为基点，全面推进公安实战的应用。每一位公安干警都应掌握公安信息化技术的基础知识，提升公安实战的基本技能，真正做到"数据强警"。

本书是一本介绍公安信息技术基础知识的教材，主要内容包括以下几个方面：

（1）计算机基础知识：介绍计算思维、计算机基础知识，了解计算机的发展史、发展方向、系统组成、工作原理、应用领域和特点。

（2）Windows 10 的基本操作：操作系统的应用。

（3）多媒体技术的应用：使用多媒体工具完成公安相关多媒体软件的基本操作。

（4）Word 文字处理软件应用：应用 Word 2016 编辑公安文书。

（5）Excel 电子表格应用：应用 Excel 2016 进行公安数据分析处理。

（6）PowerPoint 演示文稿制作：应用 PowerPoint 2016 制作案情分析和汇报演示文稿。

（7）网络技术及信息安全应用：介绍互联网基础知识，了解 Internet 的使用，掌握网络信息检索、电子邮件、微博等的操作方法和操作技能，熟悉信息安全的相关知识。

本书主要特色如下：

（1）思政进教材。将思政内容潜移默化地融入到教材中，引导学生知史爱党、知史爱国，培养学生的警察职业素养。

（2）紧密结合公安实战案例。本书配合课程教学，引入公安业务常用的案例，提高学生的操作能力和公安实战能力。

（3）满足不同层次学生的需求。注重学生的个体能力差异，通过习题、拓展练习等内容让不同层次的学生得到发展和提升。

本书由徐衍微、万雪勇任主编，负责全书整体结构和内容设计及统稿工作。第 1 章由徐衍微编写，第 2 章由龚红辉、徐衍微编写，第 3 章由黄水根编写，第 4 章由罗娟、徐衍微编写，第 5 章由罗婷婷、龚红辉编写，第 6 章由谭尾琴、万雪勇编写，第 7 章由罗婷婷编写，第 8 章由徐威、徐衍微编写，第 9 章由余先荣、徐衍微编写。

由于作者水平有限，书中难免存在疏漏和不足之处，恳请读者批评指正。

编　者

2022 年 6 月

目　　录

第1章 计算机与计算思维

计算机的出现使人类迅速步入了信息社会，计算机是一种能够按照指令对各种数据和信息进行自动加工和处理的电子设备。计算机技术是计算机领域中所运用的技术方法和技术手段，掌握计算机相关技术已成为各行各业人员的基本要求之一，公安行业也不例外。计算思维作为一种思维方式，通过广义的计算来描述各类自然过程和社会过程，从而解决各学科的问题，是公安专业大学生必须掌握的思维方法。

本章介绍计算机基础知识，包括计算机的发展历程、数制及其转换、计算思维、公安信息化基础知识等，为后面内容的学习奠定基础。

 本章要点

- 计算机的发展历程及应用领域。
- 二进制及不同进制之间的数值转换和运算。
- 信息的表示和存储方式。
- 计算思维。
- 公安信息化基础知识。

1.1 计算机的发展历程

1.1.1 从算筹到计算机

1. 算筹

古代的算筹实际上是一根根同样长短和粗细的小棍子，一般长为 3～14cm，径粗 0.2～0.3cm，多用竹子制成，也有用木头、兽骨、象牙、金属等材料制成的，大约二百七十几枚为一束，放在一个布袋里，系在腰部随身携带，如图 1.1 所示。

图 1.1 算筹

算筹有"纵式"和"横式"两种不同的摆法，是为了满足十进位制的需要（表示多位数

时，个位用纵式，十位用横式，百位用纵式，千位用横式，依此类推，遇零则置空），如图1.2所示。

中国古代十进位制的算筹记数法在世界数学史上是一个伟大的创造。数学家祖冲之计算圆周率时使用的工具就是算筹。

2. 算盘

算盘是一种手动操作的计算辅助工具，它起源于我国，迄今已有2600多年的历史，是我国古代的一项重要发明。在阿拉伯数字出现前，算盘是广泛使用的计算工具，如图1.3所示。

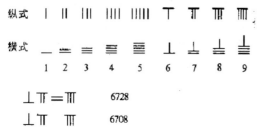

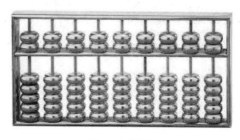

图1.2   算筹的摆法   图1.3   算盘

算盘是由早在春秋时期便已普通使用的算筹逐渐演变而来的，它不但是我国古代的一项重要发明，而且是在阿拉伯数字出现之前曾被人们广为使用的一种计算工具。中国是算盘的故乡，在计算机已被普遍使用的今天，古老的算盘不仅没有被废弃，反而因它的灵便、准确等优点而受到许多人的青睐。

3. 计算尺与圆算尺

15世纪以后，随着天文学和航海业的发展，计算工作日趋繁重，迫切需要新的计算方法并改进计算工具。1620年，英国人埃德蒙·甘特（Edmund Gunter，1581—1626年）把对数刻在一把尺子上（称为甘特尺），将繁琐的数值改成直观的刻度，这是计算尺最原始的雏形。在此基础上，人们发明了多种类型的计算尺，如威廉·奥特雷德（William Oughtred，1575—1660年）发明的圆算尺。这些计算工具曾为科学和工程计算做出了巨大的贡献，计算尺和圆算尺如图1.4所示。

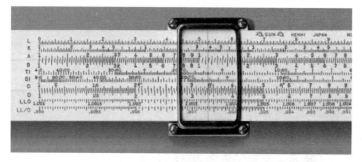

图1.4   计算尺和圆算尺

4. 机械计算机

17世纪中期，以蒸汽机为代表的工业革命导致各种机器设备被大量地发明。要实现这些发明，最基本的问题就是计算。在此背景下，一批杰出的科学家相继开始尝试机械式计算机的研制，并取得了丰硕的成果。

1642 年，法国数学家布莱士·帕斯卡（Blaise Pascal，1623—1662 年）利用一组齿轮转动计数的原理设计制作了人类第一台能做加法运算的手摇计算机。这种通过齿轮计数的设计原理对计算机器的发展产生了持久的影响，在当今的许多计量设备中仍能寻到它的踪迹。

1673 年，德国数学家戈特弗里德·威廉·莱布尼茨（Gottfried Wilhelm Leibniz，1646—1716 年）改进了帕斯卡的加法器，使之可以计算乘除法，结果可以达到 16 位，从而使机械设备能够完成基本的四则运算。

1822 年，英国数学家查尔斯·巴贝奇（Charles Babbage，1791—1871 年）曾尝试设计用于航海和天文计算的差分机和分析机，这是最早采用寄存器来存储数据的计算机。他设计的分析机引进了"程序控制"的概念，使其已经有了今天计算机的基本框架，因此它被看成是采用机械方式实现计算过程的最高成就。

5．电控计算机

1884 年，美国人赫曼·霍列瑞斯（Herman Hollerith，1860—1929 年）受到提花织机的启示，想到用穿孔卡片来表示数据，从而制造出了制表机。它采用电气控制技术取代纯机械装置，将不同的数据用卡片上不同的穿孔表示，通过专门的读卡设备将数据输入计算装置。以穿孔卡片记录数据的思想正是现代软件技术的萌芽。制表机的发明是机械计算机向电气技术转化的一个里程碑，它标志着计算机作为一个产业开始初具雏形。

20 世纪初期，随着机电工业的发展，一些具有控制功能的电气元件出现了，并逐渐用于计算工具中。1944 年，霍华德·海撒威·艾肯（Howard Hathaway Aiken，1900—1973 年）在 IBM 公司的赞助下领导研制成功了世界上第一台自动电控计算机 Mark I，实现了当年巴贝奇的设想。这是世界上第一台实现顺序控制的自动数字计算机，它取消了齿轮传动装置，以穿孔纸带传送指令。穿孔纸带上的"小孔"不仅能控制机器操作的步骤，还能用来运算和存储数据。

6．图灵机

艾伦·麦席森·图灵（Alan Mathison Turing），英国著名数学家、逻辑学家、密码学家，被称为**"计算机科学之父"**和**"人工智能之父"**，如图 1.5 所示。1938 年在美国普林斯顿大学取得博士学位，第二次世界大战爆发后回到剑桥，后曾协助军方破解德国的著名密码系统 Enigma，帮助盟军取得了第二次世界大战的胜利。图灵于 1954 年 6 月 7 日在曼彻斯特去世，他是计算机逻辑的奠基者，提出了"图灵机"和"图灵测试"等重要概念。为纪念图灵在计算机领域的卓越贡献，美国计算机学会（ACM）1966 年专门设立了"图灵奖"。

图灵机（Turing Machine），又称图灵计算机，是英国数学家艾伦·麦席森·图灵（1912—1954 年）于 1936 年提出的一种抽象的计算模型，如图 1.6 所示。它将人们使用纸笔进行数学运算的过程抽象化，由一个虚拟的机器替代人类进行数学运算。它有一条无限长的纸带，纸带分成了一个个的小方格，每个方格有不同的颜色。有一个机器头在纸带上移来移去，机器头有一组内部状态，还有一些固定的程序。在每个时刻，机器头都要从当前纸带上读入一个方格信息，然后结合自己的内部状态查找程序表，根据程序输出信息到纸带方格上并转换自己的内部状态，然后进行移动。

图 1.5　图灵

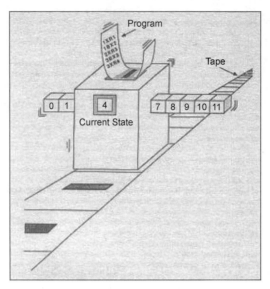

图 1.6　图灵机（Turing Machine）

提示： 美国计算机学会（ACM）1966 年设立"图灵奖"，旨在奖励对计算机事业做出重要贡献的个人。图灵奖对获奖条件要求极高，评奖程序极严，一般每年仅授予一名计算机科学家。图灵奖是计算机领域的国际最高奖项，被誉为"计算机界的诺贝尔奖"。

7．电子计算机的诞生

1943 年，美国为了解决新武器研制中的弹道计算问题而组织科技人员开始了对电子数字计算机的研究。1946 年 2 月，电子数字积分计算机（Electronic Numerical Integrator And Computer，ENIAC）在美国宾夕法尼亚大学研制成功，**ENIAC** 是世界上第一台通用电子计算机，如图 1.7 所示。这台计算机共使用了 18000 多只电子管、1500 个继电器，耗电 150kW，占地面积约 167m²，重 30t，每秒能完成 5000 次加法运算或 400 次乘法运算。

冯·诺依曼（Von Neumann）为美国军方研制了电子离散变量自动计算机（Electronic Discrete Variable Automatic Computer，EDVAC），如图 1.8 所示。在 EDVAC 中，冯·诺依曼采用了二进制数并创立了"存储程序"的设计思想。EDVAC 也被认为是现代计算机的原型。

图 1.7　ENIAC

图 1.8　冯·诺依曼

提示：冯·诺依曼结构，即采用二进制表示数据或指令，计算机的硬件由运算器、控制器、存储器、输入设备和输出设备组成，指令存储在计算机内且能自动执行。

?思考·感悟

思考：简述一下我国和外国计算工具的发展历史。

感悟：文明因多样而交流，因交流而互鉴，因互鉴而发展。

——习近平

1.1.2　计算机概述

1．计算机的发展

随着电子元器件的发展，从第一台计算机诞生到现在共经历了四代：电子管、晶体管、中小规模集成电路、大规模/超大规模集成电路，如表 1.1 所示。

表 1.1　计算机的发展

阶段	划分年代	采用的元器件	运算速度（每秒指令数）	主要特点	应用领域
第一代计算机	1946—1957 年	电子管	几千条	主存储器采用磁鼓，体积庞大、耗电量大、运行速度低、可靠性较差、内存容量小	国防及科学研究工作
第二代计算机	1958—1964 年	晶体管	几万～几十万条	主存储器采用磁芯，开始使用高级程序及操作系统，运算速度提高、体积减小	工程设计数据处理
第三代计算机	1965—1970 年	中小规模集成电路	几百万～几千万条	主存储器采用半导体存储器，集成度高、功能增强、价格下降	工业控制数据处理
第四代计算机	1970 年至今	大规模/超大规模集成电路	上千万～万亿条	计算机走向微型化，性能大幅度提高，软件也越来越丰富，为网络化创造了条件。同时计算机逐渐走向人工智能化，并采用了多媒体技术，具有听、说、读和写等功能	工业、生活等各个方面

第一代：电子管计算机时代（1946—1958 年）。这一代计算机的主要特点有：采用电子管作为基本元器件，主存储器主要是水银延迟线存储器，后期使用了磁芯存储器；编程主要使用机器语言和汇编语言，主要应用于科学计算方面，运算速度每秒只有几千次到几万次，体积大、耗电高、价格昂贵且可靠性低。但是电子管计算机为计算机的发展奠定了基础，如图 1.9（a）所示。

第二代：晶体管计算机时代（1958—1964 年）。这一代计算机的主要特点有：采用晶体管取代电子管作为逻辑元器件，主存储器大量采用磁芯，外存储器开始使用磁盘；出现了操作系统和高级程序设计语言，应用从科学计算扩展到了数据处理，运算速度达到了每秒几十万次，体积减小、功耗降低、可靠性提高，如图 1.9（b）所示。

第三代：中小规模集成电路计算机时代（1964—1970 年）。这一代计算机的主要特点有：采用中小规模集成电路作为元器件，主存储器仍以磁芯存储器为主；操作系统、多种高级程序设计语言都有了进一步的发展；体积、功耗都显著减小，可靠性进一步提高，运算速度已达到每秒几百万次，出现了向大型机和小型机两极发展的趋势；被广泛应用于科学计算、数据处理、工业控制等领域，如图 1.9（c）所示。

　　第四代：大规模和超大规模集成电路计算机时代（1970 年至今）。这一代计算机的主要特点有：采用大规模/超大规模集成电路作为计算机主要器件；操作系统、数据库管理系统等系统软件更加完善，高级程序设计语言更加丰富，应用软件逐渐发展成为一个现代产业；计算机技术与通信技术相结合，出现了多机并行处理和网络化的新特征，运算速度达到了每秒千万亿次，计算机应用渗透到了人类生活的方方面面，如图 1.9（d）所示。

（a）电子管　　　　　　（b）晶体管　　　　（c）中小规模集成电路　　（d）大规模/超大规模集成电路

图 1.9　电子器件

　　随着超大规模集成电路和新的计算机体系结构的发展，第五代计算机将是完全新型的计算机，这一代计算机主要是把信息采集、存储、处理、通信和人工智能结合起来的智能计算机。

？思考·感悟

　　思考：什么是摩尔定律？

　　感悟：从 ENIAC 的诞生、电子管到晶体管、集成电路的创新，到大规模集成电路时代的摩尔定律，这一定律揭示了**信息技术进步**的速度。

　　2. 计算机的特点、应用及分类

　　（1）计算机的特点。计算机主要有以下 4 个特点：

- 运算速度快。计算机的运算速度指的是计算机在单位时间内执行指令的条数，一般以每秒能执行多少条指令来描述。早期的计算机由于技术的原因，工作效率较低，而随着集成电路技术的发展，计算机的运算速度得到飞速提升，目前世界上已经有运算速度超过每秒亿亿次的超级计算机。

- 计算精度高。计算机的计算精度取决于采用机器码的字长（二进制码），即常说的 8 位、16 位、32 位和 64 位等。机器码的字长越长，有效位数就越多，精度也就越高。

- 存储能力强。计算机具有许多存储记忆载体，可以将运行的数据、指令程序和运算的结果存储起来，供计算机本身或用户使用，还可即时输出文字、图像、声音和视频等各种信息。例如，要在一个大型图书馆使用人工查阅的方法查找书目可能会比较复杂，而采用计算机管理后，所有的图书目录及索引都被存储在计算机中，这时查找一本图书只需要几秒钟。

- 自动化程度高。计算机内有运算单元、控制单元、存储单元和输入/输出单元。计算机可以按照编写的程序（一组指令）实现工作自动化，不需要人的干预，而且可以反复执行。例如企业生产车间及流水线管理中的各种自动化生产设备，正是因为植入了计算机控制系统，工厂生产自动化才成为可能。

提示：除了以上主要特点外，计算机还具有可靠性高和通用性强等特点。

（2）计算机的应用。在诞生初期，计算机主要应用于科研和军事等领域，负责的工作内容主要是大型的高科技研发活动。近年来，随着社会的发展和科技的进步，计算机的功能不断扩展，在社会各个领域都得到了广泛应用。计算机的应用可以概括为以下 7 个方面：

- 科学计算。科学计算即通常所说的数值计算，是指利用计算机来完成科学研究和工程设计中提出的数学问题的计算。计算机不仅能进行数字运算，还可以解答微积分方程和不等式。由于计算机运算速度较快，以往人工难以完成甚至无法完成的数值计算计算机都可以完成，如气象资料分析和卫星轨道的测算等。目前，基于互联网的云计算甚至可以达到每秒 10 万亿次的超强运算速度。

- 数据处理和信息管理。数据处理和信息管理是指使用计算机来完成对大量数据进行的分析、加工和处理等工作。这些数据不仅包括"数"，还包括文字、图像和声音等数据形式。现代计算机运算速度快、存储容量大，因此在数据处理和信息加工方面的应用十分广泛，如企业的财务管理、事务管理、资料和人事档案的文字处理等。计算机数据处理和信息管理方面的应用为实现办公自动化和管理自动化创造了有利条件。**办公自动化**（Office Automation，OA）指用计算机帮助办公室人员处理日常工作。

- 计算机辅助工程。计算机辅助工程是近几年来迅速发展的应用领域，它包括**计算机辅助设计**（Computer Aided Design，CAD）、**计算机辅助制造**（Computer Aided Manufacturing，CAM）、**计算机辅助教学**（Computer Aided Instruction，CAI）等多个方面。

- 过程控制。过程控制也称实时控制，是利用计算机对生产过程和其他过程进行监测并自动控制设备工作状态的一种控制方式，被广泛应用于各种工业环境中，还可以取代人在危险、有害的环境中作业。计算机作业不受疲劳等因素的影响，可完成大量有高精度和高速度要求的操作，节省了大量的人力物力，大大提高了经济效益。

- 数据通信。从 20 世纪 50 年代初开始，随着计算机远程信息处理应用的发展，通信技术和计算机技术相结合产生了一种新的通信方式，即数据通信。数据通信就是为了实现计算机与计算机或终端与计算机之间的信息交互而产生的一种通信技术。信息要在两地间传输，就必须有传输信道。根据传输介质的不同，通信方式分为有线数据通信和无线数据通信，它们都通过传输信道将数据终端与计算机连接起来，而使不同地点的数据终端实现软硬件资源和信息资源的共享。

- 多媒体技术。多媒体技术（Multimedia Technology）是指通过计算机对文字、数据、图形、图像、动画和声音等多种媒体信息进行综合处理和管理，使用户可以通过多种感官与计算机进行实时信息交互的技术。多媒体技术拓宽了计算机的应用领域，使计算机被广泛应用于教育、广告宣传、视频会议、服务业和文化娱乐业等领域。

- 人工智能。人工智能（Artificial Intelligence，AI）是指涉及智能的计算机系统，让计算机具有人类才具有的智能特性，模拟人类的智能活动，如"学习""识别图形和声音""推理过程"和"适应环境"等。目前，**人工智能**主要应用于智能机器人、机器翻译、医疗诊断、故障诊断、案件侦破和经营管理等方面。

（3）计算机的分类。计算机的种类非常多，划分的方法也有很多。按计算机的用途可将其分为专用计算机和通用计算机两种。

专用计算机是指为适应某种特殊需要而设计的计算机，如计算导弹弹道的计算机等。因为这类计算机都强化了某些特定功能，忽略了一些次要功能，所以有高速度、高效率、使用面窄和专机专用的特点。而通用计算机广泛适用于一般科学运算、学术研究、工程设计和数据处理等领域，具有功能多、配置全、用途广和通用性强等特点。目前市场上销售的计算机大多属于通用计算机。

按计算机的性能、规模和处理能力，可将其分为微型机、小型机、中型机、大型机、巨型机 5 类。

- 微型机。微型计算机简称微型或微机，是应用最普遍的机型。微型机价格便宜、功能齐全，被广泛应用于机关、学校、企业、事业单位和家庭中。微型机按结构和性能可以划分为单片机、单板机、个人计算机（PC）、工作站和服务器等。其中个人计算机又可分为台式计算机和便携式计算机（如笔记本电脑）两类，如图 1.10 所示。

（a）台式计算机　　　　　　　　　　（b）笔记本电脑

图 1.10　微型机

- 小型机。小型机是指采用精简指令集处理器，性能和价格介于微型机和大型机之间的一种高性能 64 位计算机。小型机的特点是结构简单、可靠性高和维护费用低，它常用于中小型企业。随着微型计算机的飞速发展，小型机被微型机取代的趋势已非常明显。
- 中型机。中型机的性能低于大型机，其特点是处理能力强，常用于中小型企业和公司。
- 大型机。大型机也称大型主机，如图 1.11 所示。大型机的特点是运算速度快、存储量大和通用性强，主要针对计算量大、信息流通量大、通信需求大的用户，如银行、政府部门和大型企业等。目前，生产大型主机的公司主要有 IBM、DEC 和富士通等。

图 1.11　大型机

- 巨型机。巨型机也称超级计算机或高性能计算机，如图 1.12 所示。巨型机是速度最快、处理能力最强的计算机之一，是为满足少数部门的特殊需要而设计的。巨型机多用于国家高科技领域和尖端技术研究，是一个国家科研实力的体现，现有的超级计算机运算速度大多可以达到每秒 1 万亿次以上。

图 1.12　大型机

❓思考·感悟

思考： 我国有哪些超级计算机在世界排名前十？

感悟： 我国超级计算机太湖之光和天河系列曾一度位居世界第一，现在依然位居世界前十名，同时我国超级计算机总量世界第一，并且全部是我国自主设计完成的，这些反映了我国在科学技术研发和工业制造领域的综合能力。

超级计算机水平是国家科技的一种重要标志。同学们是计算机的使用者，更是未来计算机的创造者。

（4）机算机的发展趋势。计算机未来的发展呈现出巨型化、微型化和智能化三大趋势。

- 巨型化。巨型化是指计算机的计算速度更快、存储容量更大、功能更强和可靠性更高。巨型化计算机的应用范围主要包括天文、天气预报、军事和生物仿真等。这些领域需要进行大量的数据处理和运算，而这些只有性能强的计算机才能完成。

- 微型化。随着超大规模集成电路的进一步发展，个人计算机将更加微型化。膝上型、书本型、笔记本型和掌上型等微型化计算机不断涌现，并受到越来越多用户的喜爱。

- 智能化。早期，计算机只能按照人的意愿和指令去处理数据，而智能化的计算机能够代替人进行脑力劳动，具有类似人的智能，如能听懂人类的语言、能看懂各种图形、可以自己学习等。智能化的计算机可以进行知识的处理，从而代替人的部分工作。未来的智能型计算机将会代替甚至超越人类在某些方面的脑力劳动。

1.2 计算机中的进制

1.2.1 数制

数制也称"计数制"，是用一组固定的符号和统一的规则来表示数值的方法。任何一个数制都包含两个基本要素：基数和位权。

基数是指数制所使用数码的个数。例如，二进制的基数为 2，十进制的基数为 10。位权是数制中每一固定位置对应的单位值。对于 N 进制数，整数部分第 i 位的位权为 $N^{(i-1)}$，而小数部分第 j 位的位权为 N^{-j}。例如十进制第 2 位的位权为 10^{2-1}，也就是 10；第 3 位的位权为 10^{3-1}，也就是 100。而二进制第 2 位的位权为 2^{2-1}，也就是 2；第 3 位的位权为 2^{3-1}，也就是 4。

在日常生活中，会遇到不同进制的数。例如十二进制（一年等于十二个月），逢十二进一；七进制（一周等于七天），逢七进一；六十进制（一小时等于六十分），逢六十进一。日常生活中最常用的是十进制，而计算机中常用二进制、八进制、十六进制。

1. 十进制

十进制由 0～9 组成，共 10 个数字符号。为了便于区分，在十进制数后加"D"，例如$(127)_D$，表示数为十进制数。

十进制有两个特点：十进制由 0～9 组成；相邻两位之间为"逢十进一"的关系。十进制的基数为 10，位权表示为 10^i。位权是一个指数，以"基数"为"底"，其幂是数位的"序号"。数位的序号以小数点为界，**整数部分第 i 位的位权为 $10^{(i-1)}$，而小数部分第 j 位的位权为 10^{-j}**。由此任何一个十进制数都可以表示为按位权展开的多项式之和。例如十进制数 5678.4，可表示为：

$$(5678.4)_D=5\times10^3+6\times10^2+7\times10^1+8\times10^0+4\times10^{-1}$$

其中，10^3、10^2、10^1、10^0、10^{-1} 分别是千位、百位、十位、个位和十分位的位权。

2. 二进制

计算机中信息的存储和处理都采用二进制，使用二进制的主要原因有以下两个：

（1）运算规则简单。二进制加法运算规则只有 4 种，而十进制运算规则有 100 种。

（2）硬件技术实现简单。可以使用电路的断开和接通状态表示二进制的 0 和 1。

二进制有两个特点：数字符号由"0"和"1"组成；相邻两位之间为"逢二进一"的关系。为了便于区分，在二进制数后加"B"，例如$(1101)_B$，表示数为二进制数。

二进制的基数是 2，位权以小数点为界，i 为数位序号，**整数部分第 i 位的位权为 $2^{(i-1)}$，而小数部分第 j 位的位权为 2^{-j}**。任何一个二进制数都可以表示为按位权展开的多项式之和，如二进制数 1100.1 可表示为：

$$(1100.1)_B=1\times2^3+1\times2^2+0\times2^1+0\times2^0+1\times2^{-1}$$

3. 八进制

八进制由 0～7 组成，共 8 个数字符号，为了便于区分，在八进制数后加"O"，例如$(127)_O$，表示数为八进制数。

八进制有两个特点：八进制由 0～7 组成；相邻两位之间为"逢八进一"的关系。八进制的基数是 8，位权以小数点为界，**整数部分第 i 位的位权为 $8^{(i-1)}$，而小数部分第 j 位的位**

权为 8^{-j}。任何一个八进制数都可以表示为按位权展开的多项式之和，如八进制数 537.6 可表示为：

$$(537.6)_O=5×8^2+3×8^1+7×8^0+6×8^{-1}$$

4. 十六进制

十六进制有 0~9、A、B、C、D、E、F 共 16 个数字符号，基数为 16。用 A~F 表示十进制中 10~15 的 6 种状态。为了便于区分，在十六进制数后加 "H"。例如(1E)$_H$，表示数为十六进制数。

十六进制有两个特点：十六进制由 0~9、A、B、C、D、E、F 组成；相邻两位之间为 "逢十六进一" 的关系。十六进制的基数是 16，位权以小数点为界，**整数部分第 i 位的位权为 $16^{(i-1)}$**，**而小数部分第 j 位的位权为 16^{-j}**。任何一个十六进制数都可以表示为按位权展开的多项式之和，如十六进制数 1E.6 可表示为：

$$(1E.6)_H=1×16^1+14×16^0+6×16^{-1}$$

数制的表示如表 1.2 所示。

表 1.2　数制的表示

	二进制	八进制	十进制	十六进制
基数	2	8	10	16
数码	0、1	0~7	0~9	0~9、A、B、C、D、E、F
位权	整数部分：$2^{(i-1)}$ 小数部分：2^{-j}	整数部分：$8^{(i-1)}$ 小数部分：8^{-j}	整数部分：$10^{(i-1)}$ 小数部分：10^{-j}	整数部分：$16^{(i-1)}$ 小数部分：16^{-j}
	任意进制的数值大小，等于位权展开的多项式之和			

1.2.2　数制之间的转换

二进制、八进制、十进制和十六进制都是计算机中常用的数制，所以在一定数值范围内可以直接写出它们之间的对应关系，如表 1.3 所示。

表 1.3　十进制、二进制、八进制、十六进制的数制表示

十进制	二进制	八进制	十六进制
0	0	0	0
1	1	1	1
2	10	2	2
3	11	3	3
4	100	4	4
5	101	5	5
6	110	6	6
7	111	7	7
8	1000	10	8
9	1001	11	9

续表

十进制	二进制	八进制	十六进制
10	1010	12	A
11	1011	13	B
12	1100	14	C
13	1101	15	D
14	1110	16	E
15	1111	17	F
16	10000	20	10

1. 二进制、八进制和十六进制转换为十进制

二进制、八进制和十六进制转换为十进制的方法为：按照位权展开的多项表达式之和，即"**按权相加**"。

例 1.1 将二进制数$(111.101)_B$、八进制数$(27.4)_O$、十六进制数$(CA.8)_H$转换为对应的十进制数。

（1）$(111.101)_B=1×2^2+1×2^1+1×2^0+1×2^{-1}+0×2^{-2}+1×2^{-3}=4+2+1+0.5+0+0.125=(7.625)_D$

（2）$(27.4)_O=2×8^1+7×8^0+4×8^{-1}=16+7+0.5=(23.5)_D$

（3）$(CA.8)_H=12×16^1+10×16^0+8×16^{-1}=192+10+0.5=(202.5)_D$

2. 十进制数转换成二进制、八进制、十六进制数

十进制数转换为其他进制数时，整数部分采用"除基数逆序取余"法，小数部分采用"乘基数取整，自上而下"法。

（1）十进制的整数转换为二进制、八进制、十六进制数。十进制的整数转换为其他进制数时采用"**除基数逆序取余**"法。即先用十进制数除以目标进制的基数，得到一个商和一个余数，然后不断地用该基数除上次相除所得的商，直至商为 0，得到的第一个余数为最低位，最后一个为最高位，按从高位到低位逆序取余。

例 1.2 将十进制数 169 分别转换为二进制、八进制和十六进制数。

根据转换规则分别将十进制数 169 用 2、8、16 去除，第一个余数是最低位，第二个余数是次低位，逆序取余。

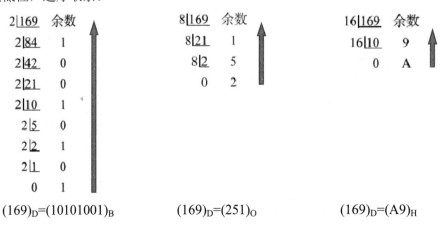

$(169)_D=(10101001)_B$ $(169)_D=(251)_O$ $(169)_D=(A9)_H$

（2）十进制的小数转换为二进制、八进制、十六进制数。十进制的小数转换为其他进制数时，采用"**乘基数取整，自上而下**"法。先用目标进制的基数去乘要转换的十进制小数，得到的积分成整数部分和小数部分；然后不断地用该基数乘上次相乘所得积的小数部分，直至小数部分为 0 或者达到精度要求为止。得到的第一个整数为最高位，最后一个为最低位，按从高到低依次排列就是对应的目标进制小数。

例 1.3　将十进制数 0.4 分别转换为二进制（保留小数点后 6 位）、八进制（保留小数点后 4 位）和十六进制（保留小数点后 2 位）数。

$$
\begin{array}{lll}
\begin{array}{r} 0.4 \\ \times 2 \\ \hline 0.8 \\ \times 2 \\ \hline 1.6 \\ \times 2 \\ \hline 1.2 \\ \times 2 \\ \hline 0.4 \\ \times 2 \\ \hline 0.8 \\ \times 2 \\ \hline 1.6 \end{array}
&
\begin{array}{r} 0.4 \\ \times 8 \\ \hline 3.2 \\ \times 8 \\ \hline 1.6 \\ \times 8 \\ \hline 4.8 \\ \times 8 \\ \hline 6.4 \end{array}
&
\begin{array}{r} 0.4 \\ \times 16 \\ \hline 6.4 \\ \times 16 \\ \hline 6.4 \end{array}
\end{array}
$$

$(0.4)_D=(0.011001)_B$　　　　$(0.4)_D=(0.3146)_O$　　　　$(0.4)_D=(0.66)_H$

3. 二进制数与八进制数、十六进制数间的相互转换

因为 $2^3=8$，$2^4=16$，所以 3 位二进制对应 1 位八进制，4 位二进制对应 1 位十六进制。

（1）二进制数转换为八进制数、十六进制数。将二进制数转换为八进制数、十六进制数的方法是：从小数点开始向两边，每 3 位二进制数转换成 1 位八进制数，每 4 位二进制数转换成 1 位十六进制数，二进制数的开始和结尾不足 3 位、4 位的均补 0。

例 1.4　将二进制数 $(10110111001.10101)_B$ 转换为八进制数和十六进制数。

$(10110111001.10101)_B=(\underline{0101}\ \underline{1011}\ \underline{1001}.\underline{1010}\ \underline{1000})_B=(5B9.A8)_H$

$(10110111001.10101)_B=(\underline{010}\ \underline{110}\ \underline{111}\ \underline{001}.\underline{101}\ \underline{010})_B=(2671.52)_O$

（2）八进制数、十六进制数转换为二进制数。将八进制数、十六进制数转换为二进制数的方法是：每 1 位八进制数转换为 3 位二进制数，1 位十六进制数转换为 4 位二进制数，得到的二进制数的开始和结尾的 0 可以省略。

例 1.5　将八进制数 367.45、十六进制数 6C.AH 转换为二进制数。

$(367.45)_O=(\underline{011}\ \underline{110}\ \underline{111}.\underline{100}\ \underline{101})_B=(11110111.100101)_B$

$(6C.A)_H=(\underline{0110}\ \underline{1100}.\underline{1010})_B=(1101100.101)_B$

1.2.3　二进制的运算

计算机内部采用二进制数表示数据，主要原因是技术实现简单、易于转换。二进制数的运算规则简单，可以方便地利用逻辑代数分析和设计计算机的逻辑电路等。下面将对二进制的算术运算和逻辑运算进行简要介绍。

1．二进制的算术运算

二进制的算术运算也就是通常所说的四则运算，包括加、减、乘、除，运算比较简单，具体运算规则如下：

（1）加法运算。运算规则为"**逢二进一**"，向高位进位，即：0+0=0、0+1=1、1+0=1、1+1=10。例如，$(1001101)_B+(10001111)_B=(10011001)_B$。

（2）减法运算。减法实质上是加上一个负数，主要应用于补码运算，运算规则为：0-0=0、1-0=1、0-1=1（向高位借位，结果本位为1）、1-1=0。例如，$(110011)_B-(001101)_B=(100110)_B$。

（3）乘法运算。乘法运算与我们常见的十进制数对应的运算规则类似，运算规则为：0×0=0、1×0=0、0×1=0、1×1=1。例如，$(1110)_B*(1101)_B=(10110110)_B$。

（4）除法运算。除法运算也与十进制数对应的运算规则类似，运算规则为：0÷1=0、1÷1=1，而0÷0和1÷0是无意义的。例如，$(101100101)_B÷(111)_B=(110011)_B$。

2．二进制的逻辑运算

计算机采用的二进制数1和0可以代表逻辑运算中的"真"与"假""是"与"否""有"与"无"。二进制的逻辑运算包括"与""或""非"和"异或"4种。

（1）"与"运算。"与"运算又被称为逻辑乘，通常用符号"×""∧"和"·"来表示。其运算规则为**只要有一个数为 0 时，其结果为 0**，即：0∧0=0、0∧1=0、1∧0=0、1∧1=1。只有当数中的数值都为1时，其结果才为1，即所有的条件都符合时逻辑结果才为肯定值。

（2）"或"运算。"或"运算又被称为逻辑加，通常用符号"+"或"∨"来表示。其运算规则为**只要有一个数为1，则运算结果就是1**，即：0∨0=0、0∨1=1、1∨0=1、1∨1=1。例如，假定某一个公益组织规定加入该组织的成员可以是女性或慈善家，那么只要符合其中任意一个条件或两个条件都符合即可加入该组织。

（3）"非"运算。"非"运算又被称为逻辑否运算，通常通过在逻辑变量上加上划线来表示，如变量 A，其非运算结果用 $\overline{A}$ 表示。其运算规则为**取反**，即：$\overline{0}=1$、$\overline{1}=0$。例如，假定 A 变量表示男性，$\overline{A}$ 就表示非男性，即女性。

（4）"异或"运算。"异或"运算通常用符号"⊕"表示，其运算规则为：当逻辑运算中变量的值不同时，结果为1；当变量的值相同时，结果为0。即：0⊕0=0、0⊕1=1、1⊕0=1、1⊕1=0。

1.3　计算机信息处理

1.3.1　计算机数据的存储方式

计算机中数据的最小单位就是二进制的一位数，简称为位（bit）。一个 bit 只能表示两种状态（0 或 1），对于人们平时常用的字母、数字和符号，只需要用 8 位二进制进行编码就能将它们表示出来。因此，将 8 个二进制位的集合称作"字节"，它是计算机存储和运算的基本单位。

（1）位（bit）。它是计算机中最小的信息单位。一"位"只能表示 0 和 1 中的一个，即一个二进制位或存储一个二进制数位的单位。

（2）字节（Byte）。字节是计算机中数据存储的最基本单位，每 8 个位称为 1 字节（简写为 B）。一个字长最右边的一位称为最低有效位，最左边的一位称最高有效位。在 8 位字长中，自右而左依次为 $b_0\sim b_7$，为一个字节，如图 1.13 所示。

1 个字节（byte）=8 位（bit）

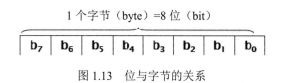

图 1.13　位与字节的关系

计算机中各存储单位之间的关系如下：

$1KB=2^{10}B=1024B$

$1MB=2^{20}B=2^{10}KB=1024KB$

$1GB=2^{30}B=2^{10}MB=1024MB$

$1TB=2^{40}B=2^{10}GB=1024GB$

思考

思考：还有比 TB 更大的存储单位吗？

1.3.2　数值信息的表示

由于计算机只能识别二进制代码，所以数字、字母、符号等必须以特定的二进制代码来表示，这种方式称为二进制编码。一般数都有正负之分，而计算机只能记忆"0"和"1"，因此为了方便数在计算机中存放和处理，就要先将数的符号进行编码。基本方法是在数中增加一位符号位（在数的最高位之前），并用"0"表示数的正号，用"1"表示数的负号。例如：

+1110011 在计算机中可存为 01110011

-1110011 在计算机中可存为 11110011

计算机中的有符号数有三种表示方法，即原码、反码和补码。三种表示方法均有**符号位和数值位**两部分，符号位都是用 0 表示"正"，用 1 表示"负"；而数值位，三种表示方法各不相同。在计算机中，数字可以采用原码、反码、补码存储和处理，不同的编码有不同的计算规则。

1. 机器数

在计算机中，只有"0"和"1"两种形式，所以数的正负号也必须以"0"和"1"表示。通常把一个数的最高位定义为符号位，用"0"表示正，"1"表示负，称为数符，其余位表示数值。

机器数是指把在机器内存放的正负号数码化的数。机器数是带符号的，在计算机中用机器数的最高位存放符号，正数为 0，负数为 1。例如十进制中的数+3，计算机字长为 8 位，转换成二进制就是 0000 0011。如果是十进制的-3，就是 1000 0011。所以，0000 0011 和 1000 0011 就是机器数。

2. 原码

原码是数字最简单的表示方法。原码就是用第一位表示符号，其余位为数值的绝对值，如图 1.14 所示。例如 8 位二进制的+1，原码为 0000 0001；8 位二进制的-1，原码为 1000 0001。

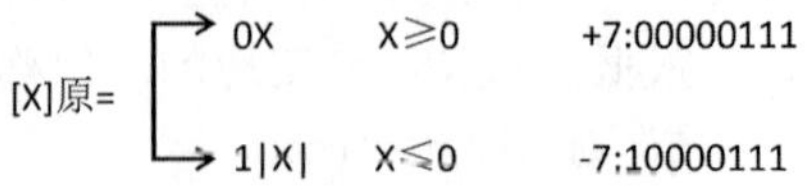

$$[X]原=\begin{cases} 0X & X\geq0 & +7{:}00000111 \\ 1|X| & X\leq0 & -7{:}10000111 \end{cases}$$

图 1.14　原码的表示方法

3. 反码

反码是数值存储的一种方式，多应用于系统环境设置。反码的表示方法是：正数的反码是其本身，负数的反码是在其原码的基础上，符号位不变，其余各位取反，如图 1.15 所示。

4. 补码

补码的表示方法是：正数的补码就是其本身，负数的补码是在反码的基础上加 1，如图 1.16 所示。

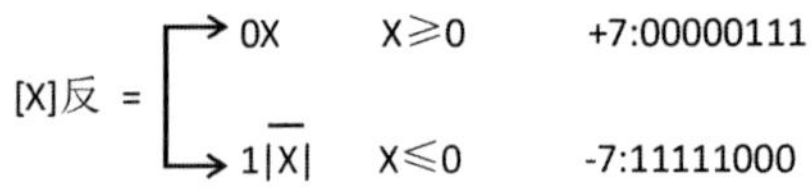

$$[X]反=\begin{cases} 0X & X\geq0 & +7{:}00000111 \\ 1\overline{|X|} & X\leq0 & -7{:}11111000 \end{cases}$$

图 1.15　反码的表示方法

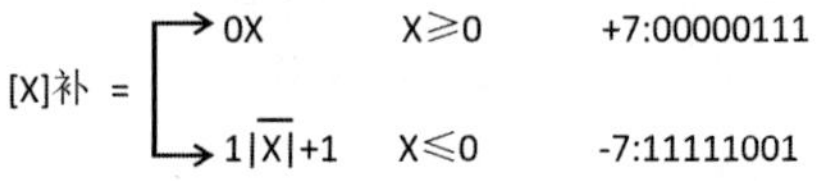

$$[X]补=\begin{cases} 0X & X\geq0 & +7{:}00000111 \\ 1\overline{|X|}+1 & X\leq0 & -7{:}11111001 \end{cases}$$

图 1.16　补码的表示方法

例 1.6　请计算+1、-1 的原码、反码和补码。

[+1] = [00000001]（原码）= [00000001]（反码）= [00000001]（补码）

[-1] = [10000001]（原码）= [11111110]（反码）= [11111111]（补码）

1.3.3　字符编码的表示方法

计算机不但可以处理数值，还可以处理各种表达文本信息的符号，如英文字符、中文汉字等，这些符号要使用二进制表示，即对字符进行编码，称为字符编码。下面我们介绍几种常见的字符编码。

1. BCD 码

BCD（Binary-Coded Decimal）码，即二进制编码的十进制，它将十进制数的每位数字编码为 4 位二进制数的形式，如表 1.4 所示。

表 1.4　十进制对应的 BCD 码

十进制	BCD 码
0	0000
1	0001
2	0010
3	0011
4	0100
5	0101
6	0110
7	0111
8	1000
9	1001

使用 BCD 码除了能简化二进制转换为十进制的电路外，还有一个优点就是能用二进制编码准确表示任意十进制数。

例如将十进制的 25 转换为 BCD 码。

$$25=(\underset{2}{\underline{0010}}\ \underset{5}{\underline{0101}})_{BCD}$$

由于 BCD 码具有二进制与十进制转换简单的特点，可以降低数字时钟、计算器等简单电子设备的电路复杂度，从而使电子设备中的二进制到十进制的处理电路更简单。

2．ASCII 码

目前常用的英文字符编码是**美国信息交换标准代码**（American Standard Code for Information Interchange，**ASCII 码**），于 1967 年由美国国家标准学会（American National Standards Institute，ANSI）制定，后来被国际标准化组织（International Organization for Standardization，ISO）定为国际标准，称为 ISO 646 标准。

ASCII 码有 7 位码和 8 位码两种版本。国际通用的 7 位 ASCII 码是用 7 位二进制数表示一个字符的编码，其编码范围为 0000000B～1111111B，共有 2^7（128）个不同的编码，相应地表示 128 个不同字符的编码，如图 1.17 所示。

Ctrl	Dec	Hex	Char Code	Dec	Hex	Char	Dec	Hex	Char	Dec	Hex	Char
^@	0	00	NUL	32	20		64	40	@	96	60	`
^A	1	01	SOH	33	21	!	65	41	A	97	61	a
^B	2	02	STX	34	22	"	66	42	B	98	62	b
^C	3	03	ETX	35	23	#	67	43	C	99	63	c
^D	4	04	EOT	36	24	$	68	44	D	100	64	d
^E	5	05	ENQ	37	25	%	69	45	E	101	65	e
^F	6	06	ACK	38	26	&	70	46	F	102	66	f
^G	7	07	BEL	39	27	'	71	47	G	103	67	g
^H	8	08	BS	40	28	(	72	48	H	104	68	h
^I	9	09	HT	41	29	)	73	49	I	105	69	i
^J	10	0A	LF	42	2A	*	74	4A	J	106	6A	j
^K	11	0B	VT	43	2B	+	75	4B	K	107	6B	k
^L	12	0C	FF	44	2C	,	76	4C	L	108	6C	l
^M	13	0D	CR	45	2D	-	77	4D	M	109	6D	m
^N	14	0E	SO	46	2E	.	78	4E	N	110	6E	n
^O	15	0F	SI	47	2F	/	79	4F	O	111	6F	o
^P	16	10	DLE	48	30	0	80	50	P	112	70	p
^Q	17	11	DC1	49	31	1	81	51	Q	113	71	q
^R	18	12	DC2	50	32	2	82	52	R	114	72	r
^S	19	13	DC3	51	33	3	83	53	S	115	73	s
^T	20	14	DC4	52	34	4	84	54	T	116	74	t
^U	21	15	NAK	53	35	5	85	55	U	117	75	u
^V	22	16	SYN	54	36	6	86	56	V	118	76	v
^W	23	17	ETB	55	37	7	87	57	W	119	77	w
^X	24	18	CAN	56	38	8	88	58	X	120	78	x
^Y	25	19	EM	57	39	9	89	59	Y	121	79	y
^Z	26	1A	SUB	58	3A	:	90	5A	Z	122	7A	z
^[	27	1B	ESC	59	3B	;	91	5B	[	123	7B	{
^\	28	1C	FS	60	3C	<	92	5C	\	124	7C		
^]	29	1D	GS	61	3D	=	93	5D	]	125	7D	}
^^	30	1E	RS	62	3E	>	94	5E	^	126	7E	~
^-	31	1F	US	63	3F	?	95	5F	_	127	7F	⌂*

ª ASCII code 127 has the code DEL. Under MS-DOS, this code has the same effect as ASCII 8 (BS). The DEL code can be generated by the CTRL + BKSP key.

图 1.17　ASCII 编码（片段）

提示：0～9 的码值为 48～57，A～Z 的码值为 65～90，a～z 的码值为 97～122，其余是一些标点符号、运算符号等。

1.3.4　汉字编码的表示方法

汉字编码（Chinese Character Encoding）是为汉字设计的一种便于输入计算机的代码。为了在计算机内表示汉字，用计算机处理汉字，同样也需要对汉字进行编码。计算机对汉字信息的处理过程实际上是各种汉字编码间的转换过程。这些编码主要包括机内码、输入码、字形码、国标码等。

1. 机内码

机内码是汉字最基本的编码，输入的汉字外码到机器内部都要转换成机内码才能被存储和进行各种处理。在计算机内部，为了区分汉字编码和 ASCII 字符，将国标码每个字节的最高位由 0 改为 1，构成汉字的机内码，也称内码。汉字在计算机内部存储、处理和传输时使用机内码。

2. 输入码

输入码也称外码，是为了将汉字输入到计算机中而设计的代码，包括音码、形码和音形码等。例如，以拼音为基础的拼音类输入法，包括搜狗输入法、智能 ABC、微软全拼等；以字形为基础的字形类输入法，如五笔字型；以拼音、字形混合为基础的混合类输入码，如自然码。随着拼音类输入法的识别率不断提高，拼音类输入法被广泛使用。

3. 字形码

字形码是汉字输出时使用的字形信息。为了将汉字在显示器或打印机上输出，把汉字按图形符号设计成点阵图，就得到了相应的点阵代码（字形码），如图 1.18 所示。

提示：对于 16×16 的矩阵来说，它所需要的位数是 16×16=256，每个字节为 8 位，因此每个汉字都需要用 256/8=32 个字节来表示。

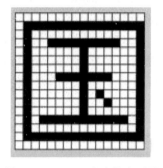

图 1.18　16×16 点阵的字形码

例如，16×16 点阵"国"字占的字节如图 1.19 所示。

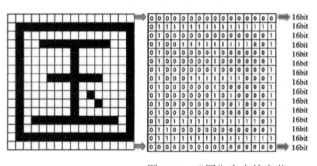

$$16×16×1=256bit$$
$$16×16×1÷8=32Byte$$

图 1.19　"国"字占的字节

4. 国标码

国标码采用两个字节表示一个汉字，将汉字区位码中的十进制区号和位号分别转换成十六进制数，再分别加上 20H，就可以得到该汉字的国际码。例如，"中"字的区位码为 5448，区码 54 对应的十六进制数为 36，加上 20H，即为 56H；"中"字的位码为 48，对应的十六进制数为 30，加上 20H，即为 50H。所以"中"字的国标码为 5650H。

1.4　计算思维

计算思维是运用计算机科学的基本概念进行问题求解、系统设计、人类行为理解等涵盖计算机科学之广度的一系列思维活动，由卡内基梅隆大学**周以真**教授于 2006 年 3 月首次提出。

1.4.1　计算思维的方法与特征

周以真教授将计算思维归纳为以下 7 类方法：

（1）计算思维是通过约简、嵌入、转化和仿真等方法，把一个看来困难的问题重新阐释成一个我们知道问题怎样解决的思维方法。

（2）计算思维是一种递归思维，是一种并行处理，既把代码译成数据又能把数据译成代码，是一种多维分析推广的类型检查方法。

（3）计算思维是一种采用抽象和分解来控制庞杂的任务或进行巨大复杂系统设计的方法，是基于关注点分离的方法（SoC 方法）。

（4）计算思维是一种选择合适的方式去陈述一个问题，或对一个问题的相关方面建模使其易于处理的思维方法。

（5）计算思维是按照预防、保护及通过冗余、容错、纠错的方式，并从最坏情况进行系统恢复的一种思维方法。

（6）计算思维是利用启发式推理寻求解答，亦即在不确定情况下规划、学习和调度的思维方法。

（7）计算思维是利用海量数据来加快计算，在时间和空间之间，在处理能力和存储容量之间进行折中的思维方法。

周以真教授以计算思维是什么和不是什么的描述形式对计算思维的特征进行了总结，如表 1.5 所示。

表 1.5　计算思维的特征

计算思维是什么	计算思维不是什么
是概念化	不是程序化
是根本的	不是刻板的技能
是人的思维	不是计算机的思维
是思想	不是人造物
是数学与工程思维的互补与融合	不是空穴来风
面向所有的人、所有的地方	不局限于计算学科

1.4.2　计算思维的应用

随着信息化的全面深入，无处不在、无事不用的计算机使计算思维成为公安专业人员认识和解决问题的重要基本能力之一。学习计算思维，就是学习像计算机一样思考和解决问题。计算思维的核心理念就是"抽象"＋"工程"，把一个问题用模型抽象出来，然后通过工程来实现这个信息处理的过程，而且可以通过计算机实现自动化运行。

计算思维蕴含着一整套解决一般问题的思路，需要掌握 6 种重要的方法和技术：抽象、分解、算法思维、泛化与模式、评估、逻辑。

下面用计算机破案的例子来介绍如何将上述的某些方法融入计算思维。

李某在家中遇害，公安机关在侦查中发现有 A、B、C、D 四名嫌疑人曾到过现场。

在询问中，A 嫌疑人说："我没有杀人。"B 嫌疑人说："C 是凶手。"C 嫌疑人说："杀人者是 D。"D 嫌疑人说："C 在冤枉好人。"案件侦办民警经过调查，发现四名嫌疑人中有三人说的是真话，凶手就是这四名嫌疑人中的一个，请找出凶手到底是谁。

（1）抽象。把实际问题进行抽象转化（转化为相应的表达式）。

A 说：我没有杀人。对应（murderer!='A'）。

B 说：C 是凶手。对应（murderer=='C'）。

C 说：杀人者是 D。对应（murderer=='D'）。

D 说：C 在冤枉好人。对应（murderer!='D'）。

（2）分解。对上述抽象结果进行数据处理判定每句话的真（用 1 表示）或假（用 0 表示），再求取 4 句话逻辑值之和 sum。即：

sum=(murderer!='A')+(murderer=='C')+(murderer=='D')+(murderer!= 'D')

（3）算法思维。可以用多种算法结构来分析这个问题，比如多分支选择结构、选择嵌套结构、循环选择结构的综合。

（4）评估。对不同的方案进行分析并画出流程图，然后进行相应的分析，判断哪种方法是最简洁高效的。本案例的算法设计如图 1.20 所示。算法是先假设凶手是 A，然后判断这四个人说的话是否有三句是真实的（显然，若 A 为凶手，A、B、C 都说了假话，排除）；再假设凶手是 B，再一次判断这四名嫌疑人的话是否有三句是真实的，以此类推，直到假设凶手是 D 时结束。其中谁的假设条件满足有三句话是真实的，那么该人就是凶手，最后推出凶手是 C（此时 A、B、D 都说的是真话，C 说了假话）。

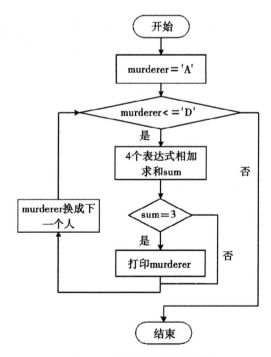

图 1.20　案例的算法流程图

1.5　公安信息化基础知识

1.5.1　公安信息化的基本概念及发展历程

公安信息化是指公安机关为提升整体效能，在打击违法犯罪活动中占据信息主导权，充分利用现代信息技术和信息资源，对现有的警务组织、机制、模式、装备等警务实践进行信息化改造的过程。

公安信息化利用集中高效的信息资源优化配置不断提高公安工作的效率和水平。我国公安机关历来重视信息化工作，经历了起步、基础、综合应用、大数据 4 个阶段。

（1）起步阶段。1992 年开始，开展公安人口信息、交通管理信息、公安边防口岸及出入境管理信息、通信保障、指挥调度等系统建设，启动中国国家犯罪信息中心（China Crime Information Center，CCIC）建设，主要管理在逃人员和被盗车辆。

（2）基础阶段：信息时代。2001—2007 年，"金盾工程"一期建设，实现"科技强警"，基本形成全国联网。系统联网主要以上下级条线系统联网为主，实现公安业务无纸化、业务流程信息化，以记录警务工作信息、缩短信息交流的时空为主。

（3）综合应用阶段：情报时代。2008—2015 年，"金盾工程"二期建设，提倡"条块结合、以块为主"的信息共享模式，解决条线之间数据不共享的问题，在"全警录入，全警共享"的基础上实现用信息化提升执法规范化和情报综合研判水平，实现信息引领警务改革。

（4）大数据阶段：知识爆炸时代。2016 年至今，随着公安部门获取信息越来越方便、信息量越来越大、数据种类越来越丰富，公安工作从事后侦查走向事前防控、事中预警，预测警务成为当前探索的热点，公安信息化进入了云计算大数据阶段。

1.5.2　公安信息化的相关政策

公安信息化建设是实施科技强警的重要战略，有利于全面提升公安工作和公安队伍战斗力，有利于应对当前复杂的国内国际环境，有利于维护提高国家安全和社会稳定工作的情报信息综合研判能力，有利于提高预警能力，可促进警务改革、打击犯罪、维护社会治安。为应对技术形势发展和治安态势发展，国家颁布一系列政策，如表 1.6 所示，促进公安信息化建设加快发展。

表 1.6　公安信息化的相关政策

时间	政策	相关内容
2012 年 7 月	《国务院关于大力推进信息化发展和切实保障信息安全的若干意见》	实施"宽带中国"工程，构建下一代信息基础设施；推动信息化和工业深度融合，提高经济发展信息化水平；加快社会领域信息化，推进先进网络文化建设；推进农业农村信息化，实现信息强农惠农；健全安全防护和管理，保障重点领域信息安全；加快能力建设，提升网络与信息安全保障水平
2013 年 10 月	工业和信息化部关于印发《信息化发展规划》的通知	促进工业领域信息化深度应用、全面深化电子政务应用、加强网络与信息安全保障体系建设等十二项主要任务和发展重点

时间	政策	相关内容
2015 年 6 月	《公安部关于大力推进基础信息化建设的意见》	基础信息化是提升公安基础工作水平的基本途径，是全面深化公安改革、实现警务转型升级的重要载体。要更新理念、创新机制，大力推进大数据、云计算等前沿技术应用，进一步提升公安工作信息化水平
2016 年 12 月	《"十三五"国家信息化规划》	《规划》指出到 2020 年，"数字中国"建设取得显著成效，信息化发展水平大幅跃升，信息化能力跻身国际前列，具有国际竞争力、安全可控的信息产业生态体系基本建立。核心技术自主创新实现系统性突破，信息基础设施达到全球领先水平，信息经济全面发展，信息化发展环境日趋优化等目标
2017 年 4 月	《公安科技创新"十三五"专项规划》	紧紧围绕公安工作需求，开展四类创新，促进技术与装备的五化应用，提升公安工作四方面能力，推动警务模式四个转变。实施"421 专项"，突破 100 项以上重大关键技术；实施"221 工程"，创建 100 个以上科技创新示范单位；实施"521 计划"，建成高水平公安科技创新人才队伍。夯实科技理论基础，增强公安发展内生动力；构建共性技术体系，促进信息资源深度融合；研发新型智能装备，提高防控打击综合能力；加强集成应用创新，推动警务模式转型升级
2017 年 8 月	《"十三五"国家政务信息化工程建设规划》	《规划》提出全面加快政务信息化创新发展，打通政府部门纵横联动的"大动脉"，已成为全面深化改革的重要抓手，在很多领域甚至成为推进改革必不可少的创新利器。政务信息化工作的重心必须为改革提供创新理念、拓展创新空间、丰富创新手段，构建支撑改革的信息化创新平台
2017 年 9 月	《关于深入开展"大数据+网上督察"工作的意见》	意见要求，到 2020 年底，建成基于公安云计算平台的全国公安机关警务督察一体化应用平台，相关运行机制进一步健全完善，警务督察部门的动态监督和预警预测能力进一步提升
2021 年 12 月	《"十四五"国家信息规划》	《规划》提出到 2025 年，数字中国建设取得决定性进展，信息化发展水平大幅跃升。数字基础设施体系更加完备，数字技术创新体系基本形成，数字经济发展质量效益达到世界领先水平，数字社会建设稳步推进，数字政府建设水平全面提升，数字民生保障能力显著增强，数字化发展环境日臻完善

1.5.3　公安信息化的发展现状及趋势

1. 公安信息化的发展现状

随着"金盾工程"的开启，我国公安信息化已逐步将现有的警务组织、警务模式、警务技术和警用装备等警务实践推向全面、深入、快速发展新阶段，并进一步深化了科技强警和公安信息化的决策方向，如表 1.7 所示。

表 1.7　我国公安信息化的重要工程建设

工程	主要内容
"金盾工程"一期	"金盾工程"一期 2003 年正式启动，2006 年如期竣工。一期工程统一规划并建成了 23 个应用系统和 8 个信息资源库，各地根据公安业务需求还建设了一些应用系统，比如警务信息综合应用平台、执法办案系统、旅馆业务管理系统等，在治安综合管理、打击违法犯罪、维护社会稳定、服务社会大众等方面发挥了巨大的作用
"金盾工程"二期	"金盾工程"二期于 2008 年开始，2015 年竣工。二期工程不仅是公安工作服务于现代经济建设与社会发展的迫切需要，现代执法工作、打击犯罪活动和保障经济建设的迫切需要，也是维护国家安全与稳定的一项重大措施，对我国民主与法制建设将产生积极而深远的影响

工程	主要内容
"金盾工程"三期	2014 年中央网络安全和信息化小组成立，"金盾工程"三期投资超百亿元，目标是通过综合系统的应用实现"流程再造"、全国联网
平安城市	平安城市是一个特大型、综合性非常强的管理系统，不仅需要满足治安管理、城市管理、交通管理、应急指挥等需求，而且需要兼顾灾难事故预警、安全生产监控等方面对图像监控的需求，同时还要考虑报警、门禁等配套系统的集成以及与广播系统的联动。2005 年 8 月，为了以点带面，公安部进一步提出了建设"3111 试点工程"，选择 22 个省，在省市县三级开展报警与监控系统建设试点工程，即每个省确定一个市，有条件的市确定一个县，有条件的县确定一个社区或街区为报警与监控系统建设的试点

　　从我国各地区公安信息化的建设情况分析，我国各地公安信息化建设工作均有条不紊地进行着，智慧警务等方面也成果显著，如表 1.8 所示。

表 1.8　各地区公安信息化成果

地区	公安信息化建设项目	建设成果
广东	智慧新警务	积极打造公安信息化升级版——智慧新警务。利用大数据整合共享，打造全省统一的"云平台"和新型"移动警务终端"，初步实现警务工作更高效、打防管控更精准
山东	创新发展数据警务	全力建设一个云计算平台、一个大数据中心、一个基层警务门户（"三个一"），目前已建成警信、身份核查等 80 余个 APP，供全省 5 万个警务终端随需下载、即时运行
吉林	以科技带动执法规范化	重要建设内容：在市局建成执法办案中心；在市局、分（县）局建成涉案财物管理中心；在市局机关建成大型智能枪管中心
江苏盐城	建设市级大数据中心	全面建成具备千核以上计算能力、千亿级规模体量的市级大数据中心
湖北武汉	光谷微警务	研发出"光谷微警务"，能随时随地掌控辖区情况，推动辖区刑事案件发案数下降 60%
广西钦州	微察	"微察"系统重点针对事关群众切身利益的"小案"而研发。系统运行以来，当地的"小案"破案率同比上升了 10 个百分点

　　2. 公安信息化的发展趋势

　　为应对技术形势发展和治安态势发展，全国公安机关确立了以**大数据应用**为核心的公安信息化发展方向，通过加强大数据建设应用，提高公安机关社会治理和治安防控能力。

　　随着互联网的迅猛发展，面向实战的分析研判类信息系统建设对数据综合利用广度和数据挖掘分析深度有很高的要求，当前随着基础业务系统建设的不断完善，数据采集手段和技术提升所带来的数据采集广度和频次不断加大，网络传输能力不断提升，公安信息化逐渐进入了大数据时代，合理利用大数据与云计算技术提高公安信息化建设水平是一个发展趋势。

　　？思考·感悟

　　思考：什么是大数据？大数据在公安信息化中发挥怎样的作用？

　　感悟：公安机关要认真学习贯彻习近平总书记"四句话、十六字"总要求，即对党忠诚、服务人民、执法公正、纪律严明。

习题 1

一、选择题

1. ENIAC 使用（　　）作为电子元器件。
   A．电子管
   B．晶体管
   C．集成电路
   D．大规模/超大规模集成电路

2. 字母"a"的 ASCII 值为十进制数 97，那么字母"c"的 ASCII 值为十进制数（　　）。
   A．66　　　　　B．67　　　　　C．68　　　　　D．99

3. 为了避免混淆，二进制数在书写时常在后面加字母（　　）。
   A．H　　　　　B．O　　　　　C．D　　　　　D．B

4. 1946 年诞生的世界上第一台电子计算机是（　　）。
   A．UNIVAC　　B．EDVAC　　C．ENIAC　　　D．IBM

5. 以下 4 个数字中最大的是（　　）。
   A．$(11011100)_2$　B．$(217)_{10}$　C．$(333)_8$　D．$(DD)_{16}$

6. 在逻辑运算中，0 表示假，1 表示真。假设 x 为 5，则逻辑表达式 x>1 AND x<10 的值是（　　）。
   A．Y　　　　　B．N　　　　　C．1　　　　　D．0

7. 以下关于计算机中单位换算关系的描述中正确的是（　　）。
   A．1KB=1024×1024 Byte
   B．1MB=1024×1024 Byte
   C．1KB=1000Byte
   D．1MB=100000 Byte

8. 以下关于补码的叙述中错误的是（　　）。
   A．负数的补码是该数的反码加 1
   B．负数的补码是该数的原码最右加 1
   C．正数的补码与其原码相同
   D．正数的补码与其反码相同

9. 假定一个数在计算机中占用 8 位，整数-15 的补码为（　　）。
   A．11110001　B．00001111　C．11110000　D．10001111

10. 一张 24 位色、480×320 像素的照片，大约需要占（　　）存储空间。
    A．300KB　　B．400KB　　C．450KB　　D．500KB

11. 以下关于二进制的叙述中错误的是（　　）。
    A．二进制数只有 0 和 1 两个数码
    B．二进制数运算逢二进一
    C．二进制数各位上的权分别为 1，2，4，…
    D．二进制数由两个数字组成

12. 与十六进制数 BC 等值的二进制数是（　　）。
    A．10111011　B．10111100　C．11001100　D．11001011

二、简答题

1. 计算机的发展经历了哪几个阶段？各阶段的主要特征是什么？

2．什么是信息技术？

3．什么是 CAD、OA、CAI、AI？

4．计算机按性能分类一般分为哪几类？

5．简述计算机中采用二进制的优点。

6．假定一个数在机器中占 8 位，分别计算+33 和-33 的原码、反码和补码。

7．计算思维具有哪些特征？计算思维的本质是什么？

8．列举计算思维在自己所学专业中的主要应用。

拓展练习

1．简述图灵机的思想。

2．简述冯·诺依曼体系结构的主要内容。

3．使用计算思维方法判断出 4 个人中谁是窃贼。

警察审问 4 名窃贼嫌疑犯。现在已知这 4 个人当中仅有一名是窃贼，还知道这 4 个人中的每个人要么是诚实的，要么总是说谎。这 4 个人给警察的回答如下：

甲说："乙没有偷，是丁偷的。"

乙说："我没有偷，是丙偷的。"

丙说："甲没有偷，是乙偷的。"

丁说："我没有偷。"

4．使用"记事本"程序完成一篇 200 字左右的校园简介，其内容应包括文字、数字、英文和一些特殊的符号等。要求在录入文字的过程中注意指法的正确性、录入的速度及准确率等。

5．使用"记事本"程序，输入的内容为数字、英文字母（含大小写）、全角数字、全角英文字母（含大小写）、汉字"啊"、汉字"你的名字"等字符，并将文件保存为"字符编码.txt"。启动 WinHex，打开上述文件，查看这些字符的十六进制编码。

第 2 章　计算机系统

计算机系统由硬件系统和软件系统两部分组成。硬件系统是组成计算机系统的各种物理设备的总称，是计算机系统的物质基础，是计算机的躯体；软件系统是为运行、管理和维护计算机而编制的各种程序、数据和文档的总称，是计算机系统的灵魂。单独的硬件系统又称为裸机，只能识别 0 和 1 组成的机器代码，没有软件系统的计算机几乎是没有用的。在计算机系统中，软件系统和硬件系统相辅相成、缺一不可。

本章介绍计算机系统的组成，包括计算机的硬件系统和软件系统。硬件系统主要由运算器、控制器、存储器、输入设备和输出设备构成；软件系统由系统软件和应用软件构成。本章还简要介绍了当前国内公安行业使用的计算机系统与设备。

本章要点

- 计算机的主要部件及工作原理。
- 常见的计算机硬件。
- 计算机软件系统构成。
- 公安行业使用的计算机系统与设备。

2.1　计算机系统的构成

半个多世纪以来，计算机已发展成为一个庞大的家族，尽管各种类型的计算机在性能、结构、应用等方面存在着差异，但它们的基本结构一直是由控制器、运算器、存储器、输入设备和输出设备五个基本部分组成，其基本原理为**存储程序**和**程序控制**，如图 2.1 所示。

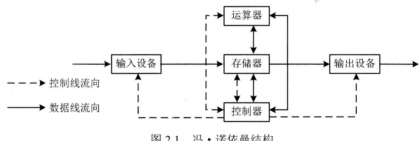

图 2.1　冯·诺依曼结构

2.1.1　计算机的主要部件

（1）控制器。控制器主要由指令寄存器、指令译码器、程序计数器、时序发生器和操作控制器组成，用来控制计算机各部件协调工作，并使整个处理过程有条不紊地进行，是计算机的指挥中心，它的基本功能就是从内存中取指令和执行指令。另外，控制器在工作过程中还要接收各部件反馈的信息。简而言之，控制器是协调指挥计算机各部件工作的元件，它的基本任务就是根据各类指令的需要综合有关的逻辑条件与时间条件产生相应的微指令。

（2）运算器。运算器又称算术逻辑单元（Arithmetic and Logic Unit，ALU），是计算机对数据进行加工处理的部件，主要功能是执行各种算术运算和逻辑运算。算术运算指各种数值运算，包括加、减、乘、除等；逻辑运算是进行逻辑判断的非数值运算，包括与、或、非、比较、移位等。运算器在控制器的控制下实现其功能，运算结果由控制器指挥送到内存储器中。

通常把**运算器**和**控制器**集成在一起，称为**中央处理单元**（Central Processing Unit，CPU），又称中央处理器。

（3）存储器。存储器具有记忆功能，主要用来保存信息，如数据、指令和运算结果等。存储器分为**内存储器**（简称内存）和**外存储器**（简称外存）两大类。内存储器也称主存储器（简称主存），它直接与 CPU 相连接，存储容量较小，但速度快，用来存放当前运行程序的指令和数据，并直接与 CPU 交换信息。内存又可细分为随机存储器 RAM（Random Access Memory）和只读存储器 ROM（Read-Only Memory）等。外存储器又称为辅助存储器（简称辅存或外存），它是内存的扩充。外存储器容量大、价格低，但存储速度较慢，一般用来存放大量暂时不用的程序、数据和中间结果，需要时可成批地和内存储器进行信息交换。外存不能和 CPU 直接交换信息，必须通过内存来实现外存和 CPU 之间的信息交换，也不能被计算机系统的其他部件直接访问。外存储器一般由磁性或光学材料制成，如硬盘、U 盘、光盘等。

目前微型计算机（PC）使用的存储容量一般以 GB 或 TB 为单位，但在云计算、大数据领域，信息数据往往以 PB 级增长，以 EB 或 ZB 级存储。

提示：2018 年国际数据公司（IDC）发布的《数据时代 2025》报告显示：全球每年产生的数据将从 2018 年的 33ZB 增长到 2025 年的 175ZB，相当于每天产生 491EB 的数据。在 2019 年的博世智能出行大会上，滴滴旗下小桔车服车联网业务负责人表示，滴滴大概每天处理超过 106TB 的轨迹数据和 4.78PB 的综合数据。

（4）输入设备。输入设备是用来接受用户输入的原始数据和程序的设备，它是重要的人机接口，主要功能是负责将输入的程序和数据转换成计算机能识别的二进制数存放在内存中，主要包括键盘、鼠标、光笔、扫描仪等。

（5）输出设备。输出设备是用来将存放在内存中的数据输出的设备，主要功能是负责将计算机处理后的结果转变为人们能够接受的形式并通过显示、打印等方式输出，主要包括显示器、打印机、投影机等。

通常将输入设备和输出设备合称为输入/输出设备，简称 I/O（Input/Output）设备。

2.1.2 计算机的工作原理

1. 存储程序

1946 年美籍匈牙利数学家冯·诺依曼简化了计算机的结构，提出了计算机"存储程序"的基本原理，提高了计算机的速度，奠定了现代计算机设计的基础。这个基本原理可以概括为以下 3 个基本点：

- 计算机应包括控制器、运算器、存储器、输入设备和输出设备 5 个部件。
- 计算机内部采用**二进制**来表示指令和数据。
- 将编好的程序和数据存储在内存中，然后计算机自动地从内存中逐条取出指令和数据进行分析、处理和执行。

2．指令及其执行过程

指令是计算机能够识别和执行的一些基本操作，通常包含操作码和操作数两部分。操作码规定计算机要执行的基本操作类型，如加法操作，操作数则告诉计算机哪些数据参与操作。计算机系统中所有指令的集合称为计算机的指令系统。每种计算机都有一套自己的指令系统，它规定了该计算机所能完成的全部基本操作，如数据传送、算术和逻辑运算、I/O 操作等。一条指令的执行过程可以分为以下 4 个步骤：

（1）取出指令：把要执行的指令从内存取到 CPU 中。

（2）分析指令：把指令送到指令译码器中进行分析。

（3）执行指令：根据指令译码器的译码结果向各个部件发出相应的控制信号，完成指令规定的操作功能。

（4）形成下条指令的地址，为执行下条指令做好准备。

3．程序的执行过程

程序是由若干条指令构成的指令系列。计算机运行程序时，实际上是顺序执行程序中所包含的指令，即不断重复"取出指令－分析指令－执行指令"这个过程，直到构成程序的所有指令全部执行完毕，就完成了程序的运行，实现了相应的功能。

2.1.3　计算机系统构成

计算机系统由**硬件系统**和**软件系统**构成。计算机硬件是计算机系统的物质基础，是看得见摸得着的。计算机软件是程序、数据、相关文档的集合，包括系统软件和应用软件。一个完整的计算机系统如图 2.2 所示。

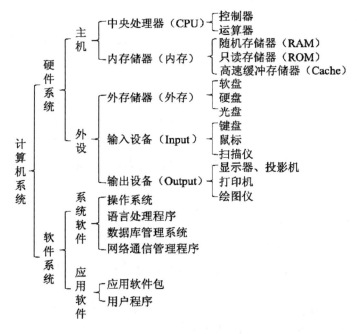

图 2.2　计算机系统构成

2.2　计算机的硬件系统

目前，微型计算机（简称微型机或微机）主要包括台式机和笔记本电脑。微机的硬件由主机和外设组成，主机由 CPU、内存储器、主板（含总线系统）构成，外部设备由输入设备（鼠标、键盘等）、外存储器（硬盘、光盘、U 盘等）、输出设备（显示器、打印机等）组成，如图 2.3 所示。

主机　　　　　　　　　　　　　　　　　　外设

图 2.3　计算机硬件

2.2.1　微处理器

中央处理单元（Central Process Unit，CPU），简称微处理器，主要包括**运算器**和**控制器**两大部件，负责处理、运算计算机内部的所有数据，是计算机的核心部件。CPU 安装在主板的 CPU 插槽中，由制作在一块芯片上的运算器、控制器、寄存器和内部数据通道构成。

目前,世界上生产 PC 端微处理器芯片的公司主要有英特尔和美国超威半导体公司（AMD）两家（X86 处理器市场占有率超 99%），如图 2.4 所示。由于微处理器的性能指标对整个微机具有重大影响，因此人们往往用 CPU 型号作为衡量微机档次的标准。

图 2.4　Intel CPU 和 AMD CPU

1．CPU 的发展历史

CPU 出现于大规模集成电路时代，处理器架构设计的迭代更新以及集成电路工艺的不断提升促使其不断发展完善。从最初专用于数学计算到广泛应用于通用计算，从 4 位、8 位、16 位、32 位处理器到 64 位处理器，从各厂商互不兼容到不同指令集架构规范的出现，CPU 自诞生以来一直在飞速发展。

CPU 发展已近 50 年（1971 年，世界上第一块商用微处理器 4004 在 Intel 公司诞生），经历了 4004、8080、8086、80286、80386、80486、Pentium 微处理器、Core 微处理器的时代，目前 Intel 公司代表产品为 Core 系列，主要产品有 Core i3、Core i5、Core i7、Core i9。处理器逐渐向更多核心、更高并行度发展。为了满足操作系统的上层工作需求，现代处理器进一步引入了诸如并行化、多核化、虚拟化和远程管理系统等功能，不断推动着上层信息系统向前发展。

2．CPU 的主要性能指标

（1）CPU 的字长。CPU 的字长是指操作数寄存器的长度，也表示 CPU 一次能并行处理的二进制位数，字长总是 8 的整数倍，通常 PC 机的字长为 16 位、32 位和 64 位。目前 CPU 字长大多是 64 位的。**字长受软件系统的制约**，64 位的 CPU 必须与 64 位软件（如 64 位的操作系统等）相配合才能发挥其效能，如在 32 位操作系统中 64 位字长的 CPU 无法发挥其全部功效。

（2）CPU 的主频、外频和倍频。主频也叫时钟频率，单位是 Hz，用来表示 CPU 的运算速度。它决定计算机的运行速度，随着计算机的发展，**在同系列微处理器中，主频越高就代表计算机的速度越快**，但对于不同类型的处理器，它就只能作为一个参数来作参考。由于主频并不直接代表运算速度，所以在一定情况下很可能会出现主频较高的 CPU 实际运算速度较低的现象。因此主频仅仅是 CPU 性能表现的一个方面，而不代表 CPU 的整体性能。

外频是系统总线的工作频率，即 CPU 的基准频率，是 CPU 与主板之间同步运行的速度。外频速度越高，CPU 就可以同时接收更多来自外围设备的数据，从而使整个系统的速度进一步提高。

倍频的全称为倍频系数，CPU 的主频与外频之间存在一个比值关系，这个比值就是倍频系数，CPU 的主频=外频×倍频。

（3）缓存（Cache）。计算机在进行数据处理和运算时，会把读出来的数据先存储在一旁，累积到一定数量以后同时传递，这样就能够把不同设备之间存在处理速度不同的问题给解决了，这个就是缓存容量。

缓存大小是 CPU 的重要指标之一，缓存的结构和大小对 CPU 速度的影响非常大，CPU 内缓存的运行频率极高，一般是和处理器同步运作，工作效率远远大于系统内存和硬盘。缓存技术就是用于解决 CPU 和内存之间速度不匹配的一种技术。缓存分成一级缓存（L1 Cache）、二级缓存（L2 Cache）和三级缓存（L3 Cache）。一级缓存比较小，一般在 32KB～256KB 之间，二级缓存的大小大大影响 CPU 的性能，原则是越大越好。现在一般二级缓存在 512KB～10MB 之间。三级缓存对 CPU 性能的影响较小，现在一般三级缓存在 4MB～25MB 之间。

（4）制造工艺。制造工艺是指 IC 内电路与电路之间的距离。制造工艺的趋势是向密集度越高的方向发展。密度越高的 IC 电路设计，意味着在同样大小面积的 IC 中可以拥有密度更高、功能更复杂的电路设计。微电子技术的发展与进步主要是靠工艺技术的不断改进，使得器件的特征尺寸不断缩小，从而集成度不断提高，功耗降低，器件性能得到提高。芯片制造工艺在 1995 年以后，从 0.5μm、0.35μm、0.25μm、0.18μm、0.15μm、0.13μm、90nm、65nm、45nm、32nm、22nm、20nm，一直发展到目前最新的 7nm（移动端芯片最新工艺达到了 4nm）。

除以上介绍的几种以外，CPU 的性能指标还有 CPU 指令集和扩展指令集、工作电压、多线程、多核心等。

3. 国产"龙芯"系列芯片

目前，生产 CPU 的公司很多，主要有 Intel、AMD、IBM、Cyrix、IDT、VIA 威盛公司、国产龙芯等。

"龙芯"系列芯片是由龙芯中科技术股份有限公司设计研制的，采用 MIPS 体系结构，具有自主知识产权，产品现包括龙芯 1 号小 CPU、龙芯 2 号中 CPU 和龙芯 3 号大 CPU 三个系列，此外还包括龙芯 7A1000 桥片。龙芯 1 号系列 32/64 位处理器专为嵌入式领域设计，主要应用于云终端、工业控制、数据采集、手持终端、网络安全、消费电子等领域，具有低功耗、高集成度和高性价比等特点。2015 年，新一代北斗导航卫星搭载了我国自主研制的龙芯 1E 和 1F 芯片，这两颗芯片主要用于完成星间链路的数据处理任务。

龙芯 2 号系列是面向桌面和高端嵌入式应用的 64 位高性能低功耗处理器。龙芯 2 号产品包括龙芯 2E、2F、2H 和 2K1000 等芯片。2018 年，龙芯推出龙芯 2K1000 处理器，它主要是面向网络安全领域及移动智能领域的双核处理芯片，主频达 1 GHz，可满足工业物联网快速发展、自主可控工业安全体系的需求。

龙芯 3 号系列是面向高性能计算机、服务器和高端桌面应用的多核处理器，具有高带宽、高性能、低功耗的特征。2021 年 7 月推出的龙芯 3A5000/3B5000 是面向个人计算机、服务器等信息化领域的通用处理器，基于龙芯自主指令系统（LoongArch®）的 LA464 微结构，并进一步提升频率，降低功耗，优化性能，如图 2.5 所示。

目前统信 UOS、麒麟 Kylin 等国产操作系统已经支持龙芯 3A5000，此外还有多家国内知名整机企业、ODM 厂商、行业终端开发商等都基于龙芯 3A5000 进行了方案研制，包括台式机（如图 2.6 所示）、笔记本、一体机、金融机具、行业终端、安全设备、网络设备、工控模块等多个领域。

图 2.5　国产"龙芯 3A5000"CPU

图 2.6　采用国产"龙芯 3A5000"CPU 的台式机

❓思考·感悟

思考：如何选购 CPU？

感悟：中美贸易战以来，在美国厂商的限制下，底层专利问题成为我国 CPU 产业链的最大痛处，其中制造环节受限于光刻机限制，设计环节受限于 CPU 指令集授权限制，国产 CPU 处于"卡脖子"现状。

实现国产 CPU 完全自主化，把芯片的主动权掌握在自己的手中，我们必须坚定不移走自主创新道路，坚定信心、埋头苦干，突破关键核心技术。

2.2.2　主板

1. 主板简介

主板，又叫主机板（mainboard）、系统板（systemboard）或母板（motherboard），是计算机最基本、最重要的部件之一。主板一般为矩形电路板，由中央处理器（CPU）插槽、内存条插槽、控制芯片组、BIOS 芯片、硬盘接口、显卡插槽、声卡网卡插槽和一些串/并行接口及大量的电容组成的一块电路板，如图 2.7 所示。主板的主要功能是传输各种电子信号，部分芯片也负责初步处理一些外围数据。计算机主机中的各个部件都是通过主板来连接的，计算机在正常运行时对系统内存、存储设备和其他 I/O 设备的操控都必须通过主板来完成。计算机性能是否能够充分发挥、硬件功能是否足够、硬件兼容性如何等都取决于主板的设计。主板的优劣在某种程度上决定了一台计算机的整体性能、使用年限和功能扩展能力等。

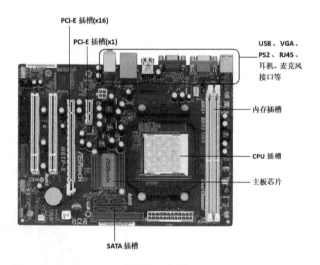

图 2.7　主板

2. 主板的主要结构

（1）CPU 插槽。CPU 插槽的形态一般有 3 种：LGA、BGA、PGA。LGA 是现在主流 Intel CPU 使用的插槽，CPU 上只有触点，而针脚在主板的插槽上。PGA 是现在主流 AMD CPU 使用的插槽，针脚在 CPU 上，主板没有针脚。BGA 是现在主流的移动版 CPU 的插槽，没有针脚，直接通过触点焊接在主板上。

Intel 和 AMD 的 CPU 每隔几代会更换一次 CPU 插槽，如果不换插槽，一般也会更改针脚的定义，这就导致每一代主板的 CPU 针脚一般都不通用。

（2）内存插槽。内存插槽和 CPU 共同决定了这个主板能用什么内存。每一代的内存插槽都不同，都不可以通用。而且每一代 CPU 支持的内存规格也不一定相同。一般 CPU 和对应的主板支持的内存规格都相同。

（3）主板芯片组。主板芯片组包括了南桥和北桥（北桥芯片后被整合进 CPU），南桥主要控制的设备有 SATA、PCIe、IDE、USB、RJ45、PS2、音频设备等，承担了计算机中外部设备与主板沟通的绝大部分功能。

（4）PCI-E 插槽。PCI-E 是计算机速度最快的插槽之一，很多设备（如显卡、声卡、网卡等）都可以通过 PCI-E 与计算机进行连接，也可以通过 PCI-E 插槽转出各种各样的接口，如图 2.8 所示。

图 2.8　PCI-E 插槽

（5）SATA 和 M.2 插槽。SATA 插槽又称为串行插槽，它以连续串行的方式传送数据，减少了插槽的针脚数目，主要用于连接硬盘等设备，支持热插拔，如图 2.9 所示。目前主流的 SATA 插槽的型号为 3.0，现在的机械硬盘、部分固态硬盘和光驱都使用这种插槽。SATA 3.0 带宽为 6GB/s，传输速度约为 750MB/s 左右。

M.2 插槽带宽可以达到 32GB/s，传输速度可达 4GB/s，可以更快速地传输数据，并且占用空间小，厚度非常薄，主要用于连接固态硬盘等设备，如图 2.10 所示。

图 2.9　SATA 插槽

图 2.10　M.2 插槽

（6）其他 I/O 接口。常见的有键盘和鼠标接口（USB 口、PS2 口）、打印机接口、USB 接口、网口、音箱麦克风接口、集显 VGA（或 DVI、HDMI）接口等，如图 2.11 所示。

图 2.11　I/O 接口

2.2.3　存储器

存储器是计算机的记忆装置，其基本功能是存储二进制形式的数据和程序。计算机的存储器分为内部存储器（内存）和外部存储器（外存）两种。

1. 内部存储器

（1）内部存储器简介。内部存储器也称内存和主存，是计算机的重要部件，用于暂时存放 CPU 中的运算数据以及与硬盘等外部存储器交换的数据，是外存与 CPU 进行沟通的桥梁，计算机中所有程序的运行都在内存中进行，内存性能的强弱影响计算机整体性能水平，如图 2.12 所示。CPU 只能**直接访问**存储在内存中的数据，而外存中的数据只有先调入内存后才能被 CPU 访问和处理。我们平常使用的程序，如 Windows 操作系统、打字软件、游戏软件等一般安装在硬盘等外存上，但仅此是不能使用其功能的，必须把它们调入内存中运行才能真正使用其功能。

图 2.12　内存条

绝大多数内存储器是由半导体材料构成的，按其功能可分为随机访问存储器（Random Access Memory，RAM）和只读存储器（Read-Only Memory，ROM）等。

- RAM：主要用来根据需要随时读写，特点是通电时存储的内容可以保持，断电后存储的内容立即消失。RAM 可分为动态随机存储器（DRAM）和静态随机存储器（SRAM）两大类。DRAM 的特点是集成密度高，主要用于大容量存储器。SRAM 的特点是存取速度快，主要用于高速缓冲存储器。微型机中配置的内存主要指 RAM 内存。目前，一般内存的容量在 2GB～64GB。

- ROM：主要用来存放固定不变的程序和数据，如 BIOS 程序，主要特点是只能读出原有的内容，不能写入新内容。原来存储的内容是由厂家一次性写入的，因此断电后信息不会丢失，能永久保存下来。ROM 可分为可编程只读存储器（PROM）、可擦除可编程只读存储器（EPROM）、电可擦除可编程只读存储器（EEPROM）。

- 高速缓冲存储器（Cache）：是一种位于 CPU 与内存之间的存储器，存储速度比普通内存快得多，但容量小，主要用于存放当前内存中使用最多的程序块和数据块，并以接近 CPU 的工作速度向 CPU 提供数据。

- CMOS 存储器：是一块特殊的内存，保存着计算机的当前配置信息，如日期、时间、硬盘容量、内存容量等。这些信息大多是系统启动时所必需的或者是可能经常变化的。如果把这些信息放在 RAM 中，系统断电后数据无法保存；如果存放在 ROM 中又无法修改。而 CMOS 的存储方式则介于 RAM 和 ROM 之间。CMOS 靠电池供电，而且耗电量极低，因此在计算机关机后仍能长时间保存信息。

（2）内存的主要技术指标。

1）内存容量。目前主流的内存条有 2GB、4GB、8GB、16GB、32GB、64GB 等容量级别。内存条有双面和单面两种设计，每一面常采用 8 颗或者 9 颗（多出的一颗为 ECC 校验）存储芯片。

2）频率。内存主频和 CPU 主频一样，习惯上被用来表示内存的速度。它代表该内存能达到的最高工作频率。内存主频是以 MHz（兆赫）为单位来计量的。内存主频越高在一定程度上代表内存能达到的速度越快。内存主频决定该内存最高能在什么样的频率下正常工作。目前主流的 DDR 内存为第四代内存（DDR4），下面给出各代 DDR 内存常见的工作频率。

- DDR1：是 DDR SDRAM 内存的第一代产品，频率有 200MHz（DDR-200）、266MHz（DDR-266）、333MHz（DDR-333）、400MHz（DDR-400）等。
- DDR2：是 DDR SDRAM 内存的第二代产品，相对于 DDR1 来说性能提升了一倍，频率主要有 400MHz（DDR2-400）、533MHz（DDR2-533）、667MHz（DDR2-667）、800MHz（DDR2-800）等。
- DDR3：是 DDR SDRAM 内存的第三代产品，频率主要有 800MHz（DDR3-800）、1066MHz（DDR3-1066）、1333MHz（DDR3-1333）、1600MHz（DDR3-1600）、1866MHz（DDR3-1866）、2133MHz（DDR3-2133）等。
- DDR4：是 DDR SDRAM 内存的第四代产品，同样内核频率下理论速度是 DDR3 的两倍，频率主要有 1600MHz（DDR4-1600）、1866MHz（DDR4-1866）、2133MHz（DDR4-2133）、2400MHz（DDR4-2400）、2666MHz（DDR4-2666）、3200MHz（DDR4-3200）等。
- DDR5：是 DDR SDRAM 内存的第五代产品，2021 年批量生产，是目前 PC 生态系统最新的内存标准，与前代 DDR4 技术相比，在容量与速度上有着较大升级。频率主要有 4800MHz（DDR5-4800）、5200MHz（DDR5-5200）、5600MHz（DDR5-5600）、6000MHz（DDR5-6000）等。

3）内存时序。内存时序（Memory timings 或 RAM timings）是描述同步动态随机存取存储器（SDRAM）性能的 4 个参数：CL（CAS 潜伏时间）、tRCD（行地址到列地址延迟）、tRP（行预充电时间）和 tRAS（行活动时间），单位为时钟周期。它们通常被写为 4 个用破折号分隔开的数字，例如 7-8-8-24。较低的数字通常意味着更快的性能。决定系统性能的最终元素是实际的延迟时间，通常以纳秒为单位。

2. 外部存储器

外部存储器，简称外存，用来存放要长期保存的程序和数据，属于永久性存储器，访问时需要先调入内存。相对内存而言，外存的容量大、价格低，但存取速度慢。常见的外存有硬盘、U 盘、光盘等。

（1）硬盘。硬盘驱动器（Hard-Disk Drive）简称硬盘，是计算机主要的外存储媒介之一。硬盘可分为机械硬盘和固态硬盘两类。机械硬盘（Hard Disk Drive，HDD，全名温彻斯特式硬盘）由一个或多个铝制或者玻璃制的碟片组成，这些碟片外覆盖有磁性材料，采用磁介质存储数据，如图 2.13 所示。目前主流机械硬盘的容量达到了上千 GB。固态硬盘（Solid State Drive，SSD）是用固态电子存储芯片阵列而制成的硬盘，具有读写速度快、防震抗摔性好、低功耗、无噪音、工作温度范围大、轻便体积小等优点；同时相比较于机械硬盘，也存在容量小、寿命短、售价高等缺点，如图 2.14 所示。目前主流固态硬盘的容量达到了几十 GB 至上千 GB。

图 2.13　机械硬盘　　　　　　图 2.14　固态硬盘

硬盘的技术参数如下：

- 容量：是硬盘最主要的参数，目前主流的硬盘容量有 500GB、1TB、2TB、4TB 等。硬盘的容量指标还包括硬盘的单碟容量。所谓单碟容量是指硬盘单片盘片的容量（一般一块硬盘中会有多张盘片），单碟容量越大，单位成本越低，平均访问时间越短，性能越好。

- 转速（机械硬盘）：转速（Rotation Speed 或 Rev）是硬盘内电机主轴的旋转速度，也就是硬盘盘片在一分钟内所能完成的最大转数。转速快慢是标识硬盘档次的重要参数之一，是决定硬盘内部数据传输速率的关键因素之一，在很大程度上直接影响到硬盘的读写速度。硬盘的转速越快，硬盘寻找文件的速度也就越快，相对地硬盘的传输速度也就越快。目前，台式机硬盘的转速一般为 7200rpm（每分钟 7200 转），笔记本硬盘的转速一般为 5400rpm，服务器硬盘转速可达到 10000rpm，甚至 15000rpm。

- 访问时间：平均访问时间（Average Access Time）是指磁头从起始位置到达目标磁道位置，并从目标磁道上找到要读写的数据扇区所需的时间。平均访问时间体现了硬盘的读写速度，它包括了硬盘的寻道时间和等待时间，即平均访问时间=平均寻道时间+平均等待时间。

- 传输速率：数据传输速率（Data Transfer Rate）是指硬盘读写数据的速度，单位为兆字节每秒（MB/s）。硬盘数据传输率又包括了内部数据传输速率和外部数据传输速率。内部传输速率（Internal Transfer Rate）也称为持续传输速率，它反映了硬盘缓冲区未用时的性能，内部传输速率主要依赖于硬盘的转速等。外部传输速率（External Transfer Rate）也称为突发数据传输速率或接口传输速率，是系统总线与硬盘缓冲区之间的数据传输速率，与硬盘接口类型和硬盘缓存的大小有关。

- 缓存：缓存（Cache Memory）是硬盘控制器上的一块内存芯片，具有极快的存取速度，是硬盘内部存储和外界接口之间的缓冲器。缓存的大小与速度是直接关系到硬盘传输速度的重要因素。当硬盘存取零碎数据时需要不断地在硬盘与内存之间交换数据，若有大数据缓存，则可以将那些零碎数据暂存在缓存中，减小外存系统的负荷，同时也提高了数据的传输速度。

（2）光驱。光驱是光盘驱动器的简称，是计算机用来读写光盘内容的机器，也是在台式机和笔记本电脑里比较常见的一个部件。光驱可分为 CD-ROM 驱动器、DVD 光驱（DVD-ROM）、康宝（COMBO）、蓝光光驱（BD-ROM）和刻录机等。

- CD-ROM 光驱：是一种只读的光存储介质。它是利用原本用于音频 CD 的 CD-DA（Compact Disc-Digital Audio）格式发展起来的，容量大约是 650MB。
- DVD 光驱：是一种可以读取 DVD 碟片的光驱，除了兼容 DVD-ROM、DVD-VIDEO、DVD-R、CD-ROM 等常见的格式外，对于 CD-R/RW、CD-I、VIDEO-CD、CD-G 等格式都能很好的支持，DVD 光盘单面容量可达 4.7GB（双面容量可达 8.5GB）。
- COMBO 光驱："康宝"光驱是人们对 COMBO 光驱的俗称。而 COMBO 光驱是一种集合了 CD 刻录、CD-ROM 和 DVD-ROM 为一体的多刻录光驱功能光存储产品。而蓝光 COMBO 光驱指的是能读取蓝光光盘，并且能刻录 DVD 的光驱。
- 蓝光光驱：即能读取蓝光光盘的光驱（如图 2.15 所示），向下兼容 DVD、VCD、CD 等格式，蓝光光盘容量可以达到 50GB 或以上（如图 2.16 所示）。

图 2.15　蓝光光驱　　　　　　　图 2.16　蓝光光盘

- 刻录光驱：包括了 CD-R、CD-RW 和 DVD 刻录机以及蓝光刻录机等，其中 DVD 刻录机又分 DVD+R、DVD-R、DVD+RW、DVD-RW（W 代表可反复擦写）和 DVD-RAM。刻录机的外观和普通光驱差不多，只是其前置面板上通常都清楚地标识着写入、复写和读取 3 种速度。

2.2.4　输入设备

输入设备（Input Device）是向计算机输入数据和信息的设备，是用户和计算机系统之间进行信息交换的主要装置之一，是计算机与用户或其他设备通信的桥梁。常见的输入设备主要有键盘、鼠标、摄像头、扫描仪、光笔、手写输入板、游戏杆、语音输入装置（麦克风）等。

1. 键盘

键盘是最常用也是最主要的输入设备，通过键盘可以将英文字母、汉字、数字、标点符号等输入到计算机中，从而向计算机发出命令、输入数据等。还有一些带有各种快捷键的键盘。键盘是人机交互的一个主要媒介，微型机工作时，一刻也离不开键盘，如果系统不安装键盘，则连加电自检程序都无法通过。传统的键盘有 101 键盘、104 键盘、108 键盘等，目前在微机上常用的键盘为 104 键盘。按照功能的不同，可将键盘分为 4 个键区，分别是主键盘区、功能键区、控制键区和数字键区，如图 2.17 所示。

图 2.17　键盘分区

为了适应不同用户的需要，常规键盘具有 CapsLock（字母大小写锁定）、NumLock（数字小键盘锁定）、ScrollLock（滚动锁定键）3 个指示灯（部分无线键盘已经省略这 3 个指示灯），标志键盘的当前状态。这些指示灯一般位于键盘的右上角，同时有一些键盘采用键帽内置指示灯，这种设计可以更容易地判断键盘的当前状态。

（1）键盘的分类。键盘按有无线可分为有线键盘和无线键盘，按工作原理可分为机械键盘、塑料薄膜式键盘、导电橡胶式键盘、无接点静电电容键盘。

● 机械键盘（Mechanical Keyboard）：采用类似金属接触式开关来控制闭合，工作原理是使触点导通或断开，具有工艺简单、噪音大、易维护、打字时节奏感强、长期使用手感不会改变等特点。机械键盘的每一个按键都是一个单独的开关，也被叫作轴。

● 塑料薄膜式键盘（Membrane Keyboard）：键盘内部共分 4 层，实现了无机械磨损，特点是低价格、低噪音和低成本，但是长期使用后由于材质问题手感会发生变化。此类键盘价格便宜，已占领市场绝大部分份额。

● 导电橡胶式键盘（Conductive Rubber Keyboard）：触点的结构是通过导电橡胶相连，键盘内部有一层凸起带电的导电橡胶，每个按键都对应一个凸起，按下时把下面的触点接通。其优点是价格低、静音；缺点是手感差、使用寿命短。

● 无接点静电电容键盘（Capacitives Keyboard）：使用类似电容式开关的原理，通过按键时改变电极间的距离引起电容容量改变从而驱动编码器，特点是无磨损且密封性较好。

（2）正确的打字姿势。

● 手指的摆放位置：打字时将左手小指、无名指、中指、食指分别置于 A、S、D、F 键上，右手食指、中指、无名指、小指分别置于 J、K、L、；键上，左右拇指轻置于空格键上，如图 2.18 所示。左右 8 个手指与基本键的各个键相对应，固定好手指的位置后不得随意离开，一般来说现在的键盘 F 和 J 键上均有凸起（手指可以明显地感觉到），这两个键就是左右手食指的位置。打字过程中，离开基本键位置去击打其他键，击键完成后手指应立即返回到对应的基本键上。

图 2.18　键盘手指摆放位置

- 手指姿势：手腕略向上倾斜，从手腕到指尖形成一个弧形，手指指端的第一关节要同键盘垂直。进行键盘练习时，必须掌握好手形，一个正确的手形也有助于录入速度的迅速提高。
- 手指分工：把键盘上的所有键合理地分配给十个手指，且规定每个手指对应哪几个键，这些规定基本上是沿用原来英文打字机的分配方式。如图 2.18 所示，在键盘中，第三排键中的 A、S、D、F 和 J、K、L、；这 8 个键称为基本键（也叫基准键）。基本键是八个手指常驻的位置，其他键都是根据基本键的键位来定位的。在打字过程中，每只手指只能打指法图上规定的键，不要击打规定以外的键，不正规的手指分工对后期速度的提升是一个很大的障碍。空格键由两个大拇指负责，左手打完字符键后需要击打空格时用右手拇指击打空格键，右手打完字符键后需要击打空格时用左手拇指击打空格键。Shift 键是用来进行大小写及其他多字符键转换的，左手的字符键用右手按 Shift，右手的字符键用左手按 Shift 键。

2. 鼠标

鼠标，是计算机的外接输入设备，也是计算机显示系统纵横坐标定位的指示器，因形似老鼠而得名。其标准称呼应该是"鼠标器"，英文名 Mouse，鼠标的使用是为了使计算机的操作更加简便快捷，来代替键盘的烦琐指令。鼠标是一种很常用的计算机输入设备，它可以对当前屏幕上的游标进行定位，并通过按键和滚轮装置对游标所经过位置的屏幕元素进行操作。

（1）鼠标的分类。鼠标按连接方式可以分为有线鼠标和无线鼠标；按其工作原理及其内部结构可以分为机械式鼠标、光机式鼠标和光电式鼠标，当前主要使用的是光电式鼠标，如图 2.19 所示。

- 机械式鼠标：装在辊柱端部的光栅信号传感器产生的光电脉冲信号反映出鼠标器在垂直和水平方向的位移变化，再通过计算机程序的处理和转换来控制屏幕上光标箭头的移动。
- 光机式鼠标：是在纯机械式鼠标基础上进行的改良，通过引入光学技术来提高鼠标的定位精度。与纯机械式鼠标一样，光机式鼠标同样拥有一个胶质的小滚球并连接着 X、Y 转轴，不同的是光机式鼠标不再有圆形的译码轮，而是两个带有栅缝的光栅码盘，并且增加了发光二极管和感光芯片。

● 光电式鼠标：通过检测鼠标器的位移，将位移信号转换为电脉冲信号，再通过程序的处理和转换来控制屏幕上的光标箭头的移动。

图 2.19　机械式鼠标与光电式鼠标

（2）鼠标常见的操作。鼠标控制着屏幕上的一个指针形光标（↘），当鼠标移动时，鼠标光标就会随着鼠标的移动而在屏幕上移动。鼠标有 6 种基本操作，具体操作名称与作用如下：

● 单击。当鼠标指针指向某一对象，按一下鼠标左键，称为左单击，其作用是选择一个对象或选项；将鼠标指针指向某一对象，按下鼠标右键，称为右单击，其作用是弹出快捷菜单，它是一种便利的执行命令的方式。

● 双击。将鼠标指针指向某一对象，快速地按两下鼠标左键然后松开，其作用是可以启动一个程序或打开一个窗口。

● 移动。握住鼠标在桌子上来回移动，这时屏幕上的鼠标箭头会跟着来回移动，如将鼠标箭头从屏幕上的一个位置移动到另一个位置，就要进行移动操作。

● 指向。移动鼠标，将鼠标指针放在某一对象上，其作用是激活对象或显示该对象的有关提示信息。

● 拖动。也称为拖曳或拖放，即将鼠标指针移到某一对象上，按住鼠标左键不放并拖动到指定位置，然后松开鼠标左键，其作用是将一个对象拖动到一个新的位置。

鼠标指针是屏幕上随鼠标移动的图形元素，它随鼠标操作的不同，在屏幕上显示不同的形状，常见的图标有以下几种：

↘：在屏幕上有一个表示鼠标当前位置的小光标。鼠标移动时，屏幕上的小光标也随着移动。鼠标指针大部分时间呈现此状态，表示此时鼠标可以选择对象。

↗：此光标符号出现在窗口左侧的选择框或字体名称框上，可以用它选择某文本行、某文本段或整个文件。

⧖：当鼠标指针出现此形状时，表示系统正在执行某操作，特别是处理与磁盘有关的操作时会出现这种光标，意思是请稍候，暂时不要操作。

Ⅰ：编辑文本时，鼠标指针就会变成一个长形垂直条。

🖑：需要单击打开某个链接时鼠标指针变成一个手形。

↕↔↗↖：鼠标在窗口边缘的时候就变成这 4 种鼠标指针之一，可以通过拖动双箭头来改变窗口的大小。

↘⧖：当应用程序抢先运行时，鼠标指针出现此形状，意思是后台运行状态。此时用户不必专门等待，可以处理其他任务。

✛：当鼠标指针出现此形状时，可以用键盘上的方向键移动对象，按 Enter 键对象即可到达新位置。

🚫：表示当前操作不可用。

正确使用鼠标的方法是让食指和中指分别自然地放置在鼠标的左键和右键上，拇指横向放在鼠标左侧，无名指和小指放在鼠标右侧，拇指和无名指及小指轻轻握住鼠标，手掌心贴住鼠标后部，手腕自然垂放在桌面上，工作时移动鼠标做平面运动。

2.2.5　输出设备

输出设备（Output Device）是计算机硬件系统的终端设备，用于接收计算机的数据输出和控制外围设备操作等，也用于把各种计算结果数据或信息以数字、字符、图像、声音等形式表现出来。常见的输出设备有显示器、打印机、绘图仪、音响等。

1. 显示器

显示器又叫"监视器"，是计算机最重要、最基本的输出设备，是计算机的"脸"。显示器的种类很多，从早期的黑白色到现在的彩色。常见的显示器有阴极射线管（Cathode-ray Tube，CRT）显示器、液晶显示器（Liquid Crystal Display，LCD）、发光二级管（Light-Emitting Diode，LED）显示器和等离子显示器等，目前主流的显示器为 LED 显示器。

LED 显示器是一种控制半导体二极管发光的显示方式，它集微电子技术、计算机技术、信息处理技术于一体，以色彩鲜艳、动态范围广、亮度高、寿命长、工作稳定可靠等优点成为最具优势的新一代显示媒体，如图 2.20 所示。利用 LED 技术，可以制造出比 LCD 更薄、更亮、更清晰的显示器。

图 2.20　LED 曲面屏显示器

（1）显示器的主要性能指标。

- 显示尺寸和屏幕比例：显示尺寸指显示器对角线间的距离，常见的有 20 英寸（约 51cm）以下、20～22 英寸（51～56cm）、23～26 英寸（58～66cm）、27～30 英寸（69～76cm）、30 英寸（76cm）以上等，屏幕比例是显示器屏幕画面纵向和横向的比例，包括普屏 4:3、普屏 5:4、宽屏 16:9 和宽屏 16:10 几种类型。
- 分辨率：分辨率（Image Resolution）是指构成图像的像素和，即屏幕包含的像素多少。它一般表示为水平分辨率（一个扫描行中像素的数目）和垂直分辨率（扫描行的数目）的乘积。如 1920×1080，表示水平方向是 1920 像素，垂直方向是 1080 像素，屏幕总像素的个数是它们的乘积。分辨率越高，画面包含的像素数就越多，图像也就越细腻清晰。目前常用几 K 来表示显示器分辨率，如 1K 分辨率（1920×1080）、2K

分辨率（2560×1440）、4K 分辨率（3840×2160）、8K 分辨率（7680×4320）等。

- 对比度：对比度指的是一幅图像中明暗区域最亮的白和最暗的黑之间不同亮度层级的比值，差异范围越大代表对比度越大，对比度 120:1 就可容易地显示生动、丰富的色彩，当对比度高达 300:1 时，便可支持各阶的颜色。对比度越高，显示器的显示质量就越好，特别是用于玩游戏或观看影片时，更高对比度的显示器可得到更好的显示效果。

- 亮度：亮度越高，显示画面的层次就越丰富，显示质量也就越高。亮度的单位为 cd/m^2，市面上主流的显示器的亮度为 $250cd/m^2$。需要注意的是，亮度太高的显示器不一定就是好的产品，画面过亮一方面容易引起视觉疲劳，另一方面也使纯黑与纯白的对比度降低，影响色阶和灰阶的表现。

- 可视角度：指用户可以从不同的方向清晰地观察屏幕上所有内容的最大角度，在最大可视角度时所量到的对比度越大就越好。主流显示器的可视角度都在 160°以上。

- 刷新率：刷新率是指电子束对屏幕上的图像重复扫描的次数。刷新率越高，所显示的图像（画面）稳定性就越好。只有在高分辨率下达到高刷新率的显示器才能称为性能优秀，目前常见的显示器刷新率有 60Hz、75Hz、120Hz、144Hz、165Hz、240Hz 等。

（2）显示器的接口。

目前，显示器所涉及的接口较多，主要有 VGA、DVI、HDMI 和 DP。其中有些接口还分为不同的类型和版本，但是并非所有显示器都会有这 4 种接口，多数显示器一般都是对这 4 种接口中的两个进行组合，如图 2.21 所示。

图 2.21 显示器接口

- VGA 接口：是常见的一种接口。它是一种色差模拟传输接口，D 型口，上面有 15 个孔，分别传输着不同的信号。VGA 接口理论上能够支持 2048×1536 分辨率画面的传输；由于 VGA 接口进行模拟信号传输，所以容易受干扰，信号转换容易带来信号的损失。VGA 是目前应用最广泛的显示器接口之一，绝大部分的低端显示器均带有 VGA 接口。

- DVI 接口：DVI（Digital Visual Interface，数字视频接口）接口比较复杂，主要分为 3 种：DVI-A、DVI-D 和 DVI-I。DVI-D 和 DVI-I 又有单通道和双通道之分。DVI 传输的是数字信号，数字图像信息不需要经过任何转换，就会被直接传送到显示设备上，因此减少了数字→模拟→数字的烦琐转换过程，大大节省了时间,因此它的速度更快，有效消除拖影现象，而且使用 DVI 进行数据传输，信号没有衰减，色彩更纯净、更逼真，目前同样应用比较广泛。

- HDMI 接口：高清多媒体接口（High Definition Multimedia Interface，HDMI）是一

种数字化视频/音频接口技术,是适合影像传输的专用型数字化接口,可同时传送音频和影像信号。HDMI 接口是目前最常见到的一种接口,它被普遍应用于家庭多媒体设备。最新的 HDMI2.1 接口的最大数据传输速度达到 6GB/s,最高可支持 10K 显示分辨率。

- DP 接口:DisplayPort(简称 DP)是由视频电子标准协会(VESA)发布的显示接口。作为 DVI 的继任者,DP 在传输视频信号的同时加入对高清音频信号传输的支持。DP 接口同时支持更高的分辨率和刷新率。它能够支持单通道、单向、四线路连接。最新的 DP2.0 接口的最大数据传输速度达到 10GB/s,最高可支持 16K 显示分辨率。

2. 显示卡

显示卡又称显卡(Video Card),是计算机的一个重要组成部分,承担输出显示图形的任务,对从事专业图形设计和喜欢玩游戏的人来说显卡非常重要。其内置的并行计算能力现阶段也用于深度学习等科学计算。主流显卡的显示芯片主要由英伟达(NVIDIA)和超威半导体(AMD)两大厂商制造,通常将采用 NVIDIA 显示芯片的显卡称为 N 卡,将采用 AMD 显示芯片的显卡称为 A 卡。

(1)显示卡的基本结构。

- GPU(类似于 PC 的 CPU):全称是 Graphic Processing Unit(图形处理器),也就是显示芯片。GPU 使显卡减少了对 CPU 的依赖,GPU 的性能很大程度上决定了显卡的性能。
- 显存(类似于 PC 的内存):是显示内存的简称,主要功能就是暂时存储显示芯片要处理的数据和处理完毕的数据。图形核心的性能越强,需要的显存也就越多。
- 显卡 BIOS(类似于主板的 BIOS):主要用于存放显示芯片与驱动程序之间的控制程序,另外还存有显示卡的型号、规格、生产厂家及出厂时间等信息。
- 显卡 PCB 板(类似于主板):它把显卡上的其他部件连接起来。

(2)显示卡的分类。

- 集成显卡:集成显卡是将显示芯片、显存及其相关电路都集成在主板上,与其融为一体的元件;集成显卡的显示芯片有单独的,但大部分都集成在主板的北桥芯片中;一些主板的集成显卡也单独安装了显存,但其容量较小。集成显卡的显示效果与处理性能相对较弱,不能对显卡进行硬件升级。集成显卡的优点是功耗低、发热量小,部分集成显卡的性能已经可以媲美入门级的独立显卡。集成显卡的缺点是性能相对略低,且固化在主板上,本身无法更换,如果必须换,就只能换主板。
- 独立显卡:独立显卡是指将显示芯片、显存及其相关电路单独做在一块电路板上,自成一体而作为一块独立的板卡存在,它需要占用主板的扩展插槽(PCI、AGP 或PCI-E)。独立显卡在技术上较集成显卡先进得多。独立显卡的缺点是系统功耗有所加大,发热量也较大,需要额外花费购买显卡的资金,同时(特别是对笔记本电脑)占用更多空间。独立显卡分为两类,一类是专门为游戏设计的娱乐显卡,一类是用于绘图和 3D 渲染的专业显卡。
- 核芯显卡:核芯显卡是新一代图形处理核心,和以往的显卡设计不同,凭借在处理器制程上的先进工艺以及新的架构设计,将图形核心与处理核心整合在同一块基板上,构成一个完整的处理器。需要注意的是,核芯显卡和传统意义上的集成显卡并不相同。

（3）显示卡的主要参数。

显示卡的性能由显示芯片 GPU（型号、版本级别、开发代号、制造工艺、核心频率）、显存（类型、位宽、容量、封装类型、速度、频率）、技术（像素渲染管线、顶点着色引擎数、3D API、RAMDAC 频率、支持 MAX 分辨率）、PCB 板（PCB 层数、显卡接口、输出接口、散热装置）等综合决定。其中，GPU 和显存在很大程度上决定了显卡的性能。当前，N 卡（NVIDIA 显示芯片）的显示芯片有 GeForce 30 系列、GeForce 20 系列、GeForce 10 系列、GeForce 900 系列、GeForce 700 系列等，如图 2.22 所示；A 卡（AMD 显示芯片）的显示芯片有 RX6000 系列、RX5000 系列、RX400/500/Vega 系列、Radeon R300 系列、Radeon R200 系列等。显卡上采用的显存类型主要有 GDDR2、GDDR3、GDDR4、GDDR5、GDDR6。目前的主流是 GDDR4、GDDR5 或 GDDR6 显存，显存容量从 512MB 到 12GB 不等。

图 2.22   GeForce RTX 3080 Ti 显卡

2.2.6 移动智能终端

移动终端（Mobile Terminal）指移动中使用的计算机设备，广义上包括手机、笔记本、平板电脑、POS 机甚至车载电脑等，但是大部分情况下是指手机或者具有多种应用功能的智能手机和平板电脑等。现代的移动终端已经拥有极为强大的处理能力、内存、固化存储介质以及像计算机一样的操作系统，是一个完整的超小型计算机系统。

移动终端作为简单通信设备伴随移动通信发展已有几十年的历史。自 2007 年开始，智能化引发了移动终端的"基因突变"，从根本上改变了终端作为移动网络末梢的传统定位。移动智能终端几乎在一瞬间转变为互联网业务的关键入口和主要创新平台，是新型媒体、电子商务和信息服务平台、互联网资源、移动网络资源与环境交互资源的最重要枢纽，其操作系统和处理器芯片甚至成为当今整个信息和通信技术（ICT）产业的战略制高点。移动智能终端引发的颠覆性变革揭开了移动互联网产业发展的序幕，开启了一个新的技术产业周期。随着移动智能终端的持续发展，其影响力将比肩收音机、电视和互联网（PC），成为人类历史上第 4 个渗透广泛、普及迅速、影响巨大、深入至人类社会生活方方面面的终端产品。

1. 智能手机

智能手机是具有独立的操作系统、独立的运行空间，可以由用户自行安装软件、游戏、导航等应用，并可以通过移动通信网络来实现无线网络接入的手机的总称，如图 2.23 所示。

智能手机拥有优秀的操作系统，可自由安装各类软件，具有全触屏式操作感。

图 2.23　智能手机

智能手机是一个完整的超小型计算机系统，其硬件由 CPU、运行内存 RAM、机身内存 ROM、屏幕、摄像头、传感器、射频芯片、电池等部件构成。其中，手机 CPU 是手机的运算核心，它基于 RAM 架构（PC 端 CPU 基于 X86 架构），主要生产厂家有苹果、高通、华为、联发科、三星、德州仪器、紫光展锐等；运行内存 RAM 相当于计算机的内存，RAM 越大，手机多任务运行越流畅。目前智能手机的 RAM 越来越大，主流安卓智能手机的 RAM 已达到了 12GB 以上；机身内存 ROM 相当于计算机的硬盘，机身内存 ROM 越大，手机可存储的数据越多，当前主流手机的机身内存 ROM 已经达到了 250GB 以上；射频芯片包括射频发射芯片、GPS 导航天线芯片、Wi-Fi 无线网络芯片、NFC 近场传输芯片、蓝牙芯片等，这些芯片的数量和性能，决定了手机通信手段的多少和通信能力的强弱；智能手机使用的操作系统有 Android、iOS、Windows Mobile、鸿蒙、Symbian、BlackBerry OS 等。智能手机生产厂家很多，其中苹果（Apple）、华为（HUAWEI）、小米（Mi）、VIVO、OPPO、Realme、Honor 等品牌在全球销量均较高。

2. 智能车载终端

智能车载终端是指采用车载专用中央处理器，基于车身总线系统，形成车载娱乐信息综合处理系统，如图 2.24 所示。它能够实现包括三维导航、实时路况、IPTV、辅助驾驶、故障检测、车辆信息、车身控制等一系列应用，提升车辆电子智能化水平。智能车载终端也是智能交通系统（ITS）的核心组成部分，是车联网体系的一个节点，通过车载信息终端实现与人、车、路、互联网等之间的无线通信和信息交换。

当前，在"新四化"和"双碳"目标的推动下，国内汽车行业正发生深刻变化，新能源化、智能网联化已成为汽车产品的新特点。在这样的背景下，传统车企纷纷面临转型挑战，但与此同时也遇到了新的发展机遇。乘用车市场信息联席会（简称乘联会）数据显示，2022 年 1 月，国内新能源汽车销量为 33.3 万辆，同比增长 202%，环比增长 33.6%。预计到 2025 年，我国新能源汽车渗透率将由原来预测的 20% 提升至 30% 以上，智能汽车的渗透率则会从此前行业预测的 50% 提升到 80%。到 2030 年，中国搭载智能车载终端的电动汽车的保有量会突破 8000 万辆，随着智能汽车销量的提升，智能车载终端将有望成为销量仅次于智能手机的智能移动终端。

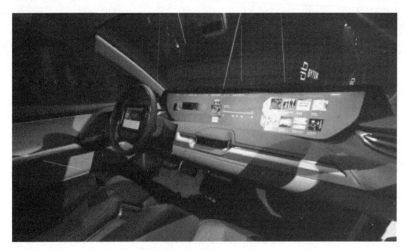

图 2.24   智能车载终端

3．智能可穿戴设备

智能可穿戴设备起源于 20 世纪 60 年代，是指将多媒体、传感器和无线通信等技术整合到衣服或其他可直接穿于身上的配件当中，实现人机信息实时交互的智能设备。经过多年的发展，伴随着半导体器件集成化、小型化技术的不断进步和移动互联网的快速发展，越来越多的智能可穿戴设备从概念变成现实。可穿戴设备的形态丰富多样，可穿戴于人体的多个部位，常见的有手环、手表、眼镜等。按照穿戴部位不同，可穿戴设备分为四大类：头颈类、上肢类、躯干类、下肢类，如图 2.25 所示。

- 头颈类可穿戴设备：主要有虚拟现实、增强现实类智能眼镜，它可以将地图、信息、照片、影音等内容投影在镜片上，同时还具有搜索、拍照、通话、定位导航等功能。用户可通过语音或者手势对设备进行操控。其代表产品有谷歌公司的谷歌眼镜和微软公司的全息眼镜。

- 上肢类可穿戴设备：主要有智能手环、智能手表等，除了传统的时间显示和闹钟提醒功能，这些设备还通过各类传感器实时检查使用者的心率、脉搏、步速、血氧等，从而获得用户运动或睡眠时的身体数据。与手机连接后，还能进行信息提醒显示、地图导航、手机应用操作等。这类设备比较常见的有小米手环、苹果 iWatch、三星 Galaxy Watch、华为 Watch 等。

- 躯干类可穿戴设备：主要有全身外骨骼和智能衣物等，它可以穿戴于人体躯干上，通过电子、机械、液压等技术辅助增强人体的机能或实现某种特定功能。例如美国雷神公司的 XOS 外骨骼系统，它由各种复杂的机械结构、传感器、执行机构和控制器等组成，通过液压驱动，可使穿戴者轻松举起 90kg 的重物，还能击穿 76.2mm 厚的木板。

- 下肢类可穿戴设备：常见的有下肢外骨骼和智能鞋垫等。下肢外骨骼可以辅助增加穿戴者的下肢力量，分担体力消耗，常见的有帮助残障人士的助行外骨骼。哥伦比亚一家设计公司发明的智能鞋垫 Save One Life 可通过感应周围大型金属与其产生的电磁场来提醒士兵改变前进路线。

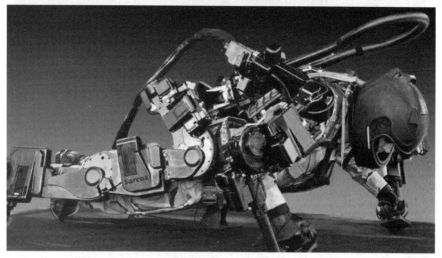

图 2.25 智能可穿戴设备

?思考

思考：与公安相关的移动智能终端设备有哪些？

2.3 计算机的软件系统

软件系统可分为系统软件和应用软件，如图 2.26 所示，系统软件处于硬件和应用软件之间，具有计算机各种应用所需的通用功能，是支持应用软件的平台。应用软件是用户为解决实际问题而开发的专门程序，如 Office 办公软件、图像处理软件等。

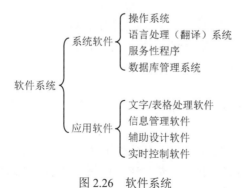

图 2.26 软件系统

2.3.1   系统软件

1. 系统软件构成

系统软件由一组控制计算机系统并管理其资源的程序组成，其主要功能包括启动计算机，存储、加载和执行应用程序，对文件进行排序、检索，将程序语言翻译为机器语言等。一般来说系统软件主要包括操作系统、语言处理程序、系统支撑和服务性软件、数据库管理系统等。

（1）操作系统。操作系统（Operating System, OS）是控制和管理计算机硬件和软件资源，合理地组织计算机工作流程，方便用户使用计算机程序的集合。一般都具有处理器管理、存储器管理、设备管理、文件管理和用户接口五大功能。目前常见的操作系统有 Windows、Linux/UNIX、MacOS、OS/2 等，如图 2.27 所示。

图 2.27   操作系统

（2）语言处理程序：语言是计算机语言的简称，是进行程序设计的工具，又称为程序设计语言，分为机器语言、汇编语言和高级语言三类。

- 机器语言：是**计算机系统唯一能识别**的、不需要翻译直接供机器使用的程序设计语言。机器语言中的每个语句（指令）都是二进制形式的指令代码，包括操作码和地址码两部分。用机器语言编写程序难度大、直观性差、容易出错、修改调试不方便，但是机器语言能够被计算机直接识别和执行，程序运行速度最快。
- 汇编语言：汇编语言是用**助记符**来表示指令的低级语言，其指令称为汇编指令，与机器指令是一一对应的。汇编指令用一些有意义的英文缩写单词来表示指令的含义，相对于二进制形式的机器指令，汇编指令容易记忆，但同时也带来了效率降低的负面影响，因为计算机的 CPU 无法直接识别汇编指令，必须由专门的汇编程序把汇编指令翻译成机器指令后方可运行。汇编语言属于面向机器的语言，它依赖于具体的机器，移植性差。
- 高级语言：是一种独立于机器，**面向过程或对象**的语言。高级语言是接近人类思维逻辑习惯，容易读、写和理解的程序设计语言。从 20 世纪 50 年代中期开始，有几百种程序设计语言问世，如 Java、C、C++、C#、Pascal、Python、Lisp、Prolog、FoxPro、易语言等。

需要把高级语言程序翻译成机器语言程序后才能执行，翻译的方法有"解释"和"编译"两种。

- 解释程序：解释程序接收用某种高级程序设计语言编写的源程序，然后对源程序的每条语句逐句进行解释并执行，最后得出结果，如图 2.28 所示。也就是说，解释程序对源程序是一边翻译一边执行，不产生目标程序。

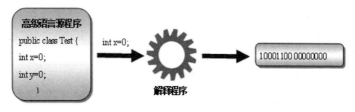

图 2.28　解释

● 编译程序：编译程序是翻译程序，它将高级语言源程序翻译成与之等价的用机器语言表示的目标程序，其翻译过程称为编译，如图 2.29 所示。

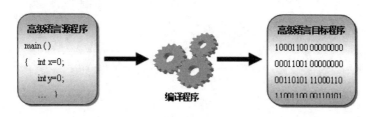

图 2.29　编译

编译程序和解释程序的区别在于，编译程序生成目标程序，而解释程序则是检查高级语言编写的源程序，然后直接执行源程序所指定的动作，不产生目标程序。

（3）服务性程序：为用户提供一些让计算机用户控制、管理和使用计算机资源的一些方法。有些实用工具本身就包含在操作系统内部，例如磁盘格式化、磁盘分区、磁盘碎片整理、磁盘清理等工具；有的实用工具则独立于操作系统之外，例如数据恢复工具 DiskRecovery、系统诊断工具、查毒杀毒软件等。

（4）数据库管理系统：用来建立存储各种数据资料的数据库，并进行操作和维护。常用的数据库管理系统 MySQL、Access、Postgres、SQL Server、SQLite、Oracle 等，它们都是关系型数据库管理系统。随着大数据时代的到来，非关系数据库（NoSQL）的应用也变得越来越活跃。NoSQL，即 Not Only SQL，是指主体符合非关系型、分布式、开放源码和具有横向扩展能力的下一代数据库，如 MongoDB、Hbase、Cassandra、Redis 等。

2. 国产操作系统

（1）银河麒麟操作系统。银河麒麟操作系统是由中国人民解放军国防科技大学（简称国防科大）研制的开源服务器操作系统，是"863 计划"重大攻克科研项目，是国家对国防科大最给予厚望的软件工程，于 2002 年开始研发，如图 2.30 所示。其创立的目的是为了打破国外操作系统的垄断，研发出一套中国自主知识产权的服务器操作系统。现已研发出了服务器操作系统、桌面操作系统、嵌入式操作系统等。银河麒麟操作系统能同时支持飞腾、鲲鹏、龙芯、申威、海光、兆芯等国产 CPU。银河麒麟操作系统集成了丰富的软件生态，包括办公、图形、游戏等小程序，桌面版本中集成了安卓兼容生态，并兼容丰富的外设，这些都是使用者日常所需，也是国产操作系统获得公众认可的首要条件。中国权威专业调研机构赛迪顾问发布报告显示，在国产操作系统领域，银河麒麟操作系统稳居"2020 年中国 Linux 操作系统市场排名第一"。这也是麒麟软件连续第十年在中国 Linux 市场占有率保持第一的位置。

（2）统信桌面操作系统（UOS）。UOS 由深度操作系统为基础，经过定制而产生的产品。

其有个人版、家庭版、服务器版和专业版 4 个版本。2021 年，统信桌面操作系统 V20 和服务器操作系统 V20 产品成功入围"中央国家机关 2020－2021 年 Linux 操作系统协议供货采购项目"。UOS 个人体验版是统信软件基于 Linux 5.3 内核打造，专为个人用户推出的一款安全稳定、美观易用的桌面操作系统，提供了丰富的应用生态，用户可以通过应用商店下载数百款应用，覆盖日常办公、通信交流、影音娱乐、设计开发等各种场景需求。拥有时尚模式和高效模式两种桌面风格，提供白色和黑色主题，适应不同用户的使用习惯，为用户带来舒适、流畅、愉悦的使用体验，如图 2.31 所示。

图 2.30　麒麟操作系统

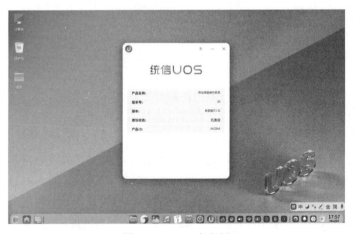

图 2.31　UOS 个人版

❓思考·感悟

思考：什么是安迪-比尔定律？为什么说操作系统是整个软硬件系统中的核心系统？
感悟：要实现"两个一百年"奋斗目标，一些重大核心技术必须靠自己攻坚克难。

——习近平

2.3.2　应用软件

应用软件是为解决实际问题而编写的，具有很强的实用性和针对性。当前世界上存在着难以计数的应用软件，这些软件种类之复杂、功能之强大已经超出了普通民众的想象，例如我们常用的办公类软件 Microsoft Office 2016 和 WPS Office、图形处理软件 Photoshop、看图软件 ACDSee、三维设计软件 AutoCAD 和 3ds Max、WeChat 和 QQ 等即时通信软件等。还有一些专用软件针对某一个行业或某一个具体企业，如某部门财务管理系统、某学校的教务系统和学籍管理系统等都是典型的应用软件。

1．WPS

WPS（Writer，Presentation，Spreadsheet）是由金山软件股份有限公司发布的一款办公软件，具有办公软件最常用的文字编辑、表格、演示文稿等功能。其中，金山文字类似于 Office 的 Word，如图 2.32 所示，主要应用于文字编辑，支持查看和编辑 doc/docx 文档，无论图文、表格混排还是批注、修订模式，均游刃有余，并支持 Word 文档的加密和解密，查找替换、书签笔记等功能则针对移动设备做了特别优化；金山表格类似于 Office 的 Excel，如图 2.33 所示，主要应用于表格计算等，支持 xls/xlsx 文档的查看和编辑以及多种 Excel 加解密算法，已支持305 种函数和 34 种图表模式，为了解决手机输入法输入函数困难的问题，提供了专用公式输入编辑器，方便用户快速录入公式。金山演示类似于 Office 的 PowerPoint，如图 2.34 所示，主要应用于演示文稿制作，支持 ppt/pptx 文档的查看、编辑和加解密，支持复杂的 SmartArt 对象和多种对象动画/翻页动画模式。同时，WPS 覆盖 Windows、MacOS、Linux、Android、iOS 和鸿蒙等平台。

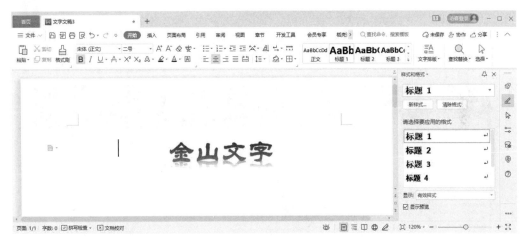

图 2.32　金山文字

2．取证大师

取证大师是厦门市美亚柏科信息股份有限公司自主研发的计算机取证拳头产品，主要是面向基层执法人员开发的"智能型"电子数据取证分析软件，通过"一静、二动、三打"将静态取证、自动取证、动态取证等功能集成于一体，专门针对国内实际情况作了专项优化开发，操作简单、分析全面、对使用人员技术要求低，是电子数据取证分析人员必备的取证分析系统，如图 2.35 所示。

图 2.33　金山表格

图 2.34　金山演示

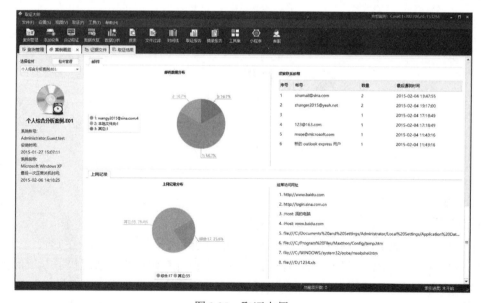

图 2.35　取证大师

2.4 公安行业的硬件和软件

2.4.1 公安行业的计算机系统与设备

近年来，我国各地公安机关通过视频监控系统、治安防控系统、集成指挥系统、大数据研判系统等建设，对人、车、地、物、事、网等治安要素进行精准管控，在交通管理、打击犯罪、治安防范、社会治理、服务民生等方面发挥了积极作用，也积极促进了公安信息化建设的持续增长。公安信息化已经成为我国现代警务的重要标志，与警务活动各个环节的融合度不断加深。

我国的公安信息化建设过程中极为注重对新型技术的实际运用。逐步引入了更多新型的电子信息与软件技术，较为典型的有物联网、云计算、大数据、人工智能等技术。公安信息化主要是依托信息化技术为公安系统建设提供软硬件及系统支持，并形成具有公安特点的解决方案。产业链上游主要包括各类硬件设备和基础软件供应。在公安信息化系统中，硬件设备主要包括感知设备（摄像机、RFID、雷达、电子围栏等）、传输接入设备（PTN 分组传送网、PON 无源光纤网络等）、存储设备（磁盘阵列、云存储等）、网络设备（交换机、防火墙、路由器、安全边界等）和服务器等，基础软件包括操作系统、数据库系统、虚拟化软件、中间件、语言处理系统等。产业链中游主要是各类公安信息化服务商。从服务类型来看，主要包括公安信息化系统开发与建设、公安信息化平台运维等服务类型。产业链下游为公安部门、特种行业等。上游是为公安信息化行业发展提供基础保障的行业，参与的企业类型包括电信运营商、设备供应商、互联网巨头、大数据服务商、公安部直属科研单位等，各企业运用自身的独特优势推动我国公安信息化行业技术与规模不断提升。

"金盾工程"建成了公安信息网络各类基础设施，基本实现了基础信息采集、案件办理流转、网上执法监督和绩效考核等综合应用；社会信息资源共享得到拓宽充实，公安信息资源综合开发利用的水平明显提高；全警采集、全警应用、全警共享的公安信息化应用格局基本形成；2013 年，引入云计算技术建设信息化基础设施，颠覆了传统信息化技术架构；2014 年，探索应用大数据技术服务实战，大数据技术向公安各业务领域全方位渗透；2015 年，主推信息共享，突破信息共享瓶颈，建成信息资源服务平台，数据成为战略资源；2016 年，主抓综合性平台建设，推进合成作战、视频图像联网、警务综合、移动警务、"互联网+"等实战性、支撑性平台建设，技术与机制融合成为发展关键；2017 年，主抓系统整合，系统整合和信息深度应用实现了质的提升。

2012—2018 年，公安机关已有 16 个科研项目荣获国家科学技术进步奖，225 个项目荣获公安部科学技术进步奖，703 个项目荣获基层技术革新奖。全国公安机关基本实现了对公共区域、主要道路节点、重点单位和要害部位的高清视频覆盖和视频资源全时可用；公安部视频图像信息综合应用平台主要功能完成开发，大多数省级公安机关已建成视频图像信息共享平台、联网平台；一类点摄像机联网率达 92.5%，为全国范围内实现视频图像跨地区、跨部门共享奠定了坚实基础；全国累计配发移动终端 54.3 万部，已有 13 个省级新一代移动警务平台建成并投入使用，16 个省级平台处于建设和测试阶段；32 个省级单位全部实现了省部两级移动信息网互联互通，公安移动信息网初具雏形；各地大力开展全国地市级移动警务应用创新，26 个省区市的 96 个地市报送了移动应用 266 个。依托一站式工作平台"警综平台"，有效降低了基层民警工作量，新一代移动警务实现警务工作提质增效，"互联网+公安政务服务"让人民群众有了更多的获得感。

通过引入物联网、云计算、大数据、人工智能等新技术，公安行业的信息系统及设备越来越丰富。如针对电子数据取证方向，国内多家公司研发具有自主知识产权的软硬件，出现了一大批电子数据取证设备，如厦门美亚柏科的取证航母、取证金刚、极光等，奇安信的盘古石计算机取证分析系统、盘古石取证战星等，如图 2.36 所示。

取证金刚　　　　　　手机取证航母　　　　　　汽车取证

硬盘复制机　　　　　　现场勘查箱　　　　计算机保密核查取证系统

图 2.36　国内取证设备

2.4.2　常见警用移动终端

1. 警务通

为了让基层民警能够随时随地获得公安信息系统的支撑，能迅速地响应社会对公安工作者的要求，移动警务通成为了公安民警的办案利器。警务通是为公安民警进行移动警务时所提供的信息管理系统，又称移动警务系统，为紧急和突发事件的处理提供了信息依据，为突发案件的迅速侦破创造信息条件，适用于民警、交警、巡警、刑警、治安警等各类警务人员，让公安干警办案如虎添翼，有效提高了公安系统信息化水平。

（1）警务通的四代发展。

- 第一代：以短信为基础的第一代移动办公访问技术存在着许多严重缺陷，其中最严重的问题是实时性较差，查询请求不会立即得到回答。此外，由于短信长度的限制使得一些查询无法得到一个完整的答案。这些令用户无法忍受的严重问题也导致了一些早期使用移动警务通系统的部门纷纷要求升级和改造现有的系统。

- 第二代：第二代移动警务通系统采用基于 WAP 技术的方式，手机主要通过浏览器来访问 WAP 网页，以实现信息的查询，部分地解决了第一代移动访问技术的问题。第二代移动访问技术的缺陷主要表现为 WAP 网页访问的交互能力较差，极大地限制了移动警务通系统的灵活性和方便性。此外，由于 WAP 使用的加密认证的 WTLS 协议建立的安全通道必须在 WAP 网关上终止，形成安全隐患，所以 WAP 网页访问的安全问题对于安全性要求极为严格的警务系统来说也是一个严重的问题。这些问题也使得第二代技术难以满足用户的要求。

- 第三代：第三代移动警务通系统融合了 3G 移动技术、智能移动终端、VPN、数据库同步、身份认证和 Web Service 等多种移动通信、信息处理和计算机网络的最新前沿技术，以专网和无线通信技术为依托，使得系统的安全性和交互能力有了极大的提高，为公安民警提供了一种安全、快速的现代化移动执法机制。移动警务通系统采用了先进的自适应结构，可以灵活地适应用户的数据环境，具有现场零编程、高安全、部署快、使用方便、响应速度快等优点。该系统支持 GPRS、CDMA 以及所有制式的 3G 网络。

- 第四代：最新的警务通系统是结合物联网、云计算等高端信息技术而建设的。终端设备也由原来的警务手机改为警务 Pad，拥有更多的功能，如图 2.37 所示。新一代的警务通系统，各个终端所采集的信息都会上传至云端存储，供全警使用。针对不同的应用环境配备专用的警务终端，将公安网和社会公共网络作为通信承载平台，配合强大的安全手段，将社会面数据接入公安网络，利用公安网内的信息资源对社会面人员信息、车辆信息、社会信息进行管理，建立起新型的警务工作模式，达到共享公安网信息资源的目的，从而为一线执法人员提供及时准确的信息支持，实现社会面信息的采集、核查、比对、推送等功能，提高公安机关和广大民警的警务工作效率和实战能力。

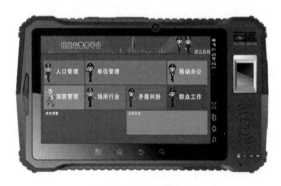

图 2.37　移动警务通

（2）警务通的普遍功能。

- 移动查询。对人口、车辆、全国 CCIC 等八大资源库进行查询，对公安业务信息诸如刑事侦查、经济侦查、治安巡查、流动人口、出入境等综合信息进行查询。

- 现场信息采集。对现场信息进行采集，可采集的信息包括音频、视频、文本、图片等，并可对这些信息进行标记、批注、发布、上传、共享。

- 通过移动定位进行指挥调度。在发生紧急事件、重大事故时，指挥中心可通过 GPS、LBS、Wi-Fi 等各种无线信号进行定位，及时准确地掌握警员、机动车辆位置，从而进行统一指挥调度。
- 警务管理。可对警员出警轨迹、日志、勤务考核、查岗查勤、勤务汇总等进行管理。
- 移动办公。政务通知、政务邮箱、工作计划、工作任务、移动公文处理、日程安排、办公助手、法律法规。
- 移动视频。在移动终端流畅清晰地点播、多播、广播视频监控信息，可用于监控路况查询、现场取证等。

2. 执法记录仪

执法记录仪又称现场执法记录仪或单警执法视音频记录仪，是一种有同步录音录像功能的便携式执法取证设备，可以及时收集固定证据，记录各类事件现场处置情况，实现公正执法、文明执勤，保护民警和当事人合法权益，保障民警依法履行职责，促进提高执法水平，为监督执法行为提供了重要保障，也为创新队伍管理工作带来了新的契机，如图 2.38 所示。

图 2.38　执法记录仪

（1）执法记录仪的主要功能。执法记录仪通过提供有效的现场影像资料供案件指挥、侦破和检察机关取证，具有体积小、便于携带、待机时间长等特点，主要功能如下：

- 摄录：在取景预览模式下，按下相应键，执法记录仪应自动开始记录视音频信息；按下停止键，执法记录仪停止记录并保存记录内容。
- 照相：在取景预览模式下，按下照相键拍照。
- 录音：在取景预览模式下，按下相应键，执法记录仪可自动开始记录音频信息；按下停止键，执法记录仪停止记录并保存记录内容。
- 夜视：执法记录仪可具有夜视功能，在开启夜视功能后，有效拍摄距离不低于 3m，在有效拍摄距离内应能看清人物面部特征，具有红外补光功能，红外补光范围在 3m 处应覆盖摄像画面 70%以上面积。
- 显示屏：执法记录仪具有彩色显示屏，显示屏对角线尺寸应大于或等于 3.5 英寸。
- 视场角:执法记录仪摄像头的水平视场角在生产厂声明的所有分辨率条件下均应大于或等于 100 度。
- 回放：以时间、数据格式等方式浏览和回放存储的视频、音频、照片等信息的功能。
- 北斗/GPS 定位：可接收卫星数据并提供定位信息，部分 4G/5G 执法记录仪还具备行动轨迹查询功能。

- 对讲机：可利用执法记录仪完成实时通话，部分仪器还具备集群对讲功能。
- 激光定位：执法记录仪自带激光射线，可辅助拍摄视频或照片。

各级公安交管部门出台了有关执法记录仪的使用管理规范，并将使用情况纳入推进执法规范化建设和执法质量考核的重要内容，要求对其携带、使用和管理按照单警装备管理规范进行，做到出警必携带，处警必使用。

（2）执法记录仪在公安工作中的重要作用。

- 及时收集固定证据，还原事件真相。由于执法记录仪有同步录音、录像功能，对一些瞬间灭失的违法事实也可以及时取证固定，这在现场执法中至关重要。例如机动车驾驶员未按规定系安全带当场系上的、非紧急情况下在高速公路上违法停车后随意掉头的、故意遮挡号牌后撤除的、当事人拒绝接受检查处罚的，这些情况如果没有有力的证据，在纠正处罚时执勤民警将十分被动，甚至引来不明真相的群众围观指责，也可能会因证据不足造成案件撤诉或败诉。
- 警示震慑违法行为人，自觉遵守法律法规。民警在执勤执法时经常会有过路群众围观，由于群众围观或者现场违法违规人员及家属无理取闹，妨碍执法，不配合民警管理或抓住执勤民警的一些口误，博得不明真相群众的同情，致使民警正常执法活动难以保障。如果民警正常使用执法记录仪，并提前告知违法行为人，使其意识到自己的一行一动、一言一行都将被录音录像，直接会使其收敛不良行动。
- 监督规范民警执法行为，保障民警合法权益。执法记录仪在正常使用过程中，对民警是否依法按程序文明规范执法会及时记录，督促民警在工作中不能有丝毫懈怠，既规范了民警的执法活动，更有助于提升民警的执法水准，尤其是在参与交通事故、突发性事件、群体性事件的现场处置，以及治安刑事案件的先期处置工作中，能够履行一名无声督查的职责。另一方面，在执法活动中，遇到当事人的恶意投诉，执法记录仪也能够及时予以澄清，维护民警的合法权益。所以执法记录仪已经成为一线民警的忠诚"战友"。

？思考·感悟

思考：2020 年 5 月 22 日，美国将我国 33 家高科技企业、研究机构、个人列入"实体清单"，主要涉及人工智能、云技术领域。对于美国遏制中国科技发展的现象我们应如何应对？

感悟：在引进高新技术上不能抱任何幻想，核心技术尤其是国防科技技术是花钱买不来的。人家把核心技术当"定海神针""不二法器"，怎么可能提供给你呢？只有把核心技术掌握在自己手中，才能真正掌握竞争和发展的主动权，才能从根本上保障国家经济安全、国防安全和其他安全。

——2013 年 3 月 4 日，习近平在参加全国政协十二届一次会议科协、科技界委员联组讨论时的讲话

2.4.3　常用公安应用系统

1. 公安部八大公安信息资源库及公安应用支撑系统

公安部八大公安信息库为全国人口基本信息资源库、全国出入境人员信息资源库、全国警员基本信息资源库、全国安全重点单位信息资源库、全国违法犯罪人员信息资源库、全国在

逃人员信息资源库、全国被盗抢汽车信息资源库、全国驾驶员/机动车信息资源库。

公安应用支撑系统包括公共数据交换系统、基于 PPI 的身份认证和访问控制系统、请求服务系统、公安搜索引擎系统、警用地理信息系统。

2. 公安应用系统

（1）全国公安快速查询综合信息系统（CCIC）和城市公安综合信息系统。

CCIC 主要包括在逃人员信息系统、失踪及不明身份人员（尸体）信息系统、通缉通报信息系统、被盗抢/丢失机动车船信息系统等。

城市公安综合信息系统以城市公安信息中心为核心，以城市三级综合通信网为基础，建立与公安业务紧密结合的网络化综合信息系统和相关联的业务信息数据库，实现信息的综合采集、管理和利用，实现对实战部门全面、快速、准确的信息支援，提高公安机关的工作效率、管理水平和科学决策等。

（2）公安业务系统。

治安管理信息系统：主要包括常住人口和流动人口管理信息系统。

刑事案件信息系统：主要包括违法犯罪人员信息系统、涉案物品管理系统、指纹自动识别系统。

出入境管理信息系统：主要包括证件签发管理信息系统、出入境人员管理信息系统，如图 2.39 所示。

图 2.39　出入境管理信息系统

监管人员信息系统：主要包括看守所在押人员信息系统、拘役所服刑人员信息系统、行政治安拘留人员信息系统、收容教育人员信息系统、强制戒毒人员信息系统。

交通管理信息系统：主要包括机动车辆管理信息系统、驾驶员管理信息系统、道路交通违章信息系统、道路交通事故信息系统。

（3）公安综合应用系统。

常见的公安综合应用系统有派出所综合系统、公安综合平台、全国公安综合信息查询系统等。

?思考·感悟

思考：大数据时代的公安信息化有哪些特点？

感悟：新的历史条件下，公安机关要坚持以新时代中国特色社会主义思想为指导，坚持总体国家安全观，坚持以人民为中心的发展思想，坚持稳中求进工作总基调，坚持政治建警、改革强警、科技兴警、从严治警，履行好党和人民赋予的新时代职责使命，努力使人民群众安全感更加充实、更有保障、更可持续，为决胜全面建成小康社会、实现"两个一百年"奋斗目标和中华民族伟大复兴的中国梦创造安全稳定的政治社会环境。

——习近平

习题 2

一、选择题

1. 一个完整的计算机系统包括（　　）。
   A. 主机键盘与显示器　　　　　B. 计算机与外部设备
   C. 硬件系统与软件系统　　　　D. 系统软件与应用软件
2. 下列设备中，既可作为输入设备又可作为输出设备的是（　　）。
   A. 鼠标器　　　B. 打印机　　　C. 键盘　　　D. 磁盘驱动器
3. 通常所说的主机包括（　　）。
   A. CPU　　　　　　　　　　　B. CPU 和内存
   C. CPU、内存与外存　　　　　D. CPU、内存与硬盘
4. 电子计算机最主要的工作特点是（　　）。
   A. 高速度　　　　　　　　　　B. 高精度
   C. 存储程序与自动控制　　　　D. 记忆力强
5. CAD 软件可用来绘制（　　）。
   A. 机械零件图　　　　　　　　B. 建筑设计图
   C. 服装设计图　　　　　　　　D. 以上都对
6. 在下列存储器中，访问速度最快的是（　　）。
   A. 硬盘存储器　　　　　　　　B. 软盘存储器
   C. 半导体 RAM（内存储器）　　D. 磁带存储器
7. 计算机之所以按人们的意志自动进行工作，最直接的原因是采用了（　　）。
   A. 二进制数制　　　　　　　　B. 高速电子元件
   C. 存储程序控制　　　　　　　D. 程序设计语言
8. RAM 的特点是（　　）。
   A. 断电后，存储在其内的数据将会丢失
   B. 存储在其内的数据将永久保存
   C. 用户只能读出数据，不能随机写入数据
   D. 容量大但存取速度慢

9. 目前市售的 USB Flash Disk（俗称 U 盘）是一种（　　）。

    A. 输出设备　　　　B. 输入设备　　　　C. 存储设备　　　　D. 显示设备

10. 计算机硬件系统主要包括运算器、存储器、输入设备、输出设备和（　　）。

    A. 控制器　　　　B. 显示器　　　　C. 磁盘驱动器　　　　D. 打印机

11. 下列设备组中，完全属于外部设备的一组是（　　）。

    A. 激光打印机，移动硬盘，鼠标器

    B. CPU，键盘，显示器

    C. SRAM 内存条，CD-ROM 驱动器，扫描仪

    D. U 盘，内存储器，硬盘

12. Cache 的中文译名是（　　）。

    A. 缓冲器　　　　　　　　　　B. 只读存储器

    C. 高速缓冲存储器　　　　　　D. 可编程只读存储器

13. 对 CD-ROM 可以进行的操作是（　　）。

    A. 读或写　　　　　　　　　　B. 只能读不能写

    C. 只能写不能读　　　　　　　D. 能存不能取

14. 下列关于 CPU 的叙述中正确的是（　　）。

    A. CPU 能直接读取硬盘上的数据

    B. CPU 能直接与内存储器交换数据

    C. CPU 的主要组成部分是存储器和控制器

    D. CPU 主要用来执行算术运算

15. 下列选项中，不属于显示器主要技术指标的是（　　）。

    A. 分辨率　　　　B. 重量　　　　C. 像素的点距　　　　D. 显示器的尺寸

16. 硬盘属于（　　）。

    A. 内部存储器　　　　　　　　B. 外部存储器

    C. 只读存储器　　　　　　　　D. 输出设备

17. 把内存中的数据保存到硬盘上的操作称为（　　）。

    A. 显示　　　　B. 写盘　　　　C. 输入　　　　D. 读盘

18. 组成 CPU 的主要部件是（　　）。

    A. 运算器和控制器　　　　　　B. 运算器和存储器

    C. 控制器和寄存器　　　　　　D. 运算器和寄存器

19. 微型计算机的硬件系统中最核心的部件是（　　）。

    A. 内存储器　　　　　　　　　B. 输入/输出设备

    C. CPU　　　　　　　　　　　D. 硬盘

20. 下列各存储器中，存取速度最快的一种是（　　）。

    A. Cache　　　　　　　　　　B. 动态 RAM[DRAM]

    C. CD-ROM　　　　　　　　　D. 硬盘

21. 下列叙述中错误的是（　　）。

    A. 内存储器一般由 ROM 和 RAM 组成

    B. RAM 中存储的数据一旦断电就全部丢失

  C．CPU 可以直接存取硬盘中的数据

  D．存储在 ROM 中的数据断电后也不会丢失

22．字长是 CPU 主要技术性能指标之一，它表示的是（　　）。

  A．CPU 计算结果的有效数字长度

  B．CPU 一次能处理二进制数据的位数

  C．CPU 能表示的最大的有效数字位数

  D．CPU 能表示的十进制整数的位数

23．计算机的技术性能指标主要是指（　　）。

  A．计算机所配备的语言、操作系统、外部设备

  B．硬盘的容量和内存的容量

  C．显示器的分辨率、打印机的性能等配置

  D．字长、运算速度、内/外存容量和 CPU 的时钟频率

24．运算器（ALU）的功能是（　　）。

  A．只能进行逻辑运算　　　　　　B．对数据进行算术运算或逻辑运算

  C．只能进行算术运算　　　　　　D．做初等函数的计算

二、填空题

1．按数据的读写速度，主存速度比外存速度_____（填"快"或"慢"）。

2．微型计算机总线一般由地址总线、数据总线和_____总线组成。

3．计算机指令由操作码和_____组成。

4．一个 64 位宽度的总线一次能传输的数据为_____字节。

5．教学用的投影仪是属于_____设备（填"输入"或"输出"）。

6．最早提出"存储程序"概念的科学家是_____。

7．常用的 CD-ROM 是一种_____（填"只读"或"可读写"）式的光盘驱动器。

8．高级语言程序翻译成机器语言程序可采用_____和"编译"两种方式。

拓展练习

1．如何组装一台计算机？

2．假设提供给你 5000 元人民币，如何配置一台计算机？请列出你的计算机的配置单。

配置	品牌型号	数量	价格
CPU			
主板			
内存			
硬盘			
显卡			
机箱			

配置	品牌型号	数量	价格
电源			
散热器			
显示器			
鼠标			
键盘			
键鼠套装			
音箱			
光驱			

第 3 章　Windows 10 操作系统基础

操作系统是计算机系统中最基本、最贴近计算机硬件的系统软件，计算机的所有操作都必须在操作系统支持下才能完成。操作系统通过控制和管理计算机的硬件资源和软件资源，提高计算机的利用率，方便用户使用。

目前个人计算机中使用最为广泛的是微软（Microsoft）公司的 Windows 系列操作系统。本章将介绍 Windows 10 操作系统的使用方法。

本章要点

- Windows 10 的启动与退出。
- Windows 10 的基本操作。
- Windows 的文件和文件夹管理。
- Windows 10 的安全与维护应用。
- Windows 10 的控制面板。

3.1　操作系统概述

3.1.1　操作系统的概念

操作系统（Operating System，OS）是管理**计算机硬件**与**软件资源**的计算机程序。操作系统需要处理如管理与配置内存、决定系统资源供需的优先次序、控制输入设备与输出设备、操作网络与管理文件系统等基本事务。操作系统也提供一个让用户与系统交互的操作界面。

操作系统的功能是通过控制和管理计算机的硬件资源和软件资源提高计算机的利用率，方便用户使用。具体来说，操作系统具有以下 6 方面的管理功能：

- 进程与处理机管理。通过操作系统处理机管理模块来确定对处理机的分配策略，实施对进程或线程的调度和管理。进程与处理机管理包括调度（作业调度和进程调度）、进程控制、进程同步和进程通信等内容。
- 存储管理。存储管理的实质是对存储空间的管理，即对内存的管理。操作系统的存储管理负责将内存单元分配给需要内存的程序以便让它执行，在程序执行结束后再将程序占用的内存单元收回以便再使用。此外，存储管理还要保证各用户进程之间互不影响，保证用户进程不能破坏系统进程，并提供内存保护。
- 设备管理。设备管理指对硬件设备的管理，包括对各种输入/输出设备的分配、启动、完成和回收。
- 文件管理。文件管理又称为信息管理，指利用操作系统的文件管理子系统为用户提供方便、快捷、共享和安全的文件使用环境，包括文件存储空间管理、文件操作、目录管理、读写管理和存取控制等。

- 网络管理。随着计算机网络功能的不断加强,网络应用不断深入人们生活的各个方面,因此操作系统必须具备计算机与网络进行数据传输和网络安全防护的功能。
- 提供良好的用户界面。操作系统是计算机与用户之间的接口,为了方便用户的操作,操作系统必须为用户提供良好的用户界面。

3.1.2 操作系统的分类

操作系统可以从以下 3 个角度来分类:

- 从用户角度分类,操作系统可分为 3 种:单用户单任务操作系统(如 DOS)、单用户多任务操作系统(如 Windows 9x)、多用户多任务操作系统(如 Windows 10)。

提示:多用户即一台计算机上可以有多个用户,单用户即一台计算机上只能有一个用户。如果用户在同一时间可以运行多个应用程序(每个应用程序被称为一个任务),则称这样的操作系统为多任务操作系统;如果用户在同一时间只能运行一个应用程序,则称这样的操作系统为单任务操作系统。

- 从硬件的规模角度分类,操作系统可分为 4 种:微型机操作系统、小型机操作系统、中型机操作系统和大型机操作系统。
- 从系统操作方式的角度分类,操作系统可分为 6 种:批处理操作系统、分时操作系统、实时操作系统、PC 操作系统、网络操作系统和分布式操作系统。

目前微机上常见的操作系统有 DOS、OS/2、UNIX、Linux、Windows 和 NetWare 等,虽然操作系统的形态多样,但所有的操作系统都具有并发性、共享性、虚拟性和不确定性 4 个基本特征。

？思考·感悟

思考:我国国产的操作系统有哪些?为什么我国要发展自己的操作系统?

感悟:只有把核心技术掌握在自己手中,才能真正掌握竞争和发展的主动权。

——习近平

3.1.3 智能手机操作系统

智能手机操作系统是一种运算能力和功能都十分强大的操作系统,具有便捷安装或删除第三方应用程序、用户界面友好、应用扩展性强等特点。目前,使用得最多的手机操作系统有安卓操作系统(Android OS)、iOS 等。

- Android OS。Android OS 是 Google 公司以 Linux 为基础开发的开放源代码操作系统,包括操作系统、用户界面和应用程序,是一种融入了全部 Web 应用的单一平台,它具有触摸使用、高级图形显示和可联网等功能,并具有界面强大等优点。
- iOS。iOS 原名为 iPhone OS,其核心源自 Apple 达尔文(Darwin)操作系统,主要应用于 iPad、iPhone 和 iPod touch。它以 Darwin 为基础,系统架构分为核心操作系统层、核心服务层、媒体层、可轻触层 4 个层次。它采用全触摸设计,娱乐性强,第三方软件较多,但该操作系统较为封闭,与其他操作系统的应用软件不兼容。

3.2　初识 Windows 10 系统

操作系统处在计算机硬件和应用程序之间，也处在硬件与用户之间，没有操作系统应用程序将无法安装、运行，用户也将无法使用计算机。从用户角度看，操作系统为用户提供了一个方便、有效、友好的使用环境及交互界面，它也是其他应用程序与硬件的接口。我们平时使用的应用软件如 Word 等就必须运行在操作系统之上。这三者之间的关系如图 3.1 所示。

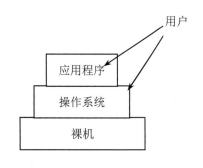

图 3.1　用户面向的计算机

Windows 操作系统是由美国微软（Microsoft）公司研发的操作系统，问世于 1985 年。起初是 MS-DOS 模拟环境，后续由于微软对其进行不断的更新升级，提升易用性，使 Windows 成为了应用最广泛的操作系统。

随着计算机硬件和软件的不断升级，Windows 也在不断升级，从架构的 16 位、32 位再到 64 位，系统版本从最初的 Windows 1.0 到大家熟知的 Windows 95、Windows 98、Windows 2000、Windows XP、Windows Vista、Windows 7、Windows 8、Windows 8.1、Windows 10、Windows 11 和 Windows Server 服务器企业级操作系统，微软一直在致力于 Windows 操作系统的开发和完善。

3.2.1　Windows 10 的新功能

Windows 10 操作系统的画面与操作方式整合了 Windows 7 和 Windows 8 操作系统的优点，恢复了"开始"按钮，支持将应用程序固定至开始界面，便于用户操作。Windows 10 采用新版本的浏览器 Edge，可以给用户提供速度更快的浏览网页体验，支持 Cortana 搜索。此外，Windows 10 操作系统还支持多桌面操作，通过桌面切换实现不同的操作。

1. Cortana

Cortana 是微软发布的一款个人智能助理，它能够了解用户的喜好和习惯，帮助用户进行日程安排、回答问题等。它会记录用户的行为和使用习惯，利用云计算、搜索引擎和非结构化数据分析，读取和学习包括计算机中的文本文件、电子邮件、图片、视频等数据，来理解用户的语义和语境，从而实现人机交互。

2. 任务视图

Windows 10 设置了任务视图，单击"搜索"框后的"任务视图"按钮（如图 3.2 所示）即可快速在打开的多个软件、应用、文件之间切换。

图 3.2　任务视图按钮

3. 平板模式

Windows 10 操作系统的平板模式可以使 PC、平板电脑与手机有高度的融合与集成的功能，能够在系统中自由地将当前操作切换为平板模式。在通知中心单击"平板模式"按钮即可切换至平板模式。

4. 手机助手

无论使用的手机操作系统是 Windows 还是 iOS 或 Android，都可以使用 Windows 10 提供的手机助手和 PC 进行同步。手机与 PC 间的同步内容主要包括照片、音乐、便签、文档等，微软给出了对应的同步方式，如使用 OneDrive 可以同步照片，使用 Music 可以同步音乐，使用 OneNote 可以同步便签，使用 Office 可以同步文档。单击"开始"按钮，在左侧新增加 Modern 风格的区域单击"手机助手"图标即可打开手机助手，如图 3.3 所示。

图 3.3 "手机助手"图标

5. 多桌面

Windows 10 新出的一个功能就是虚拟桌面，可以使用户同时拥有多个桌面，每个桌面上有不同的任务，不同的虚拟桌面间可以进行切换。单击"任务视图"按钮即可在下方看到桌面 1、桌面 2，单击桌面名称即可快速切换，如果要新建桌面，可以单击"新建桌面"按钮。

提示：Windows 10 系统默认只显示一个桌面，若想添加一个桌面，首先要单击任务栏中的"任务视图"按钮，然后单击桌面左上角的"新建桌面"按钮。若想添加多个桌面，则继续单击"新建桌面"按钮，每单击一次就增加一个桌面。

6. 生物特征授权方式 Windows Hello

Windows 10 中采用了全新的个性化计算功能——Windows Hello。有了 Windows Hello，用户只需要露一下脸，动动手指，就能立刻被运行 Windows 10 的新设备所识别。Windows Hello 比输入密码更加方便，也更加安全。除了支持常用的指纹扫描外，Windows 10 还允许用户通过面部或虹膜去登录 PC。当然，用户的设备需要具备全新的 3D 红外摄像头来获取这些新功能。当前，只有少数华硕、惠普和戴尔的笔记本电脑及联想的一体机具备这种 3D 红外摄像头功能。

7. 内置 Xbox 应用，串流主机游戏

Windows 10 还集成了 Xbox 应用，通过该应用可以串流 Xbox 游戏。

具体来说，串流可以简单地实现局域网内远程操控 Xbox One 主机，这样玩家便可以在另一个房间使用运行 Windows 10 的计算机来玩放在客厅的 Xbox One。

3.2.2　Windows 10 的启动和退出

1. 启动与关闭 Windows 10

（1）启动 Windows 10。要使用 Windows 10，必须先启动它，这是把操作系统的核心程序从磁盘调入内存并执行的过程。对于 Windows 来说，主要的启动方法有两种：冷启动和复位启动。冷启动就是开机，用户只需按下计算机开机电源按钮即可；复位启动是指当系统因为某种原因死机、蓝屏时，用户只需要按一下主机箱面板上的 Reset 键的重启操作。现在许多品牌机没有安装这个按钮，那么碰到上述情况时，用户可以长按冷启动键（即开机键按住不放），系统会在数秒后强制关机。

（2）进入睡眠与重新启动。睡眠、重启与关机的按钮在"开始"菜单的"电源"中。

重新启动是指在计算机使用的过程中遇到某些故障、改动设置、安装更新等情况而重新引导操作系统的方法。重新启动的方法是在 Windows 的"开始"菜单的"电源"中单击"重启"按钮，则计算机会重新引导 Windows 10 操作系统。

提示：如果打开的窗口比较多，设置的操作环境比较复杂，在离开一段时间时建议采用"睡眠"代替"关机"，这样再使用时可以快速恢复到睡眠前的状态，避免一系列的打开程序、设置工作环境的操作。

（3）正常关闭计算机。关闭计算机前，最好先关闭 Windows 桌面上打开的窗口，然后再执行关机操作。单击"开始"菜单中的"电源"按钮，在电源选项中单击"关机"按钮即可关闭计算机。

❓思考

思考：如果计算机死机，如何强制关机？

2. 注销当前用户

如果需要用另一个用户身份来登录你的计算机，这时不需要重新启动操作系统，只要注销现在的用户即可。

右击"开始"按钮█，然后在弹出的菜单中选择"关机或注销"→"注销"命令。

3.3　Windows 10 的基本术语及操作

3.3.1　Windows 10 的基本术语

1. 桌面

桌面是登录到系统后用户看到的屏幕界面，是用户与计算机进行交流的窗口，桌面上可以存放用户经常使用的应用程序与文件夹图标，也可以在桌面上添加快捷方式图标，用户使用时只要双击快捷方式图标就能够快速启动相对应的程序，如图 3.4 所示。默认的桌面图标有以下 3 种：

（1）"计算机"图标：用户通过该图标可以实现对计算机硬盘驱动器、文件夹和文件的管理，用户可以访问硬盘驱动器、照相机等其他硬件以及有关信息。

（2）"网络"图标：该项提供了公用网络和本地网络属性，用户可以进行查看工作组中的计算机、查看网络位置及添加网络位置等工作。

（3）"回收站"图标：在回收站中暂时存放着用户已经删除的文件或文件夹，当用户还没有清空回收站时可以从中还原删除的文件或文件夹。

图 3.4　Windows 桌面

2．任务栏

桌面的最下方区域叫作任务栏，它显示了系统正在运行的程序、打开的窗口和当前时间等内容，用户可以通过任务栏完成很多工作，而且也可以对它进行一系列的设置。任务栏可以分为"开始"菜单按钮、快速启动工具栏、语言栏和应用程序图标区等几部分，如图 3.5 所示。

图 3.5　任务栏

？思考

思考：如何显示和隐藏任务栏？

3．"开始"菜单

"开始"按钮▦位于任务栏的最左端，单击"开始"按钮或者按键盘上的 Windows 键▦，将弹出"开始"菜单和"开始"屏幕。"开始"菜单左侧从上至下依次是用户账户头像、常用的应用程序列表以及快捷选项，右侧是"开始"屏幕，由多个磁贴组成。

提示：若要关闭"开始"菜单，用鼠标再次单击"开始"按钮，或者单击"开始"菜单之外的区域，或者再次按 Windows 键，或者按 Esc 键。

4．窗口

双击桌面上的"此电脑"图标打开"此电脑"窗口，如图 3.6 所示。Windows 10 的窗口由标题栏、快速访问工具栏、菜单栏、地址栏、控制按钮区、搜索框、导航窗格、内容窗格、状态栏、视图按钮等部分组成。

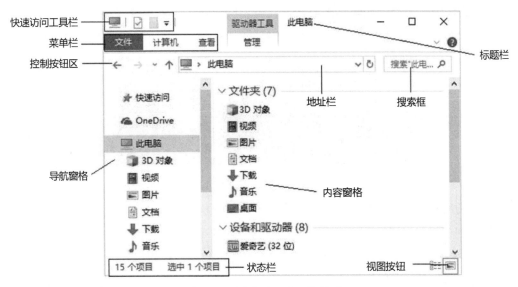

图 3.6　"此电脑"窗口的组成

3.3.2　Windows 10 桌面的操作

1．打开和关闭动态磁贴

Windows 10 的磁贴和以前 Windows 桌面上的快捷方式比较类似，单击不同的磁贴可以运行相应的应用程序、打开对应的网站或文件（夹）等，动态磁贴还可以滚动显示实时信息。下面介绍如何打开和关闭动态磁贴。

（1）关闭动态磁贴。在动态磁贴上右击，在弹出的快捷菜单中选择"关闭动态磁贴"选项，如图 3.7（a）所示。

（2）打开动态磁贴。在动态磁贴上右击，在弹出的快捷菜单中选择"启用动态磁贴"选项，如图 3.7（b）所示。

（a）

（b）

图 3.7　关闭/打开动态磁贴

2．磁贴编辑操作

磁贴在"开始"菜单中的位置和大小一开始是系统默认的，可以自己调整磁贴的大小和位置。

（1）调整磁贴大小：在磁贴上右击，在弹出的快捷菜单中选择"调整大小"，然后选择自己需要的尺寸，如图 3.8 所示。

图 3.8　调整磁贴大小

（2）调整磁贴位置：将鼠标指针放在磁贴上，按住鼠标左键不要松开，然后移动到自己需要的位置释放鼠标左键。

3.3.3　个性化 Windows 的操作

除了使用 Windows 默认的桌面外，用户还可以对系统进行个性化设置，如设置外观和主题、设置屏幕分辨率、添加桌面小工具、更改计算机名称等。经过个性化设置后的系统更符合用户的操作习惯，也可以更加凸显用户的个性和魅力。

1. 打开"设置"窗口

设置 Windows 10 的外观和主题主要是在"设置"窗口中进行的。

打开"设置"窗口的方法有以下 3 种：

（1）在"开始"菜单左侧列表中单击"设置"按钮。

（2）在任务栏右端的通知区中单击"通知中心"按钮，在右边栏中单击"所有设置"。

（3）按 Windows+I 组合键。

"设置"窗口如图 3.9 所示。可以在"查找设置"框中输入要进行的设置关键词来打开该设置，或者浏览列表找到需要设置的项目。

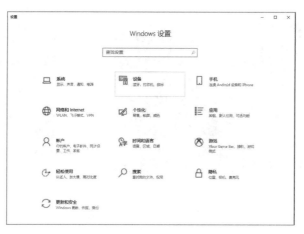

图 3.9　"设置"窗口

2. 设置显示分辨率及文本大小

显示属性包括显示器分辨率、文本大小、连接到投影仪等。

（1）打开"显示"窗口。在"设置"窗口中，单击"系统"选项可打开"显示"窗口；右击桌面，在弹出的快捷菜单中选择"显示设置"选项，也可打开"显示"窗口，如图 3.10 所示。

图 3.10　"显示"窗口

（2）更改屏幕分辨率。屏幕分辨率是指屏幕上显示的像素个数，单位是像素，表示为横向像素数×纵向像素数，分为最高设计分辨率和设置分辨率。在"显示分辨率"下拉列表框中选择所需的分辨率。

（3）更改显示器方向。在"显示方向"下拉列表框中可以改变显示器的方向，一般是"横向"；如果显示器竖放，则应选择"纵向"。

3. 设置桌面背景

桌面背景（也称为"壁纸"）是显示在桌面上的图片、颜色或图案。在"设置"窗口中，选择"个性化"选项，或者右击桌面空白处，在弹出的快捷菜单中选择"个性化"选项，如图 3.11 所示，都将打开"个性化"窗口的"背景"选项卡，如图 3.12 所示。

图 3.11　桌面快捷菜单

图 3.12　外观个性化窗口

在"背景"选项卡中可以设置桌面背景的样式。单击"背景"下拉列表框可以选择图片、纯色或幻灯片放映。

（1）默认选择"图片"选项。单击"选择图片"下的图片可以把选中的图片设置为桌面背景，在"预览"中可以看到效果。单击"浏览"按钮可以从计算机中选取其他图片。在"选择契合度"下拉列表框中选择图片在桌面上的排列方式，包括填充、适应、拉伸、平铺、居中、跨区。其中"跨区"是 Windows 10 的新增选项，如果计算机连接两台或多台显示器，跨区则将图片延伸到辅助显示器的桌面中。

（2）如果选择"纯色"选项，选项卡下部显示"背景色"，可单击选择一种颜色。

（3）如果选择"幻灯片放映"选项，选项卡下部显示"为幻灯片选择相册"，单击"浏览"按钮，选择作为幻灯片放映的图片，设置幻灯片之间切换的时间等。

4. 设置锁屏界面

锁屏界面就是当注销当前账户、锁定账户、屏保时显示的界面，锁屏既可以**保护**自己计算机的**隐私安全**，又可以作为在不关机的情况下**省电**的待机方式。

（1）锁屏。在"开始"菜单中，单击账户名称，在弹出的列表中单击"锁定"项，或者使用锁屏快捷键 Windows+L 组合键。锁屏后显示锁屏界面。

在锁屏状态时，动一下鼠标或键盘，则进入登录界面；如果设置了开机密码，锁屏后需要输入密码才可以进入系统。

？思考

思考：锁屏有利于应急状态下的**信息保密**，提升信息的**安全性**。使用计算机时如何及时开启锁屏？

（2）屏幕保护程序设置。Windows 提供了多个屏幕保护程序。可以使用保存在计算机上的个人图片来创建自己的屏幕保护程序，也可以从网站上下载屏幕保护程序。

1）在"锁屏界面"选项卡中选择"屏幕保护程序设置"选项，将弹出"屏幕保护程序设置"对话框，如图 3.13 所示。

图 3.13　"屏幕保护程序设置"对话框

2）在"屏幕保护程序"下拉列表框中选择要使用的屏幕保护程序。

3）在"等待"文本框中输入或选择用户启动屏幕保护的时间，勾选"在恢复时显示登录屏幕"复选项。单击"确定"或"应用"按钮。

提示：对于 CRT 显示器来说，屏幕保护是为了不让屏幕一直保持太长时间的静态画面，在某个点上的颜色必须不停地变化，否则容易造成屏幕上的荧光物质老化，从而缩短显示器的寿命。

液晶显示器的工作原理与 CRT 显示器的工作原理完全不同，液晶显示屏的液晶分子一直处于开关的工作状态。因此，当对计算机停止操作时，还让屏幕上显示反复运动的屏幕保护程序，无疑会使液晶分子依旧处在反复的开关状态。因此，不建议对液晶显示器设置屏幕保护程序。

5．自定义主题

主题是指 Windows 的视觉外观，包括桌面壁纸、屏保、鼠标指针、系统声音事件、图标、窗口、对话框的外观等内容。"主题"选项卡如图 3.14 所示，在右侧窗格中，除自定义主题外，还可以获取更多主题直接使用。

（1）在"主题"选项卡的右侧窗格中分别单击"自定义主题"下面的"背景""颜色""声音""鼠标光标"选项，可以分别更改主题的部分内容。

例如，单击"鼠标光标"选项，将弹出"鼠标属性"对话框，可以改变鼠标的左右键、指针的外观、滚轮的速度等项目。

（2）更改后单击"保存主题"按钮，在弹出的"保存主题"对话框中输入主题名，单击"保存"按钮将自己的个性化设置保存为主题，如图 3.15 所示。

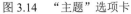

图 3.14　"主题"选项卡　　　　　　　　图 3.15　"保存主题"对话框

（3）如果需要删除主题，则右击要删除的主题，单击弹出的"删除"按钮。

提示：删除主题样式时，不能删除系统自带的主题样式和且当前应用的主题样式。

3.3.4　Windows 附件

为了使 Windows 10 使用更加方便，微软为用户准备了许多实用的工具。在 Windows 10 安装完毕之后这些工具即可使用，不需要额外下载其他软件。

单击打开计算机桌面左下角的徽标（即"开始"菜单），找到"Windows 附件"并单击，出现如图 3.16 所示的列表框，其中均为 Windows 系统内的小工具。下面对部分小工具进行简单介绍。

1. 3D Builder

3D Builder 是一款 3D 打印机。3D Builder 硬件方面含有一个钢框架，内置数控机、挤出机和引导块。软件方面采用开放源码软件 Pronterface 和 Cura。Code P-West 提供的 3D Builder 有多种颜色可选择，包括红色、黑色、粉色和灰色。

图 3.16　Windows 附件

简单地说，3D Builder 是一款创建模型和 3D 打印的工具。在 3D 打印技术日益成熟的今天，以后的 3D 打印会像一般的打印机一样来到普通用户的身边。微软早在 Windows 8.1 系统中就加入了 3D 打印驱动，并在应用商店发布了 3D Builder 应用。而到现在的 Windows 10 系统，索性将 3D Builder 作为了默认的内置应用。当然如果你不太需要，也可以很轻松地卸载掉。

2. 截图工具的使用

在键盘上有一个功能特殊的键 Printscreen（或 PrtScn）键，作用为截图。它有两种用法：一种为直接按下，功能是把当前整个系统屏幕作为一幅图像保存下来，如图 3.17 所示；另一种是复制当前的一个活动窗口，比如复制一个 QQ 登录对话框，方法为：

（1）打开 QQ 登录对话框并使其处于活动状态。

（2）按 Alt+Printscreen 组合键。

（3）打开 Word 或画图工具，使用 Ctrl+V 组合键进行粘贴即可看到图像，如图 3.18 所示。

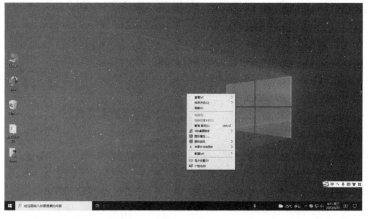

图 3.17　整个桌面截图

图 3.18　QQ 窗口截图

使用截图工具快速截图：打开"截图工具"，单击"新建"选项，在"模式"选项中可以选择截图形状，如图 3.19 所示。

3. 计算器

可以使用计算器进行加、减、乘、除等简单的运算。"计算器"还提供了编程计算器、科学计算器和统计信息计算器等高级功能，打开计算器（如图 3.20 所示）的方法为：进入"开始"菜单，打开"Windows 附件"，然后选择"计算器"选项。

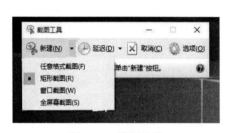

图 3.19　截图工具　　　　　　　　　　　　图 3.20　计算器

4. 画图

画图程序用来编辑图形和图像，也可以输入文字。可以用画图程序打开多数图片并对其进行修改操作。画图程序支持打开 JPG、BMP、GIF 等格式的图片文件。

用户也可以自己进行绘图，操作方法如下：

（1）进入"开始"菜单，打开"Windows 附件"，然后选择"画图"选项。

（2）打开如图 3.21 所示的窗口，用鼠标在上侧工具栏中选择画笔，然后在空白编辑区域画图。

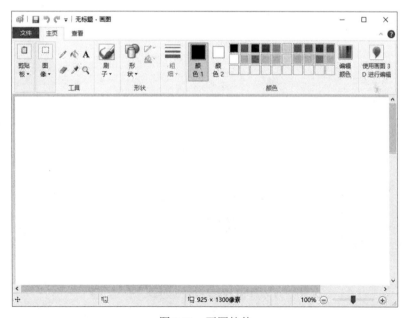

图 3.21　画图软件

（3）选择"文件"→"保存"命令，系统弹出"另存为"对话框，确定保存目录和文件名，如图 3.22 所示。

图 3.22　"另存为"对话框

5．记事本

记事本采用一个简单的文本编辑器进行文字信息的记录和存储，可以用来写日记或记录待办事项。打开方法为：进入"开始"菜单，打开"Windows 附件"，然后选择"记事本"选项，或者按 Windows+R 组合键，或者在"运行"命令中输入 notepad.exe（.exe 可省略）后按 Enter 键。

启动以后，界面如图 3.23 所示。打开记事本后就可以编写文档了，编写完成以后可以保存此文档，以备以后打开查看和修改。保存的方法如下：

（1）选择"文件"→"保存"命令。

（2）弹出"另存为"对话框，选择一个保存目录，并在"文件名"文本框中输入文件名，文件格式为.txt，最后单击"保存"按钮，如图 3.24 所示。

图 3.23　记事本软件

图 3.24　"另存为"对话框

3.4　Windows 10 的文件管理

Windows 把计算机的所有软硬件资源均用文件或文件夹的形式来表示，所以管理文件和文件夹就是管理整个计算机系统。通常可以通过"Windows 资源管理器"对计算机系统进行统一的管理和操作。

3.4.1　文件和文件夹的概念

计算机中的数据一般都是以文件的形式保存在磁盘、U 盘、光盘等外存中。为了便于管理，文件又被保存在文件夹中。

文件是 Windows 操作系统管理的最小单位，所以计算机中的许多数据（例如文档、照片、音乐、电影、应用程序等）都是以文件的形式保存在存储介质（磁盘、光盘、U 盘、存储卡等）中。文件可以包括一组记录、文档、照片、音乐、视频、电子邮件消息或计算机程序等。

1. 文件名

一个文件一般由主文件名、扩展名和文件图标组成，主文件名和扩展名中间用小数点隔开。

（1）主文件名。主文件名是文件的名称，通过它可大概知道文件的内容或含义。Windows 10 规定，主文件名除了开头之外任何地方都可以使用空格，文件名不区分大小写，但在显示时保留大小写格式。Windows 操作系统中的文件命名规则如下：

1）由英文字母、数字、汉字及一些符号组成，字符数不超过 255 个字符（包括盘符和路径），一个汉字占两个英文字符的长度。

2）除了开头之外可以使用空格。

3）文件名中不能包含的符号有："（双引号）、*（星号）、<（小于）、>（大于）、?（问号）、\（反斜杠）、/（正斜杠）、|（竖线）、:（冒号）。

4）不区分大小写，但在显示时可以保留大小写格式。

（2）扩展名。文件扩展名是用英文句点与主文件名分开的可选文件标识符（如 Paint.exe），用于区分文件的类型，用来辨别文件属于哪种格式，通过什么应用程序打开。

Windows 系统对某些文件的扩展名有特殊的规定，不同的文件类型其扩展名不一样，表 3.1 中列出了一些常用的扩展名。

表 3.1　常见文件类型

文件扩展名	文件简介
.txt	文本文件，用于存储无格式文字信息
.doc/.docx	Word 文件，使用 Microsoft Office Word 创建
.xls	Excel 电子表格文件，使用 Microsoft Office Excel 创建
.ppt	PowerPoint 幻灯片文件，使用 Microsoft Office PowerPoint 创建
.pdf	PDF 的全称为 Portable Document Format，是一种电子文件格式
.jpeg	广泛使用的压缩图像文件格式，显示文件颜色没有限制，效果好、体积小
.psd	图像软件 Photoshop 生成的文件，可保存各种 Photoshop 中的专用属性，如图层、通道等信息，体积较大
.gif	用于互联网的压缩文件格式，只能显示 256 种颜色，但可以显示多帧动画
.bmp	位图文件，不压缩的文件格式，显示文件颜色没有限制，效果好，唯一的缺点是文件体积大
.rar	通过 RAR 算法压缩的文件，目前使用较为广泛
.zip	使用 ZIP 算法压缩的文件，是历史比较悠久的压缩格式
.wav	波形声音文件，通常通过直接录制采样生成，其体积比较大

续表

文件扩展名	文件简介
.mp3	使用 mp3 格式压缩存储的声音文件，是使用最为广泛的声音文件格式
.wma	微软制定的声音文件格式，可被媒体播放机直接播放，体积小，便于传播
.swf	Flash 视频文件，是通过 Flash 软件制作并输出的视频文件，用于互联网传播
.avi	是使用 MPG4 编码的视频文件，用于存储高质量视频文件
.exe	可执行文件，二进制信息，可以被计算机直接执行

2. 打开"文件资源管理器"

Windows 把所有软硬件资源都当作文件或文件夹，文件资源管理器为树状结构，可在文件资源管理器窗口中查看和操作文件。打开"Windows 资源管理器"的常用方法有以下几种：

（1）单击任务栏左侧的"文件资源管理器"图标 ▤。

（2）单击"开始"按钮 ▦ ，然后选择"文件资源管理器"选项。

（3）右击"开始"按钮 ▦ ，在弹出的快捷菜单中选择"文件资源管理器"选项。

（4）按键盘上的 Windows +E 组合键。

3.4.2　文件和文件夹的基本操作

在对文件进行操作之前，必须对它们进行一次选择操作，即选中它们。在"资源管理器"中选定文件有几种方法。如果只要选中一个文件或文件夹，只要单击文件（夹）的图标。文件（夹）被选中以后会以高亮度方式显示。如果要选中两个以上的文件（夹），可以按以下步骤执行：

（1）如果要选择连续的一片区域，可以用鼠标框选；也可以先选中第一个文件（夹），再按住 Shift 键不放，然后点选最后一个文件（夹），此时被选中的两个文件（夹）之间所有的连续文件（夹）均被选中。

（2）如果要选择的文件（夹）是不连续的，那么操作时先按住 Ctrl 键不放，再用鼠标左键一个一个地点选即可。

（3）如果要取消选择选中的文件（夹），可以在空白区域单击，所有被选中的文件标志消失。

（4）如果要选定此目录中所有的文件，则选择"编辑"→"全部选定"命令或者按 Ctrl+A 组合键。

1. 新建文件夹

文件夹存在的目的是为了管理文件，它只是逻辑上存在的范围，物理上一个空文件夹是不占存储空间的，文件夹本身没有大小。进入文件夹以后，可以看到其他子文件夹和文件，其中文件是物理上存在的，是具有大小的。一般意义上一个文件夹的大小为它内部所有文件大小的总和。

例如在 D:盘上有很多学习资料，可以创建一个 study 文件夹来管理它们，方法如下：

（1）进入本地磁盘 D:\。

（2）在空白处右击，系统弹出的快捷菜单如图 3.25 所示，移动鼠标至"新建"选项处，弹出二级子菜单，选择"文件夹"选项。

图 3.25　新建文件夹

（3）生成的文件夹默认为"新建文件夹"的格式，直接在名称框内输入 study 并按 Enter 键，如图 3.26 所示。

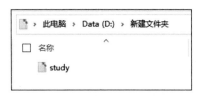

图 3.26　创建一个文件夹

2. 文件（夹）的复制

"复制"是指把一份文件（夹）变成两份或多份存储，最原始的文件称为源文件，复制会把源文件进行"克隆"，存储在其他地方。

文件复制的方法非常多，一般可按以下步骤进行：

（1）选中要复制的文件或文件组。右击被选中的图标，在弹出的快捷菜单中选择"复制"选项。

（2）进入另一个目标文件夹界面，右击空白处，在弹出的快捷菜单中选择"粘贴"选项。也可以使用 Ctrl+C 和 Ctrl+V 组合键来实现"复制"和"粘贴"。

3. 文件或文件夹的隐藏和显示

有些文件在保存以后，一般不再做更改了，用户可以把这些文件设为只读或隐藏，以便更好地**保护文件免于误操作**，方法如下：

（1）找到文件夹并右击，系统弹出快捷菜单。

（2）选择"属性"选项，系统会打开一个对话框，如图 3.27 所示，勾选界面中的 ☑只读(R) 或 ☑隐藏(H) 复选项，单击"确定"按钮。

"只读"的文件是默认可见的，可以打开，只是不能改变它的内容；"隐藏"的文件默认是不可见的，不可直接操作。可以设置文件既是只读的又是隐藏的，在一定程度上确保了文件的**安全性**。

如果要对只读的文件进行修改，那么只要再次打开该文件的属性对话框，取消勾选"只读"复选项。否则如果强行修改并按原文件名称保存只读属性的文件时，系统就会弹出如图 3.28 所示的"另存为"对话框。

图 3.27　文件夹属性设置对话框　　　图 3.28　只读文件的"另存为"对话框

提示：要显示隐藏的文件或文件夹，则在"资源管理器"窗口中选择"查看"→"显示/隐藏"→"隐藏的项目"。再用同样的方法更改文件夹的选项，取消勾选☑隐藏(H)复选项。

4. 文件或文件夹的查找

如果不记得文件或文件夹的存放位置，则可在计算机中查找文件或文件夹。

（1）在桌面双击打开"计算机"窗口。

（2）在"搜索此电脑"搜索框中输入想要查找的文件或文件夹的名称，系统会自动开始搜索。

（3）当搜索结束时，系统会列出所有带有搜索名称的文件或文件夹。

（4）找到需要的文件，双击打开。

提示：搜索时，可以使用"?"和"*"符号。"?"表示任一个字符，"*"表示任一字符串。如查找 D:上所有扩展名为.txt 的文件，应输入"*.txt"作为文件名来搜索。

3.5　网络应用

3.5.1　网络连接

1. 连接无线网

接入无线网的设置很简单，方法如下：

（1）在 Windows 10 任务栏右端的通知区中单击"连接网络"图标打开无线网络列表，单击要连接的 Wi-Fi 网络名称，单击"连接"按钮，如图 3.29（a）所示，已连接无线网络名称是 606。

（2）在"输入网络安全密钥"文本框中输入密码，单击"下一步"按钮。稍等，将连接到网络。连接后，任务栏右端的通知区中显示已经连通的无线网络图标，如图 3.29（b）所示。

提示：使用飞行模式可以快速关闭计算机上的所有无线通信，包括 WLAN、网络、蓝牙、GPS 和近场通信（NFC）。若要启用飞行模式，选择任务栏中的"网络"图标，然后选择"飞行模式"。

（a）　　　　　　　　　　（b）

图 3.29　无线网络列表

2．设置无线网络连接

在无线网络列表中选择"网络和 Internet 设置"选项，单击左侧的 WLAN 选项卡，如图 3.30 所示。在 WLAN 区域下包括无线网络的开关、搜索到的无线网名称、硬件属性和管理已知网络等。

图 3.30　"网络和 Internet"窗口的 WLAN 选项卡

3.5.2　接入局域网

许多学校、企业等单位均采用局域网方式接入互联网。如果是学校、企业等单位的局域网，一般不需要设置，插入双绞线的 RJ45 口即可接入局域网。

有些局域网需要手动设置 IP 地址、子网掩码、网关、DNS 等项目。例如，一台笔记本电脑网卡驱动程序已经安装完成，RJ45 口已经插好并连入局域网。配置内容如下：

IP 地址：192.168.10.7

子网掩码：255.255.255.0

默认网关：192.168.10.1

首选 DNS 服务器：202.101.224.69

备用 DNS 服务器：202.101.224.68

设置方法如下：

（1）在桌面任务栏右端的通知区域单击"网络"图标打开无线网络列表，选择"网络和 Internet 设置"选项。

（2）打开"状态"窗口（如图 3.31 所示），在左侧窗格中选择"更改适配器选项"选项。

图 3.31　"网络和 Internet"窗口的"以太网"选项卡

（3）进入到网络连接的界面，右击 WLAN 选项，在弹出的快捷菜单中选择"属性"选项；或者选中 WLAN 选项，然后单击工具栏中的"更改此连接的设置"按钮。

（4）在弹出的"WLAN 属性"对话框（如图 3.32 所示）中选中"Internet 协议版本 4（TCP/IPv4）"选项，再单击"属性"按钮。

图 3.32　"WLAN 属性"对话框

？思考

思考：IPv4 和 IPv6 有什么区别？

（5）在弹出的"Internet 协议版本 4（TCP/IPv4）属性"对话框中有 IP 地址、子网掩码、默认网关、DNS 服务器等项目，这些项目中的具体数字和选项由网络用户的服务商或网络中心的网络管理人员提供，如图 3.33 所示。依次单击"确定"按钮关闭对话框，返回到"网络连接"窗口，在其中可以看到网络已经连接到 Internet，完成网络设置。

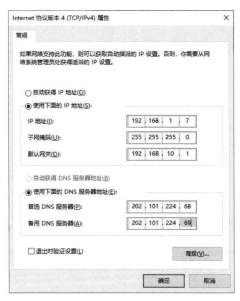

图 3.33　"Internet 协议版本 4（TCP/IPv4）属性"对话框

提示：现在许多单位或家庭中的路由器会自动分配 IP 地址，所以不用自己填写 IP 地址等，默认使用"自动获得 IP 地址"。也就是说，插入网线即可，不用进行本节的设置。

3.6　安全与维护

防火墙和杀毒软件能够保护计算机免受恶意软件和病毒的侵害。尤其是在当前网络威胁泛滥的环境下，通过专业可靠的工具来帮助自己保护计算机信息安全已变得十分重要。其实 Windows 10 自带的防火墙和 Windows Defender 就是不错的选择，而且是免费的。

3.6.1　设置 Windows 10 防火墙

防火墙是一项协助确保信息安全的设备，会依照特定的规则，允许或限制传输的数据通过。防火墙可以是一台专属的硬件也可以是架设在一般硬件上的一套软件。Windows 防火墙顾名思义就是在 Windows 操作系统中自带的防火墙软件。防火墙对每一个计算机用户的重要性不言而喻。

1. 启用或关闭 Windows 防火墙

（1）在桌面任务栏右端的通知区域单击"网络"图标打开无线网络列表，选择"网络和 Internet 设置"选项。

（2）在打开的"状态"窗口中，单击下侧的"Windows 防火墙"选项打开 Windows 防火墙设置。

（3）在打开的"Windows 防火墙"窗口中，单击左侧的"防火墙和网络保护"选项，如图 3.34 所示。

图 3.34　启用/关闭防火墙

（4）Windows 防火墙默认状态下是开启的。如果没有安装其他的防火墙软件，不建议关闭 Windows 防火墙。如果安装了其他防火墙软件，则可以关闭 Windows 防火墙。修改专用网络和公用网络的防火墙设置，这两个网络的防火墙设置互不影响，如图 3.35 所示。

图 3.35　防火墙设置

3.6.2　解决 Windows 更新问题

现在新的恶意软件和病毒的更新越来越快，操作系统的漏洞也不断爆出。Windows 自动更新是 Windows 的一项功能，当有适用于用户计算机的重要更新发布时，它会及时提醒用户下载和安装。使用自动更新可以在第一时间更新用户的操作系统，修复系统漏洞，保护用户的计算机安全。

1. 设置更新

可以根据自己的需要来设置 Windows 更新，具体步骤如下：

（1）单击■按钮，然后选择"设置"选项，在打开的"设置"窗口中选择"更新和安全"，如图 3.36 所示。

图 3.36　更新和安全

（2）进入"更新和安全"设置界面，单击右侧的"高级选项"按钮。

Windows 更新的"高级选项"窗口如图 3.37 所示，其中提供了设置 Windows 更新的许多选项。

图 3.37　高级选项

2. 检查并安装更新

Windows 更新默认是自动安装的，如果安装失败或者按照自动更新的时间计算机没有打开，可以手动检查和安装更新。

单击■按钮，然后选择"设置"选项，在打开的"设置"窗口中选择"更新和安全"，然后单击窗口右侧的"检查更新"按钮，如图 3.36 所示。如果有可用的更新，Windows 更新程序会自动下载和安装这些更新。

思考

思考：如何备份和还原系统？

3.7 控制面板的设置

3.7.1 控制面板的操作

Windows 10 有了"设置"界面后找不到"控制面板"了，下面列举几种 Windows 10 控制面板的打开方法。

1. 通过 Windows 10 自带的搜索框打开控制面板的两种方法

（1）在任务栏的搜索框中输入"控制面板"，从结果列表中选择"控制面板"选项。

（2）按 Windows+R 组合键，在"运行"窗口中输入 control，再按 Enter 键。

注意：许多控制面板的功能在"设置"界面中操作更简单且更快。

2. 将控制面板固定到桌面上

操作方法如下：

（1）右击桌面空白处，选择"个性化"选项。

（2）在"主题"中，选择"桌面图标设置"。

（3）选中"控制面板"，单击"应用"按钮，这时桌面上就有控制面板了。

3.7.2 添加或删除程序

1. 安装软件

若计算机中没有需要的软件，那么使用之前就需要对这个软件进行安装。以"有道词典"这个软件为例介绍软件安装的具体步骤。

（1）在浏览器中打开软件的官方网站，单击下载链接，将软件下载到计算机中。

（2）双击下载完的安装程序，弹出"安装向导"界面，如果没有其他要求直接单击"快速安装"按钮即可，若想要修改安装信息，则可以单击右边的"自定义安装"按钮，如图 3.38 所示。

图 3.38 "安装向导"界面

（3）单击"自定义安装"按钮之后界面就会发生变化，修改好文件安装路径后单击"快速安装"按钮，如图 3.39 所示。

图 3.39　快速安装

单击"快速安装"按钮后程序会自动安装，耐心等待，程序即可完成安装。

2．删除程序

（1）通过"控制面板"来卸载程序。

操作方法：

1）在控制面板列表中找到"程序和功能"选项，单击即可进入计算机卸载或更改程序列表。

2）在卸载或更改程序列表中选中要卸载的软件，右击并选择"卸载/更改"选项。

（2）通过 Windows 设置来卸载程序。

操作方法：

1）单击"开始"按钮，然后选择"设置"选项，在打开的窗口中单击"应用"图标。

2）在打开的窗口中单击"应用和功能"选项，如图 3.40 所示。

图 3.40　应用和功能

3）单击右侧需要删除的程序软件，再单击"卸载"按钮，此时会弹出图 3.41 所示的对话框，单击"卸载"按钮，然后等待卸载完成即可。

也可以按以下方法来卸载程序：在 Windows 设置对话框中，单击"应用"按钮，即可打开"应用和功能"对话框，选中某一程序，单击右边的"卸载"按钮即可删除相应的程序，如图 3.41 所示。

图 3.41　"卸载"程序

3.7.3　浏览系统属性

通过系统属性可以查看计算机的名称、处理器的信息等。下面就来看看怎么查看计算机的系统属性。

右击"开始"按钮■，选择"系统"选项，打开"Windows 10 电脑系统属性"界面，如图 3.42 所示。

图 3.42　系统属性

❓思考

思考：是否有其他浏览系统属性的方法？

3.7.4　输入法的添加和删除

Windows 10 中内置了微软拼音、五笔输入法，称为内置中文输入法。也可以安装第三方输入法，从而获得更多的选择。

1．安装内置中文输入法

在"语言"窗口（如图 3.43 所示）中可以看出系统已经默认添加了中文输入法。如果要添加其他内置的中文输入法，方法为：单击"中文"后面的"选项"按钮，在弹出的"语言选项"窗口中单击"键盘"里的"添加键盘"按钮，选中需要的输入法，即可添加，如图 3.44 所示。

图 3.43　"语言"窗口

图 3.44　添加键盘

2．删除输入法

可以删除已经安装的输入法，操作方法如下：

（1）在"语言"窗口中，单击"中文（中华人民共和国）"右侧的"选项"按钮，将打开"语言选项"窗口。

（2）在其中单击要删除的输入法（例如搜狗拼音输入法）右侧的"删除"按钮，如图 3.45 所示。

图 3.45　删除输入法

❓思考

思考：如何安装其他输入法以及其他语言？

3.7.5 设备和打印机

连接打印机后，计算机如果没有检测到新硬件，可以按照如下方法安装打印机的驱动程序：

（1）打开"控制面板"窗口，选择"硬件和声音"列表中的"查看设备和打印机"选项。

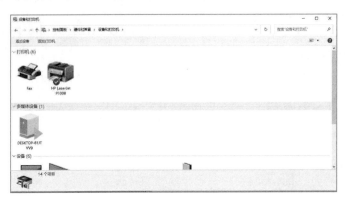

图 3.46　打开"设备和打印机"窗口

（2）在打开的"设备和打印机"窗口中单击"添加打印机"按钮，如图 3.46 所示。

（3）弹出"添加设备"对话框，系统会自动搜索网络内的可用打印机，选择搜索到的打印机名称，单击"下一步"按钮。

提示：如果需要安装的打印机不在列表内，可单击下方的"我所需的打印机未列出"链接，在弹出的"按其他选项查找打印机"对话框中选择其他的打印机。

（4）弹出"添加设备"对话框，进行打印机连接。

（5）提示安装打印机完成。如果需要打印测试页看打印机是否安装完成，则单击"打印测试页"按钮。单击"完成"按钮就完成了打印机的安装。在"设备和打印机"窗口中用户可以看到新添加的打印机。

提示：如果有驱动光盘，直接运行光盘，双击 Setup.exe 文件即可。打印机的驱动程序安装完成后，用户即可打印文件。

3.7.6 磁盘管理及操作

俗话说"工欲善其事，必先利其器"，可以通过一些简单操作让 Windows 10 工作得更好。磁盘是所有文件存储的位置，磁盘的性能直接影响了整个计算机的性能，因此，优化计算机硬盘，加快硬盘速度，可以提高系统运行速度，让你的操作系统更快更稳定。

1. 清理磁盘

磁盘长期使用后，会有大量无用的文件占据磁盘空间。利用磁盘清理工具可以清理回收站，清理系统使用过的临时文件，删除不用的 Windows 组件和程序，以释放磁盘空间，操作方法如下：

（1）双击桌面上的"此电脑"图标，在打开的资源管理器窗口中选中要清理的磁盘，然后单击"属性"里的"磁盘清理"选项卡，如图 3.47 所示。此时，计算机会开始扫描磁盘上可以清理的文件。

（2）扫描完成后会弹出结果对话框，勾选要删除的文件，然后单击下方的"确定"按钮；如果要清理系统文件，可以单击下部的"清理系统文件"按钮，如图 3.48 所示。

图 3.47　"属性"对话框

图 3.48　"磁盘清理"对话框

2. 磁盘碎片整理

磁盘长期使用后，盘片中间出现大量小的碎片。这些碎片一般情况下不能被分配使用，同时由于碎片的增多，文件的存储分配空间也越来越零散，存储速度逐渐变慢。利用碎片整理程序可将小的碎片空间集中在一起使用，有助于存储速度的提高。操作方法如下：

（1）双击桌面上的"此电脑"图标，在打开的资源管理器窗口中选中需要整理的磁盘，然后单击"属性"里的"工具"选项卡，单击其中的"优化"按钮运行优化驱动器程序，如图 3.49 所示。

（2）优化驱动器的界面如图 3.50 所示。主窗口内显示各磁盘的名称和上一次运行优化的时间以及磁盘的当前状态，单击"分析"按钮可以分析磁盘驱动器的状态，单击"优化"按钮可以对磁盘进行优化。

图 3.49　"工具"选项卡

图 3.50　"优化驱动器"窗口

（3）单击下方的"更改设置"按钮可以更改驱动器的优化计划和频率。单击"优化"按钮可以对单个驱动器进行设置。

3. 磁盘格式化

磁盘格式化分为快速格式化和完全格式化。快速格式化仅将磁盘数据清除，速度较快；完全格式化不但清除磁盘中的所有数据，还进行磁盘扫描检查，以发现坏道、坏区并进行标注。操作方法如下：

（1）双击桌面上的"此电脑"图标，在打开的资源管理器窗口中选中要清理的磁盘，然后单击"驱动器工具"下面的"管理"按钮打开"管理"选项卡，单击"格式化"按钮，如图3.51所示。

图 3.51　"管理"选项卡

（2）弹出"格式化"对话框，单击"开始"按钮，如图3.52所示。

也可以通过"计算机管理"对磁盘进行查错程序、磁盘碎片整理程序、磁盘整理程序等操作。打开方法为：右击"计算机"图标，在弹出的快捷菜单中选择"管理"选项，打开"计算机管理"窗口，如图3.53所示。

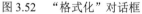

图 3.52　"格式化"对话框

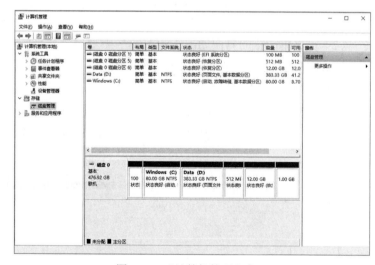

图 3.53　"计算机管理"窗口

提示：

①未格式化过的白盘只能进行完全格式化。

②格式化时，磁盘容量、分配单元大小建议采用默认参数；文件系统参数可根据需要选择。

③可随时修改磁盘的卷标，即磁盘的名字（别名）。

3.7.7　用户管理

在 Windows 10 操作系统中，用户不仅可以创建新账户，还可以对用户账户进行管理，如更改用户账户的类型、重命名用户账户、更改用户账户的图片、添加用户账户的密码等。

1. 更改用户账户类型

创建账户后，用户还可以更改用户账户的类型，例如可以将标准账户更改为管理员账户，也可以将管理员账户更改为标准账户。操作方法如下：

（1）打开"控制面板"，在"用户账户"组中选择"更改账户类型"选项。

（2）在打开的"用户账户"窗口（如图 3.54 所示）中选中要更改的账户。

图 3.54　"用户账户"窗口

（3）在更改账户类型提示页面中选择新的账户类型后再单击"更改账户类型"按钮，此时可以看到选择的账户类型已更改。

2. 重命名用户账户

账户创建后，如果对账户名称不满意，还可以更改账户名称，方法如下：

（1）按照同样的方法打开"用户账户"窗口，如图 3.54 所示，选择要更改名称的账户。选择左侧的"更改账户名称"选项。

（2）在切换到的"重命名账户"窗口的文本框中输入新账户名，然后单击"更改名称"按钮，此时可以看到账户名称已更改。

3. 更改用户账户的头像

如果觉得默认的账户头像不美观，则可以将账户头像设置为自己喜欢的图片，以使其更具个性化。方法如下：

（1）在"开始"菜单中单击账户名称，在弹出的下拉列表中选择"更改账户设置"选项，如图 3.55 所示。

图 3.55　更改账户设置

（2）在弹出的"设置/账户"界面中，在"创建你的头像"下方单击"通过浏览方式查找一个"按钮，也可以单击"摄像头"图标按钮利用摄像头拍照。

（3）在弹出的"打开"窗口中选择要作为账户头像的图片，然后单击"选择图片"按钮，此时可以看到选择的图片被设置为账户头像。

3.7.8　任务管理器

任务管理器可以帮助用户查看资源的使用情况，结束一些卡死的应用等，在计算机的日常使用与维护中经常用到，下面介绍如何使用任务管理器。

在任务栏的空白处右击，在弹出的快捷菜单中选择"任务管理器"选项，打开"任务管理器"窗口，如图 3.56 所示。

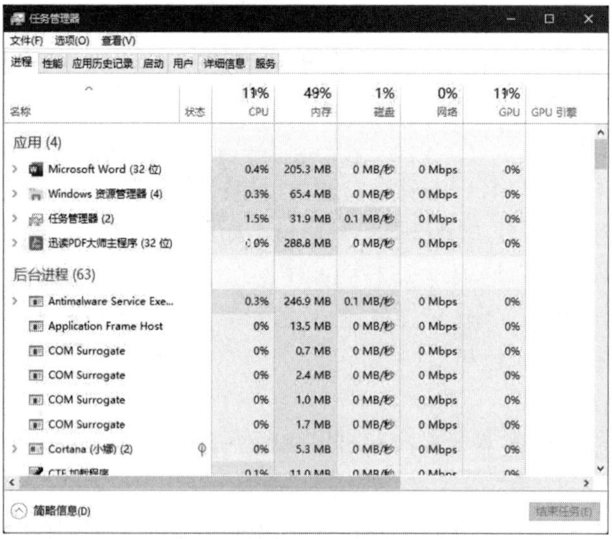

图 3.56　"任务管理器"窗口

在其中可以看到有 7 个选项卡：进程、性能、应用历史记录、启动、用户、详维信息、服务。我们可以根据选项卡名称来查看具体的信息。

有时使用的软件会卡死并且不能关机，就可以调出"任务管理器"强行关闭。操作方法如下：

（1）在任务栏的空白处右击，在弹出的快捷菜单中选择"任务管理器"选项，单击"进程"选项卡，选择想要关闭的应用。

（2）单击"结束任务"按钮。

3.7.9　设备管理器

设备管理器是管理计算机设备的工具程序，使用设备管理器可以查看和更改设备属性，安装和更新设备驱动程序，修改设备的配置，卸载设备。设备管理器提供计算机上所安装硬件的图形视图。

在 Windows 10 中，设备管理器是一个内置于操作系统的控制台组件。它允许用户查看和设置连接到计算机的硬件设备（包括键盘、鼠标、显卡、显示器等），并将它们排列成一个列表。该列表可以依照各种方式排列（如名称、类别等）。当任何一个设备无法使用时，设备管理器中就会弹出提示供用户查看。

右击"开始"按钮并选择"设备管理器"选项，打开"设备管理器"窗口，如图 3.57 所示。

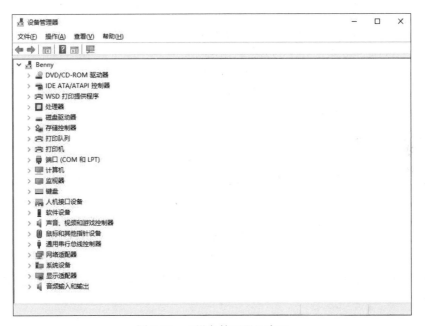

图 3.57　"设备管理器"窗口

设备管理器对于计算机应用与维护有着很重要的作用，比如发现键盘不可用时，可以进入"设备管理器"界面，查看计算机中是否识别到键盘硬件，以此来判断是键盘问题还是驱动或计算机设置问题；另外，设备管理器也是更新与安装驱动程序最原始的操作入口。

习题 3

一、选择题

1. 在 Windows 10 中，如果删除的目标是一个文件夹，将（　　）。
    A．仅删除该文件夹　　　　　　B．仅删除该文件夹中的文件
    C．删除文件夹中的部分文件　　　D．删除该文件夹及内部的所有内容
2. 在 Windows 10 中，单击是指（　　）。
    A．快速按下并释放鼠标左键　　　B．快速按下并释放鼠标右键
    C．快速按下并释放鼠标中间键　　D．按住鼠标器左键并移动鼠标
3. 在 Windows 10 中，按住鼠标左键同时移动鼠标的操作称为（　　）。
    A．单击　　　　　　B．双击　　　　　　C．拖拽　　　　　　D．启动
4. 在 Windows 10 的桌面上右击，将弹出一个（　　）。
    A．窗口　　　　　　B．对话框　　　　　C．快捷菜单　　　　D．工具栏
5. 在 Windows 10 中，双击（　　）可使窗口最大化或还原。
    A．菜单栏　　　　　B．工具栏　　　　　C．标题栏　　　　　D．任一位置

二、填空题

1. 用 Windows 10 的"记事本"创建的文件，其默认扩展名是_____。
2. 若用户刚刚对文件夹进行了重命名，可按 Ctrl+_____组合键来恢复原来的名字。
3. 在 Windows 10 中，启动帮助的功能键是_____。
4. 系统的菜单项目中，如果该项目名称是以灰色显示，则表示这个项目_____。
5. 压缩文件的扩展名通常有_____。

三、简答题

1. 公安行政事务繁忙，如何使用日历事件提醒功能？
2. 如何对文件（夹）进行重命名和删除操作？

拓展练习

如果你新买了一台计算机，其上没有安装任何操作系统，请说一说安装系统都需要经过哪些步骤？

第4章 多媒体技术在公安工作中的应用

多媒体技术是指通过计算机对文字、数据、图形、图像、动画、声音等多种媒体信息进行综合处理和管理，使用户可以通过多种感官与计算机进行实时信息交互的技术，多媒体技术在公安信息化工作中具有非常广泛的应用。

本章介绍多媒体技术的基本概念，多媒体计算机的组成，多媒体信息在计算机中的表示，网络多媒体的发展历程。结合多媒体工具软件及具体案例详细介绍多媒体技术在图像、声音、视频方面的应用。

 本章要点

- 多媒体的概念和特点。
- 声音、图像、视频媒体工具介绍。
- 网络多媒体平台发展历程。
- 文本思维导图的绘制。
- 图像、声音、视频工具在信息化工作中的应用。

4.1 多媒体概述

4.1.1 多媒体的定义和特点

1. 媒体

人们在信息交流中需要用到各种媒体，媒体是信息的载体。在计算机领域媒体有两种含义：**媒质**和**媒介**。

（1）媒质：存储信息的实体，如石碑、竹简、纸张、磁盘、光盘和半导体存储器等，如图 4.1 所示。

（2）媒介：信息的表示形式或载体，如数值、文字、声音、图形、图像等，如图 4.2 所示。

图 4.1　媒质　　　　　　　　　　　　　　　　　图 4.2　媒介

2. 多媒体

多媒体（Multimedia）指融合两种以上并具有**交互性**的媒体，是多种媒体信息的综合。多媒体由**多种媒体元素**组成，媒体元素是指多媒体应用中可以显示给用户的媒体形式，目前主要包括文本、图形、图像、声音、动画和视频等，如图 4.3 所示。

图 4.3　多媒体

3. 多媒体技术及其特点

多媒体技术是指通过计算机对文字、数据、图形、图像、动画、声音等多种媒体信息进行综合处理和管理，使用户可以通过多种感官与计算机进行实时信息交互的技术，又称为计算机多媒体技术。

多媒体技术包括数字化信息处理技术、音频和视频技术、人工智能和模式识别技术、通信技术、图形和图像技术、计算机软件和硬件技术。多媒体技术具有以下特点：

- 交互性：指人机间的交互，交互性使多媒体系统和内容更多地向用户靠拢，使人能直接参与对信息的控制和使用。
- 集成性：指将各种媒体、设备、软件和数据组成系统。
- 多样性：是指信息媒体的多样性，使计算机告别了过去以字符、数值型为主的数据形式，进入到文、声、形、像等形式多样的多媒体世界。
- 系统性：在更高的层次上看待多媒体的组成、应用和技术的实现。

4.1.2　多媒体技术的应用

多媒体技术在这几年迅速发展，人性化的交互性、多种丰富信息的集成、方便易懂的操作使得它在各个领域都得到了很好的应用，对传统的传播媒体产生了巨大影响，使人们的学习、工作、生活方式都发生了翻天覆地的变化。多媒体的典型应用如图 4.4 所示。

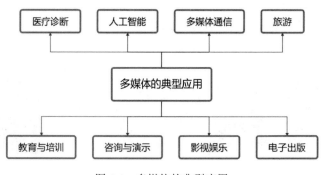

图 4.4　多媒体的典型应用

1．虚拟现实技术（VR）

虚拟现实技术（Virtual Reality，VR）又称灵境技术，是 20 世纪发展起来的一项全新的实用技术。它集计算机技术、电子信息技术、仿真技术于一体，用计算机模拟虚拟环境，从而给人带来环境沉浸感。

虚拟现实技术往往要借助于一些**传感设备来完成**交互动作，如座椅、头盔、手套、服装等。VR 应用有虚拟射击、虚拟滑雪、虚拟驾驶等，如图 4.5 所示。

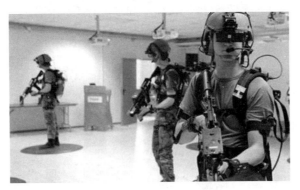

图 4.5　警察 VR 射击训练

2．增强现实技术（AR）

增强现实技术（Augmented Reality，AR）是一种实时计算摄影机影像的位置及角度并加上相应图像的技术，是一种将**真实**世界信息和**虚拟**世界信息"无缝"**集成**的新技术，这种技术的目标是在屏幕上把虚拟世界套在现实世界上并进行互动。

由于 AR 是现实场景和虚拟场景的结合，所以基本都需要摄像头，将摄像机放置于屏幕上方，在屏幕前端显示仿真 AR 互动标志，当参观者进入摄像区域时，视频上就会呈现出真实的拍摄场景，并出现 3D 互动内容，参观者可以进行互动交互，如图 4.6 所示。

图 4.6　AR 试衣镜

VR 和 AR 的区别：VR 是把真实的你带进虚拟世界里，你看到的一切都是假象，而 AR 则是将虚拟影像在真实世界中呈现，你可以分辨哪些是真的，哪些是假的。如果环境都是虚拟的，那就是 VR；如果展现出来的虚拟信息只是与虚拟事物的简单叠加，那就是 AR。

3．混合现实技术（MR）

混合现实技术（Mixed Reality，MR）是虚拟现实技术的进一步发展，通过在**虚拟环境中**

引入现实场景信息在虚拟世界、现实世界和用户之间搭起一个交互反馈信息的桥梁，从而增强用户体验的真实感。MR 技术的关键点就是与现实世界进行交互和及时获取信息，因此它需要在一个能与现实世界各事物相互交互的环境中实现。

MR 和 AR 的区别：AR 只管叠加虚拟环境却不需要理会现实，但 MR 能通过一个摄像头让你看到裸眼都看不到的现实。

MR 技术的虚拟与现实的交互反馈能够使人们在相距很远的情况下进行交流，极具操作性，如在 5G 网络的加持下，相隔两地的医生能同步进行手术和指导，在医学领域极富意义，如图 4.7 所示。

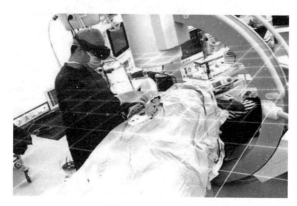

图 4.7　MR 手术

目前，多媒体技术主要有两个发展趋势：一是网络化趋势，通过与宽带网络通信等技术相互结合，使多媒体技术进入科研设计、企业管理、办公自动化、远程教育、远程医疗、检索咨询、文化娱乐、自动测控等领域；二是多媒体终端的智能化和嵌入化，通过提高计算机系统本身的多媒体性能来开发智能化家电，如 TV 与 PC 技术的结合使交互式节目和网络电视应运而生。另外，嵌入式多媒体系统在医疗器械、多媒体手机、掌上电脑、车载导航等领域都有着巨大的发展前景。

4.1.3　多媒体应用系统中的媒体元素

多媒体应用系统中的媒体元素是指在应用中可显示给用户的媒体形式。目前我们常见的媒体元素主要有文本、图形、图像、视频、动画、音频等。

1. 文本

文本（Text）就是指各种文字信息，包括文本的字体、字号、格式、色彩等。文本是计算机文字处理程序的处理对象，也是多媒体应用程序的基础。通过对文本显示方式的组织，多媒体应用系统可以更好地把信息传递给用户。

2. 图形和图像

（1）图形。图形也称为**矢量图**，指的是根据**几何特性**来绘制图形，通过线段和曲线描述图形，矢量可以是一个点或一条线。矢量文件中的图形元素称为一个对象，每个对象都是一个自成一体的实体，包括颜色、形状、轮廓、大小和屏幕位置等属性。

图形的特点：只能靠软件生成，兼容性差，难以表达过于复杂、细节过于丰富的画面，但是放大后**不会失真**，文件**占用空间小**，通常适合一些图形设计、标志设计等。

（2）图像。图像（Image）是由**输入设备捕捉**到的实际场景中的**画面**，这些画面放大到一定倍数后由一个个小方块组成，这些小方块称为**像素点**，因此图像也称为点阵图或位图。

图像的特点：放大后会**失真**，但是可以表达跟实际场景几乎一模一样的画面。

3. 音频

音频（Audio）除了包含音乐、语音外，还包括各种声音效果。将音频信号集成到多媒体中可以提供其他任何媒体都不能取代的效果，不仅能烘托气氛，还能增加活力。音频信息增强了对其他类型媒体所表达信息的理解。

4. 动画

动画（Animation）与运动着的图像有关，动画在实质上就是一幅幅**静态图像**的**连续播放**，因此特别适合描述与运动有关的过程，便于直接有效地理解。

5. 视频影像

视频（Video）是图像数据的一种，若干有联系的**图像数据连续播放**就形成了视频。计算机视频是数字信号，视频图像可以是来自录像带、摄像机等视频信号源的影像，这些视频图像使多媒体应用系统的功能更强大、更精彩。

表 4.1 中列出了常见媒体元素及典型产品。

表 4.1　媒体元素及产品

多媒体元素		典型产品
文字		记事本、写字板、Word、WPS
图形		AutoCAD、FreeHand、CorelDRAW
图像		画图、Photoshop、Fireworks、Painter
动画	二维	Flash、Toon Boom Studio、Animator Pro
	三维	3ds max、Maya、Cool 3D
声音		录音机、Goldwave、Audition、Wave Edit
视频		Movie Marker、Premiere、Ulead Media Studio

4.1.4　公安相关的多媒体设备

1. 警用 AR 眼镜

警用 AR 眼镜能够通过 5G 通信和后台基于云计算的智能执法平台实时互动，在第一时间获取后台推送的信息，及时准确地完成现场执法，有效改善执法效率，如图 4.8 所示。其应用领域包括：

（1）即时违章处理。车辆行人的违章行为每天都在发生，公安执法的目的不仅在于维护正常的交通秩序，更在于能够在第一时间现场教育违章者，避免其再次违章。

（2）智能交通指挥。基于针对交通拥堵区域的大数据算法，根据所有路口的实时路况，通过人工智能计算出当前最优的整体交通放行策略，佩戴 AR 眼镜的一线警员通过后台人工智能指令现场指挥交通，是目前最高效、最优化的智能交通解决方案。

（3）违章信息查询。在交警巡逻的过程中，通过 AR 眼镜前置摄像头扫描经过或停在路边的车辆车牌信息，能够第一时间在 AR 眼镜上显示该车辆的历史违章记录、未处理记录、是否为嫌疑车辆等信息，还能第一时间发现套牌车辆。

图 4.8　警用 AR 眼镜

同样，AR 眼镜也可以跟踪扫描行人的重大违章记录，特别是未完成处理的违章记录，通过现场执法同样能够实现对当事人现场教育和实时处罚的效果。

（4）训练与培训。警员佩戴警用 AR 眼镜既可以使用真实的枪支、看到真实的人，又可以感知虚拟空间中放置的虚拟物品，如巡逻车、敌人的三维立体图像，行动完全自由，并可与团队成员无障碍沟通。

警用 AR 眼镜不但可以"复制"作战现场，还可以模拟创建一些高危场景，比如说排爆虚拟培训，可以让受训人员能够在足够安全的虚实结合的环境中练习排除各种类型和构造的爆炸性物质而不会对其生命造成任何危险。

2．无人机

当今警用无人机已广泛应用于各个领域，其查得准、盯得住、传得快的优势能够保证高效快捷地完成追踪、应急救援、现场取证、陆地搜救等任务。同传统的视频侦查模式相比，无人机能够从地面、空中完成各类现场空间数据的采集，具有成本低、易操控和灵活性高等特点，如图 4.9 所示。

图 4.9　警用无人机

警用无人机的主要应用领域有高空治安巡逻、大型活动安保、交通巡查、反恐防暴、群体性事件处置、侦查追捕等。

3．交警指挥中心

智能化的交警指挥中心大屏幕是各交警支队用来远程监控指挥城市交通状况的主要平台，如图 4.10 所示。它通过前端的监控视频的实时拍摄与后端的指挥中心建立连接，通过大屏幕显示出监控画面，交通管理人员通过远程控制即可实现信号灯的时间调整与交通疏解，让整个城市的交通状况更加流畅。然而不同的交通管理场合又需要不同的指挥中心大屏幕解决方案，比如一个支队的监控指挥大屏需要接入下面各大队与中队的屏幕，层级越高，所需要的大屏幕的数量越多，同步接入的信号也越多，这样做的目的是便于层级管理。比如一个城市的公安局交警支队需要把各区交警支队与各交警大队所有的监控画面全部调入，这样就可以实现统一管理与调度。

图 4.10　交警指挥中心大屏幕

4.2　多媒体素材的采集与制作

多媒体素材的采集与制作是多媒体应用系统集成的基础，是多媒体软件开发的第一步，下面就不同的媒体元素如何进行采集、编辑与创作进行介绍。

4.2.1　文本

在对文本素材进行采集之前，必须了解各种文本的类型及支持软件，如表 4.2 所示。

表 4.2　文本文件的类型

媒体类型	扩展名	支持软件	说明
文本	.txt	记事本	txt 文档为纯文本文件，可被所有的文字编辑软件和多媒体集成工具软件直接调用
	.rtf	写字板	rtf 文档是有格式的文本文件，很多文字编辑器都支持它
	.doc	Microsoft Word	doc 文档是微软自己的一种专属格式，文档本身可容纳更多文字格式、脚本语言及复原等信息，但该格式属于封闭格式，兼容性较低
	.wps	WPS Office	wps 文档是一种比较符合中文特色的文本文件，能与 Microsoft 系列办公软件兼容
	.pdf	Adobe Reader	pdf 文档主要应用于电子图书、产品说明、公司文告、网络资料、电子邮件等

1．文本素材的采集

在了解了文本素材各种文件类型的相关知识后，就可以着手文本素材的采集工作了，下面是几种常用的采集方法。

（1）利用键盘输入设备采集。

（2）利用扫描仪采集。

（3）利用手写输入设备采集。

（4）利用语音输入设备采集。

（5）利用互联网采集。

2．文本数据的处理

将采集到的文本数据恰到好处地应用在多媒体作品中，需要借助于相应的软件对采集到的文本进行处理。在处理文本数据的过程中通常对它的主要属性进行更改，如果还想获取更多文字效果，可以借助专业的文字编辑软件的强大功能创作自己喜欢的文本数据。

4.2.2 图形与图像

图形图像文件大致上可以分为两大类：位图文件和矢量类文件。

1．位图

位图又叫点阵图或像素图。该类型的文件是用**像素点**来描述或映射图形，每个像素的信息由计算机内存地址位（bit）来记录和定义，主要属性为颜色和亮度。

位图的大小由颜色深度和分辨率来决定。颜色深度指的是图像中描述每个像素所需要的二进制位数，以 bit 作为单位，常见颜色深度的颜色数量如表 4.3 所示。

表 4.3　各种颜色深度的颜色数量

颜色深度	数值	颜色数量	颜色评价
1	2^1	2	单色图像
4	2^4	16	简单色图像
8	2^8	256	基本色图像
16	2^{16}	65536	增强色图像
24	2^{24}	16777216	真彩色图像
32	2^{32}	4294967296	真彩色图像

2．矢量图

矢量图又叫向量图。该类型的文件是由一系列**计算机指令描述和记录**的，并且可分解为一系列由点、线、面等组成的子图，主要属性为颜色、形状、大小和位置等。

3．图形和图像文件的类型

占用存储空间大的图形、图像素材质量较高，相反占用存储空间小的图形、图像素材质量相对较低。根据不同类型素材的特点，可以合理地运用文件类型，常用的图形和图像文件的类型如表 4.4 所示。

表 4.4　图形和图像文件的类型

媒体类型	扩展名	支持软件	说明
图形	.dwg	AutoCAD	dwg 文档在表现图形的大小方面十分精确
	.cdr	CorelDRAW	cdr 文档应用于商标设计、标志制作、模型绘制、插图描画、排版及分色输出等诸多领域
	.swf	Flash	swf 文档是一种支持矢量图和位图的动画文件格式，它能用比较小的体积来表现丰富的多媒体形式
	.wmf	剪贴画	wmf 是 Windows 使用的剪贴画文件格式，是一种图元文件

续表

媒体类型	扩展名	支持软件	说明
图像	.bmp	画图	bmp 文档是 Windows 中的标准图像文件格式，无压缩，不会丢失图像的任何细节，但是占用的存储空间大
	.psd	Photoshop	psd 文档是 Photoshop 的专用文件格式，该类型的文件可以记录在图片编辑过程中产生的图层、通道和路径等信息
	.jpg	Photoshop	jpg 文档是一种压缩的静态图像文件格式，其色彩信息保留较好，占用空间较小，适用于网页中
	.tif	Photoshop	tif 文档的色彩保真度高、体积较大、失真小，常用于彩色印刷
	.gif	Photoshop	gif 文档是一种动态地显示简单图形及字体的文件格式，在网络上应用较为广泛

4. 图像的采集

把自然的影像转换成数字化图像的过程称为"图像采集过程"，图像采集过程的实质是进行模/数（A/D）转换的过程，即通过相应的设备和软件把作为模拟量的自然影像转换成数字量。图像的采集有以下几种方法：

（1）扫描仪。对于收集的图像素材，如印刷品、照片、实物等，可以使用扫描仪扫描并输入计算机，在计算机中再对这些图像作进一步的编辑处理。

（2）数码相机和数码摄像机。数码相机和数码摄像机与普通相机和摄像机不同，它们将拍摄到的景物直接数字化并保存在存储器中，而不是普通的胶片上。

（3）抓图软件。抓图软件能够截取屏幕上的图像，也可以使用 PrintScreen 键直接抓图。

4.2.3　声音

在多媒体作品创作中，声音是人们最常用、最方便、最熟悉的用来传递信息的素材，其具体表现形式为波形音频和 MIDI 音频。

1. 基本概念

音频是通过一定介质（如空气、水等）传播的一种连续的波，在物理学中称为声波。声音有音调、音色、音强三要素。多媒体作品中不同的声音有不同的表现方式，通常使用的音频文件类型如表 4.5 所示。

表 4.5　音频文件的类型

媒体类型	扩展名	支持软件	说明
音频	.wav	录音机	标准 Windows 音频文件，波形音频文件格式，通过对声音采样生成，无压缩，音质最好，占用的存储空间大
	.mp3	GoldWave	mp3 是以 MPEG Audio Layer 3 标准压缩编码的一种有损压缩音频文件格式，具有很高的压缩率，占用空间小，声音质量高
	.mid	MIDI 合成器	乐器数字接口的音乐文件，计算机音乐的统称，占用的存储空间很小，大量应用于网络

续表

媒体类型	扩展名	支持软件	说明
音频	.wma	Winamp	wma 的全称是 Windows Media Audio，生成的文件大小只有相应 mp3 文件的一半，且声音质量很高，可以边听边下载
	.ra	RealPlayer	Real Audio 流媒体音频文件，需要用 RealPlayer 来播放，体积小巧，可以边听边下载

2. 声音的采集

声音采集的过程是将计算机无法识别的模拟信号转换为计算机能够识别的数字信号。下面是几种常用的声音采集方法。

（1）利用录音软件采集，如 Windows 系统自带的"录音机"工具等。

（2）利用音频制作软件获取，如 Adobe Audition CC。

（3）利用光盘采集，如将素材光盘上的各种音频文件直接复制到计算机中。

（4）利用互联网采集，在不侵犯版权的情况下下载使用音频。

（5）利用手机、录音笔等设备采集。

随着通信技术的发展，人们的生活和手机形影不离，其中手机自带的录音功能不仅可以娱乐，也可以给学习、工作和生活带来很大便利。此外，警用录音笔作为一种新型警用装备被广泛运用于调查取证和一些审讯等资料的记录，大大提高了工作效率，如图 4.11 所示。

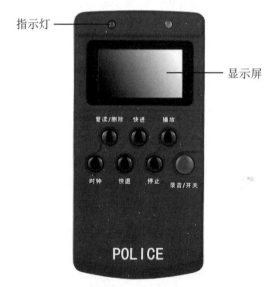

图 4.11　警用录音笔

3. 音频文件的格式转换

音频文件的格式很多，不同格式的音频文件之间可以互相转换。现在有很多流行的音频文件格式转换软件，如 Cool Edit Pro、格式工厂等，其中 Cool Edit Pro 软件不仅具有方便、实用的多类型音频文件格式转换的功能，还具有录音、混音、编辑等功能。

4. 公安工作中音频文件的使用

我国《刑事诉讼法》第一百二十一条规定"侦查人员在讯问犯罪嫌疑人的时候，可以对讯问过程进行录音或者录像。"讯问同步录音录像目的是为了规范讯问过程，防止冤假错案，它是审讯问答过程的载体，与讯问笔录这种书面证据的功能一样，都是被告人庭前供述的呈现形式。此外，存在电子设备中的音频文件，在电子取证中也发挥着至关重要的作用。下面以导出 QQ 语音为例进行介绍。

（1）计算机端导出。

1）计算机上打开并登录 QQ 应用软件。

2）在 QQ 应用软件中选择"主菜单"→"设置"命令。

3）在 QQ 的"系统设置"界面中选择"基本设置"→"文件管理"命令。

4）打开接收文件的保存文件夹路径，在其中选择并打开 Audio 文件夹，可以看到有 amr 结尾的一堆文件，这些就是语音文件。

5）在 Audio 文件夹中保存所有接收到的语音文件，根据需求进行有选择的导出操作。

（2）手机端导出（以安卓系统为例）。使用数据线连接计算机，然后在计算机中找到以下文件夹：/Android/data/com.tencent.mobileqq/Tencent/MobileQQ/QQ 号/ptt/，这个文件夹里有很多以 slk 结尾的文件，这些就是语音文件。

提示：.amr 和 .slk 文件无法直接播放，可借助迅雷影音、暴风影音、格式工厂等工具播放或转换格式后播放。

4.2.4　动画

1．基本概念

动画就是利用人类视觉暂留的特性快速播放**一系列静态图像**，使视觉产生动态的效果。随着计算机技术的发展，人们开始用计算机进行动画的创作，并称其为**计算机动画**。

2．动画处理软件简介

Flash 是一种常见的矢量动画编辑软件，用户不但可以在动画中加入声音、视频和位图图像，还可以制作交互式的影片和具有完备功能的网站。

Flash 以其制作方便、动态效果显著、容量小巧而适合于网络传播，成为网络动画的代表。Flash 与 Dreamweaver（网页设计软件）和 Fireworks（网页作图软件）并称为"网页三剑客"，而 Flash 被称为"闪客"。

在互联网飞速发展的今天，Flash 正被越来越多地应用于动画短片、动感网页、LOGO、广告、游戏和高质量课件等的制作，成为交互式矢量动画的标准。

4.2.5　视频

1．基本概念

视频就是利用人的视觉暂留特性产生动感的可视媒体，构成它的文件称为视频文件。

2．视频文件的类型

在制作多媒体作品的过程中，视频文件是不可缺少的一种素材，常用的视频文件类型如表 4.6 所示。

表 4.6　视频文件的类型

媒体类型	扩展名	支持软件	说明
视频	.avi	Media Player	avi 文档可用 Windows 中的媒体播放器（Media Player）播放，图像质量好，主要用于制作多媒体光盘
	.mpg	RealPlayer	mpg 文档是一种压缩的视频格式文件，压缩效率高，适用于网络传输
	.wmv	暴风影音	wmv 文档是一种流媒体格式文件，体积非常小，适合在网上播放和传输
	.dat	Media Player	dat 文档是数据流格式文件，是 VCD 的文件格式
	.rm	RealPlayer	rm 文档是新型流式视频格式文件，用于传输连续视频数据，是主流的网络视频格式

3. 视频素材的获取

在视频作品的制作过程中，素材的多少与质量的好坏会直接影响到作品的质量，因此应尽可能地获取质量高的视频素材。下面是常用的几种视频采集方法。

（1）从网络上下载。

（2）使用录屏软件录制，如 Camtasia studio 等专业录屏软件。

（3）利用视频制作软件获取，如 Premiere Pro CC。

（4）利用视频采集卡采集。

（5）利用数码相机和手机采集。

（6）利用光盘采集。

4. 视频编辑软件简介

常用的视频制作软件有会声会影、Adobe Premiere、Adobe After Effects、Maya 和 Camtasia Studio 等。视频处理软件很多，目前很多手机软件，如 VLOG、抖音等，都可实现简捷快速的视频编辑。此外，对于计算机应用软件，像非专业人员常用的会声会影，专业人员常用的 Adobe Premiere、After Effects 等，可以进行更专业化的视频编辑。

Adobe Premiere 是 Adobe 公司推出的一款多媒体非线性视频编辑软件，是当今常用的非线性编辑软件之一，专业且功能详尽，操作也比较简单，它能对视频、声音、动画、图片、文本等多种素材进行编辑加工，并可以根据用户的需要生成多种格式的电影文件。它不仅能采集多种视频源素材，处理多种格式的视频节目，还可以为视频作品配音、添加音乐效果，并实时预演节目。

❓思考·感悟

思考：不同媒体元素如何采集？有哪些常用软件或应用？

感悟：媒介即信息，媒介是人的延伸。

——麦克卢汉

4.3　网络媒体平台

4.3.1　网络媒体相关定义及形式

1. 网络媒体

互联网媒体又称网络媒体，就是借助互联网这个信息传播平台，以计算机、电视机、移动电话等为终端，以文字、声音、图像等形式来传播新闻信息的一种**数字化、多媒体的传播媒介**。网络媒体和传统的电视、报纸、广播等媒体一样，都是传播信息的渠道，是交流、传播信息的工具和信息载体。

2. 流媒体

流媒体（Streaming Media）指的是在网络中使用**流式传输技术**的连续时基媒体，即在因特网上以数据流的方式实时发布音视频多媒体内容的媒体，音频、视频、动画或者其他形式的多媒体文件都属于流媒体。流媒体是在流媒体技术支持下，把连续的影像和声音信息经过压缩处理后放到网络服务器上，让浏览者一边下载一边观看、收听，而不需要等到整个多媒体文件下载完成才可以观看的多媒体文件。

3. 新媒体

新媒体是媒体的**新的表现形式**，区别于传统媒体。比如微信公众号、今日头条这样基于移动端的媒介形态。所谓新媒体就是相对于传统媒体的形态而发展起来的一种新的媒体形态，如图 4.12 所示。

图 4.12　新媒体形式

4. 自媒体

自媒体，是指**普通大众**通过网络等途径向外发布他们本身的事实和新闻的传播方式，是一种提供与**分享**他们本身的**事实和新闻的途径**，是私人化、平民化、普泛化、自主化的传播者，以现代化、电子化的手段向不特定的大多数或者特定的单个人传递规范性及非规范性信息的新媒体的总称。

随着互联网的发展，微博、微信、抖音、快手等新兴的自媒体平台走进了公众的视野，如图 4.13 所示。随着自媒体平台井喷式的快速发展，各大党政机关、企事业单位、服务行业等纷纷开通官方互动平台，增进与群众的交流沟通，扩大宣传效益。新媒体在处理突发事件、网络舆情、文化宣传等多方面发挥了不可替代的重要作用。

图 4.13   常见的自媒体平台

公安部发布的 2020 年度全国公安新媒体绩效评估排行榜部分名单如表 4.7 所示。

表 4.7   2020 年度全国优秀公安新媒体

微博	微信	头条号
中国警方在线	中国反邪教	公安部网安局
中国警察网	中国警察网	公安部刑侦局
中国禁毒在线	浙江公安	中国警察网
中国反邪教	中国禁毒	警民携手同行
警民携手同行	江苏警方	广东公安
杭州公安	公安部交通管理局	平安重庆
深圳网警	国家移民管理局	公安部交通管理局
安徽商贸学院警务室	阳光一生（山东省禁毒办）	中国反邪教

5．融媒体

融媒体是充分利用媒介载体，把广播、电视、报纸等既有共同点，又存在互补性的**不同媒体**，在人力、内容、宣传等方面进行全面**整合**，实现"资源通融、内容兼融、宣传互融、利益共融"的新型媒体宣传理念。

公安融媒体进一步强化警媒合作，做好新时代公安新闻舆论工作需要紧跟媒体融合趋势，创新警媒深度合作。公安融媒体工作者要为公安工作"鼓与呼"，充分运用宣传阵地，动员鼓舞广大公安民警积极投身工作实践；要从公安实践中挖掘典型、收集素材，讲好公安故事，展示公安形象。

6．全媒体

全媒体是指采用多种媒体表现手段，综合利用多种媒介形态，针对不同受众、不同需求，通过多种传播渠道、平台、载体进行全方位、多层次、融合型的信息生产、信息传播、信息消费、全面应用的当代媒体，是媒体融合的最终成果。

习近平总书记在主持中央政治局第十二次集体学习时提出了**"四全媒体"**的概念，即全程媒体、全息媒体、全员媒体、全效媒体。

（1）全程媒体：是指由于信息传输技术和移动网络技术迭代发展，使媒体基本可以同步记录、传输，新闻报道、信息传播无时不有，实现了信息或事件的全程记录，几乎同步传播。

（2）全息媒体：是指由于物联网、多维成像等技术的成熟和大数据技术的应用，物理空间智能仿真呈现度大幅提高，物理信息源的失真误差大幅减少，标准化、数据化记录，多角度、多方位再现，新闻报道、信息传播无处不在，几乎实现了信息或物体在空间的全方位呈现和多角度同步传播。

（3）全员媒体：是指由于手机等智能终端的普及应用，媒体进入门槛大大降低，参与主体显著增加，一元主导、强力引导的宣传舆论场变成多元共治、柔性制衡的公众舆论场，单向传播转化为多向互动、同频共振，人人都是媒体、个个都有话筒成为媒体生态和舆论场现实场景，新闻报道、信息传播几乎无人不会，新闻媒体内部也面临随时须在现场、专业报道不能缺席的新要求，呼唤涌现更多全媒型、专家型记者，更好地发挥引领主流舆论作用，促进全民媒介素养提高。

（4）全效媒体：是指多种媒体载体、技术的丰富应用，媒体给受众更广泛的体验认识，释放更强大的效能。一是文字、图片、声音、图像等信息交叉综合更丰富、更立体，效果更全面；二是移动化、分众化、碎片化融合传播，使人们的感受更直观、更鲜明，效率更快捷；三是功能区分、集成、创新使信息、社交、政务、商务等服务功能融为一体，使内容形式更符合需要，方法手段更适应需求，媒体受众效益更满足期待；四是因为受众不同程度的参与、互动、联动使媒体传播效果较过去更全面、更有体验感、更有获得感。

表 4.8 对不同媒体进行了汇总。

表 4.8　不同媒体简介

类型	内容生产者	媒介形式	传播受众	概念出现时间
传统媒体	机构	报纸、广播、电视	所有人	1605 年以前
新媒体	机构和个人	互联网等新兴媒介	所有人	1967 年
自媒体	个人	互联网等新兴媒介	所有人	2002 年
融媒体	机构	互联网等新兴媒介	所有人	1983 年
全媒体	机构	互联网等新兴媒介	所有人	2008 年
社交媒体	机构和个人	互联网等新兴媒介	社交关系链中的人	2007 年

？思考·感悟

思考：当今，网络时代有哪些媒体形式？它们之间有什么区别与联系？

感悟：全媒体不断发展，出现了全程媒体、全息媒体、全员媒体、全效媒体，信息无处不在、无所不及、无人不用，导致了舆论生态、媒体格局、传播方式发生深刻变化，新闻舆论工作面临新的挑战。

——习近平

4.3.2 常用媒体平台及应用

1. 微博

微博（Micro-blog）是指一种基于用户关系进行信息分享、传播和获取的，通过关注机制**分享简短实时信息**的广播式的社交媒体、网络平台。

2016 年上半年政务指数微博影响力报告显示，公安类账号在政务微博百强中占有 39 席，在 2021 年全国二十大中央机构微博榜单中，中国警方在线位列榜首，一同上榜的还有中国反邪教、中国禁毒在线、警民携手同行等多个微博。从数据可以看出，公安机关已经认识到微博这一新生媒体的重要性，且从发展趋势看还大有可为。

2. 微信

微信（WeChat）是腾讯公司于 2011 年 1 月 21 日推出的一个为智能终端提供**即时通信服务**的免费应用程序。微信提供公众平台、朋友圈、消息推送等功能，用户可以通过"摇一摇""搜索号码""附近的人"和扫二维码方式添加好友和关注公众平台，同时微信将内容分享给好友，或者将用户看到的精彩内容分享到微信朋友圈。2021 年微信小程序日活用户超过 4.5 亿，日均使用次数相较 2020 年增长了 32%，活跃小程序则增长了 41%。微信分为个人微信和企业微信，区别如表 4.9 所示。

表 4.9   个人微信与企业微信的区别

功能模块	个人微信	企业微信
好友上限	5000 人	上限 5000 人，可扩容至 20000 人
群人数上限	500 人	内部群 2000 人，外部群 500 人
朋友圈	无限制	企业发：4 条/月/客户，后台发、员工确认后发送 员工发：3 条/天/客户，一次 200 人 员工不能查看客户朋友圈，不能互动
客户标签	支持	支持企业标签和个人标签
消息群发	群发助手 200 好友/次，无法按标签筛选	企业发：4 条/月/客户，后台统一创建，员工确认后发送，无人数限制（可按标签筛选） 员工发：1 条/天/客户，单次群发 200 人（可按标签筛选）

微信作为社交性网络交友平台，其朋友圈功能有较大的传播扩散作用，微信用户在朋友圈中发布信息应当遵守一定的道德规范，不得突破法律底线。

提示： 国家已明确规定：网络、微信等传播媒体不是法外之地。肆意辱骂、诽谤、造谣攻击他人或国家机关，依法要追究其行政或刑事责任。如需表达个人诉求，需走合理的法律途径，切勿以任何形式辱骂公务人员，滋生事端。

3. 群应用

互联网工作群既能传达上级精神、发布相关通知、宣传有关政策，确保全所民警、辅警及时学习、贯彻和落实；又能利用位置共享功能进行签到或拍摄照片上传，进行"实况转播"，随时接受所领导的监督检查，并在工作中动态接受勤务指令、反馈工作情况；还可进行警务信息共享，如所内接到上级处警指令后，直接将报警内容编发至微信工作群，处警民警通过微信工作群反馈出警信息，使全所人员对辖区的警情做到实时、直观知晓，方便所领导直接协调警力、缩短出警时间、提升出警速度。

目前，派出所通过微信工作群、警民联系群、QQ 社区工作群等形成了以派出所全体民警及辅警和社会相关人员构成的**互联网群组**，用于日常下发通知、通报警情、预警提示、发布命令等。警民联系群、微信工作群形成以辖区村书记、主任、社区管区书记、企业负责人等构成的群组，用于通报辖区治安状况、发布"平安指数"数据、咨询户籍业务、温馨提示、提供破案线索、方便群众报警报案等。随着互联网以及通信技术的发展，互联网工作群应用与日俱增，其中会议功能尤其突出，表 4.10 所示为钉钉、企业微信、腾讯会议功能对比与分析，表 4.11 所示为钉钉、企业微信、腾讯会议群会议的区别。

表 4.10　群会议功能对比

目标	功能点	钉钉会议	企业微信会议	腾讯会议
方便开会	视频、语音会议	支持	支持	支持
	电话会议	支持	支持	支持
	聊天群直接拉会	支持	仅限同一组织的人	不支持
	拉入通讯录联系人	支持	不支持	不支持
	是否支持分享到微信群	不支持	支持	支持（且可直接小程序入会）
	是否有微信小程序	没有	没有	有
	最多同时开会人数（PC 端）	13	300	300
	最多同时开会人数（手机端）	302	300	300
高效开会	共享屏幕	PC、手机均支持	仅支持 PC	PC、手机均支持
	文档演示	不支持	支持	不支持
	在线文档	支持	支持	支持
愉悦开会	美颜	支持	支持（且级别可调）	支持（且级别可调）
是否收费	在线会议	疫情期间免费	疫情期间免费	疫情期间免费

表 4.11　群会议区别

产品	优势	劣势
钉钉会议	1. 支持聊天群，且能直接从群发起会议 2. 企业办公协同功能较完善	1. 不支持文档演示，共享屏幕有隐私风险 2. 不支持分享到微信群 3. 功能较复杂，使用门槛较高
企业微信会议	1. 支持聊天群，能直接添加微信联系人 2. 支持文档演示（仅收藏或微盘的文档）	1. 不支持小程序入会 2. 功能较复杂，使用门槛较高
腾讯会议	1. 支持微信小程序入会，可不用下载 APP 2. 功能简单明了，使用门槛低	不支持群聊，难以持续讨论和维持关系链

4. 抖音

抖音，是由字节跳动孵化的一款音乐创意短视频社交软件，于 2016 年 9 月 20 日上线，是一个面向全年龄段的短视频社区平台，用户可以通过这款软件选择歌曲，拍摄自己的作品。通过抖音短视频 APP 可以分享你的生活，同时也可以在这里认识更多的朋友，了解各种奇闻趣事。

为创新警民互动形式、强化公安机关"服务人民"的宗旨意识，2018 年 9 月 14 日，由抖音短视频与公安部网络安全保卫局联合发起的"全国网警巡查执法抖音号矩阵入驻仪式"在北京举办。全国省级、地市级公安机关首批 170 家网警部门以开通抖音政务号的方式集体入驻抖音平台，打造新时代警民互动新模式。

2019 年 4 月 25 日，公安部新闻宣传局与字节跳动战略合作签约暨全国公安新媒体矩阵入驻今日头条、抖音仪式在北京举行。从公安部利用今日头条直播新闻发布会，到"北京特警"入驻抖音掀起警察训练酷炫潮；从"杭州公安"自编自唱自演的普法 rap，到"四平警事"开创普法宣传新模式；从清明节全社会集体"致敬公安英雄"，到"平安重庆"利用抖音成功抓到通缉犯，每一次现象级爆款的诞生，不仅带来了警务信息传播方式的重大跃升，还不断拓展着公安宣传工作的内涵与外延，拉近警民距离，催生了一批颇具社会影响力的警察群体和个人。

为进一步落实"清朗"行动的相关要求，平台近期对问题账号开展了运营治理行动，严厉打击通过昵称、头像、简介和封面擅自使用相似、相同名称仿冒国家机构、新闻媒体、企事业单位等误导大众的行为。自 2021 年 9 月 29 日起至今，已累计处理相关违规账号 7.1 万个。

5. 网络社交媒体管理办法

（1）《互联网群组信息服务管理规定》。

2017 年 9 月 7 日，国家互联网信息办公室发布《互联网群组信息服务管理规定》（后称《规定》），首次对互联网社交平台群组中群主的责任进行明确，要求**群主需履行管理责任**，依据法律法规、用户协议和平台公约规范群组网络行为和信息发布。

《规定》所称互联网群组，是指互联网用户通过互联网站、移动互联网应用程序等平台建立的，用于群体在线交流信息的网络空间，如微信群、QQ 群、微博群、贴吧群、陌陌群、支付宝群聊等各类互联网群组。《规定》所称互联网群组信息服务提供者，是指提供互联网群组信息服务的平台。《规定》所称互联网群组信息服务使用者，包括群组建立者、管理者和成员。

（2）**《公安民警使用网络社交媒体"九不准"》**。

1）不准制作、传播与党的理论、路线、方针、政策相违背的信息和言论。

2）不准制作、传播诋毁党、国家和公安机关形象的各种负面信息。

3）不准制作、传播低俗信息、不实信息和不当言论。

4）不准讨论、传播公安机关涉密或者内部敏感事项。

5）不准擅自发布涉及警务工作秘密的文字、图片、音视频。

6）未经本单位主管领导批准，**不准以民警身份**开设微博、微信公众号，个人微博、微信头像**不得使用公安标志与符号**。

7）不准利用网络社交工具的支付、红包、转账等功能变相进行权钱交易。

8）不准利用网络社交媒体进行不正当交往，非工作需要不得加入有明显不良倾向的微信群、论坛等网络社交群体。

9）不准利用网络社交媒体从事其他与法律法规、党纪条规和党的优良传统相违背的活动。

违反以上规定的，给予批评教育或组织处理；构成违纪的，给予纪律处分；涉嫌犯罪的，移送司法机关依法处理。

（3）其他。

《公安机关人民警察内务条令》

第五十八条　公安民警**不得擅自处置公安信息网信息**。确需删除、更改的，应当严格按规定履行审批手续。

？**思考·感悟**

思考：当今，网络时代有哪些媒体形式？它们之间有什么区别与联系？

感悟：加强互联网内容建设，建立网络综合治理体系，营造清朗的网络空间。

——2017 年 10 月 18 日，习近平代表第十八届中央委员会向中共十九大作的报告

4.4　多媒体工具的应用

4.4.1　思维导图

1. 思维导图的概念

思维导图，又叫心智图，是表达发射性思维的图形思维工具。针对公安工作的性质，公安队伍在执法过程中面临各种复杂的情形和挑战，身心压力较大，思维导图运用图文并茂的技巧，把各级主题的关系用相互隶属与相关的层级图表现出来，把主题关键词与图像、颜色等建立记忆链接，可以实现对公安工作增效减负、提升水平的目标。

思维导图软件可以帮我们快速整理思维，提高思维梳理效率。网络上涌现出了很多好用的思维导图软件，可以在计算机和手机中方便地制作思维导图。

2. Mind Master 思维导图应用

下面以文字材料：法邦网的"刑事案件中立案的材料来源、立案的条件、立案的程序"和网络中立案监督资料为例来制作思维导图。

（1）打开 Mind Master 软件，选择"新建"→"单向导图"命令，如果选择"思维导图"命令，后续可以通过拖拽左侧子主题至右侧来达到同样的效果，如图 4.14 所示。

（2）单击"开始"选项卡中的"主题"按钮或按 Enter 键依次添加 4 个主题，在右侧"主题格式"窗格中选择"连接线样式"为"折线 1"，如图 4.15 所示。

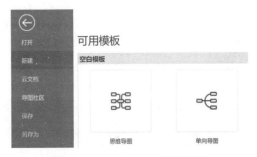

图 4.14　Mind Master 新建界面

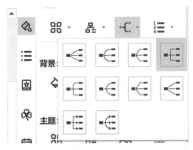

图 4.15　Mind Master 主题连接线

（3）单击"开始"选项卡中的"子主题"按钮或按 Tab 键依次添加子主题，也可以单击相应"子主题"右下角的"添加"按钮⊞。

（4）双击导图中的"主题名称"，添加文本内容，如果文本字体内容较多需要换行，可以按 Shift｜Enter 组合键。

（5）通过"页面格式"设置文本字体、字号和填充背景。选择"主题"，添加不同图标，对导图进行标注，最终效果如图 4.16 所示。

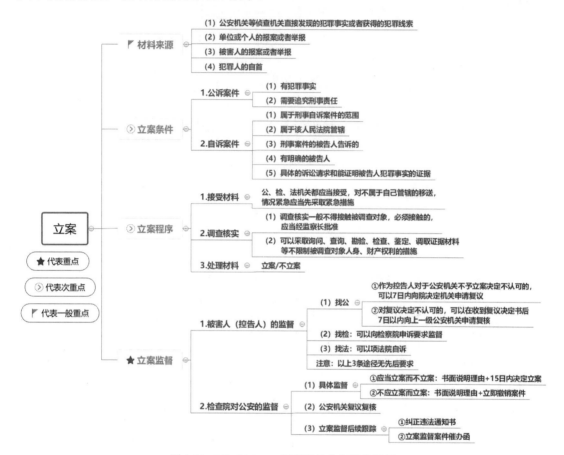

图 4.16　Mind Master 刑事案件立案思维导图

4.4.2　图像处理

目前，数字图像处理技术已经广泛应用到公安工作中，这些应用既有专业的刑侦图像处理软件、大众化的美图工具，也有综合性的图像处理平台，大大提升了公安机关的整体工作效率。下面就宣传海报的制作进行介绍。

1. Photoshop 的使用

公安机关一般使用 Photoshop 制作宣传海报，比如最常见的蓝底白字警情通报，如图 4.17 所示。

创建海报的一般步骤如下：

（1）打开 Photoshop，新建一空白文档，背景色设置为白色，文档大小根据实现需要来定义。

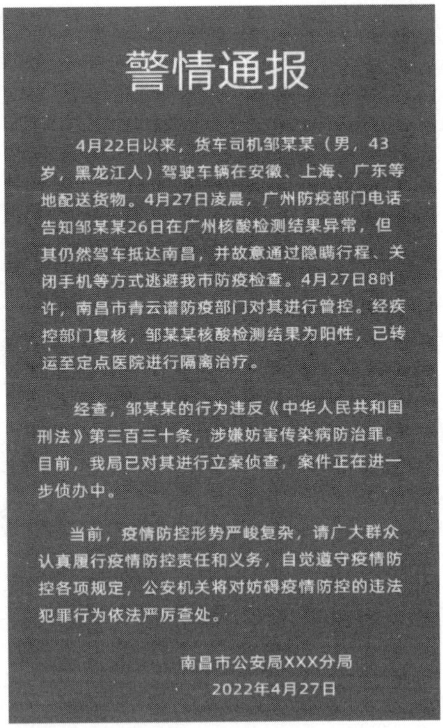

图 4.17　警情通报

（2）选择一张可作为底图的图片并打开，利用"移动工具"将该图片移动到当前文档界面中，创建"图层 1"，然后按 Ctrl+T 组合键对其大小和位置进行调整。

（3）单击"图层"面板中的"添加图层蒙版"按钮为当前图层添加蒙版，然后选择"渐变填充工具"→"黑白"渐变。

（4）再打开一张可作为底图的图片，为其应用蒙版和渐变填充，并调整其透明度，使其看起来略暗一些。

（5）再插入一张图片，由于该图片有背景，因此选择"魔术棒工具"，将背景选中并删除，然后选择"图层混合模式"→"强光"。

（6）选择"文字工具"，输入与探险主题相关的内容。

（7）新建一个图层，按 Ctrl+Alt+Shift+E 组合键创建盖印图层，选择"滤镜"→"艺术效果"→"海报边缘"命令。

（8）选择"滤镜"→"锐化"→"USM 锐化"命令。

（9）加入一些文字性的描述信息并应用相关样式。

2. 美图秀秀的使用

美图秀秀是很受欢迎的一款图像处理软件，不用学习就可以使用，比 Photoshop 简单很多。独有的图片特效、美容、拼图、场景、边框、饰品等功能，加上每天更新的精选素材，可以让你 1 分钟做出影楼级照片，还能一键分享到微博、朋友圈，如图 4.18 所示。美图秀秀有 PC 版、网页版、iPhone 版、iPad 版、Android 版、Windows Phone 版、Windows 8 版等版本，其中手机端用户数量已经超过 3 亿。下面以图 4.19 为例介绍手机端海报的制作。

图 4.18   交通管制通告模板

图 4.19   宣传海报

（1）打开手机端美图秀秀，选择"海报模板"进入下一页面，在"创建设计"栏目下选择"公告通知"。

（2）在"公告通知"页面中选择一个模板，点击"开始设计"按钮，在右下角点击"图层"，切换至"多选"标签，选中不需要的海报元素进行删除，选中"背景"元素，再点击下方的"替换"按钮，选择准备好的背景图片，如图 4.20 所示。

（3）点击海报外区域，再点击下方的"加字"按钮，输入海报文本内容，进行相应的格式设置，如图 4.21 所示。

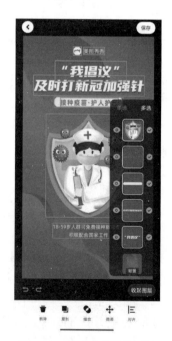

图 4.20   模板元素操作面板

图 4.21   宣传海报

（4）点击右上角的"保存"按钮，将海报导入相册。

除了发布警情通报，树立警民正能量，弘扬良好的社会风气外，如果民警在执法过程中对违法、违规现象随手拍，把典型现象和案例制作成相应的宣传海报，进行就地宣传，可能也会取得不错的警示、提醒作用。

提示：海报背景确定好后不仅可以加字，还可以加图，丰富海报元素，加载的图片可以进行快速抠图，保存好的海报可以同步分享至微信好友、朋友圈、QQ 好友、微博等。

4.4.3　屏幕录制

1．软件介绍

Camtasia Studio 是由 TechSmith 开发的一款功能强大的**屏幕动作录制**工具，能在任何颜色模式下轻松地记录屏幕动作（屏幕/摄像头），包括影像、音效、鼠标移动轨迹、解说声音等，具有强大的视频播放和视频编辑功能，可以说有强大的后期处理能力，可在录制屏幕后基于时间轴对视频片段进行各类剪辑操作，如添加各类标注、媒体库、Zoom-n-Pan、画中画、字幕特效、转场效果、旁白、标题剪辑等，当然也可以导入现有视频进行编辑操作，包括 AVI、MP4、MPG、MPEG、WMV、MOV、SWF 等文件格式。

该软件的录屏功能在固定电子证据方面，发挥着重要的作用。

2．软件的使用

（1）启动 Camtasia Studio，主界面如图 4.22 所示。录制计算机的屏幕时，单击编辑区里的 Record the screen 按钮即可直接进行屏幕录制。也可单击 Record the screen 按钮右侧的下三角按钮██，会有两个选项：Record the screen 和 Record PowerPoint，分别是录制计算机屏幕和录制 PPT 文件。选择录制对象，以录制计算机屏幕为例，单击 Record the screen 按钮可实现对计算机屏幕的录制，如图 4.23 所示。

图 4.22　Camtasia Studio 启动界面

图 4.23   录制计算机屏幕界面

（2）单击 Record the screen 按钮之后在计算机屏幕的右下角会出现图 4.24 中的录制选项设置界面。

录制选中的窗口   麦克风设置

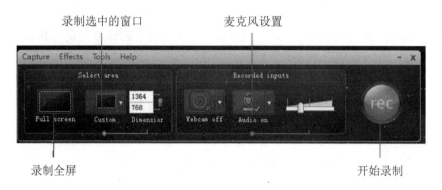

录制全屏   开始录制

图 4.24   录制选项设置界面

（3）单击 Custom 按钮，屏幕上会出现一个可自由伸张的虚线框，这时可以自由选择和调整需要录制界面的大小，如图 4.25 所示。

图 4.25   设置录制界面大小

（4）单击 rec 按钮开始录制，这时会出现一个倒计时界面，提示 3 秒后软件会自动开始录制屏幕或选择的窗口。倒计时完成后会出现图 4.26 所示的窗口，表示正在录制视频。

图 4.26   录制视频

（5）录制完成后单击 Stop 按钮，把已经录制好的视保存在磁盘中，如图 4.27 所示。

图 4.27　保存录制好的视频

注意： 在保存时，有两种存储格式：*.camrec 和*.avi。camrec 格式文件只有在 Camtasia Studio 中才能打开，avi 格式属于通用格式，基本上所有的播放器都支持。但是，不推荐 avi 格式，因为实践发现，采用 avi 格式保存较长视频时可能会造成死机，此外 avi 生成文件较大。通常录制视频后需要对视频进行剪辑，因此推荐使用 camrec 格式。

4.4.4　视频编辑

剪映是一款手机视频编辑工具，拥有全面的剪辑功能，支持变速，有多种滤镜和美颜的效果，有丰富的曲库资源。自 2021 年 2 月起，剪映支持在手机移动端、Pad 端、Mac 和 Windows 计算机全终端使用。

1. 剪映的功能

剪映支持批量导入多个视频或图片，支持视频与图片的混合内容导入，需要注意的是超过 1080P 分辨率的视频将被压缩。

剪映支持视频剪辑功能，支持分割裁剪视频、视频变速、修改添加音频、音频变声与人声增强、倒放与旋转视频，自带多种转场特效。进入编辑界面后，在屏幕正下方可以看到剪映的十大功能：剪辑、音频、文本、贴纸、滤镜、特效、比例、背景、调节、美颜。

2. 案例实操

下面以手机剪映 APP 制作反诈宣传视频为例进行简单介绍。

（1）打开剪映，选择"+开始创作"→"素材库"选项，如图 4.28 所示，选择背景如图 4.29 所示，本案例选择纯白，点击下方的 T 按钮添加文字，根据需要更改字体和样式，如图 4.30 所示。

（2）点击下方的"动画"标签，设置出场动画，本案例为"飞入"，如图 4.31 所示。

图 4.28　剪映主界面

图 4.29　剪映素材库

图 4.30　剪映字体设置

图 4.31　剪映动画设置

（3）点击下方的"音频"标签，选择所需的音效，点击音频进度条可进行分割、删除，调整音频时间长短。

（4）点击下方的"新增画中画"标签，添加新图片，选择"蒙版"选项，根据需要调节大小，做成专属片头，如图 4.32 所示。

（5）在编辑区单击"+"按钮，添加反诈小视频或图片，如图 4.33 和图 4.34 所示，可根据需要决定是否添加文本或解说（录音），以及各元素的动画效果。

图 4.32　剪映蒙版设置　　　　　　　　　　图 4.33　剪映添加素材

（6）如果不想要剪映自带的"片尾"标志，可以进行删除，重复步骤（1）～（4），制作个性化片尾，如黑底白字，影片式片尾如图 4.35 所示。

图 4.34　中间素材　　　　　　　　　　图 4.35　片尾设置

（7）点击右上角的"导出"按钮将宣传视频保存到手机相册，可供随时查看。

提示：点击"剪辑"按钮可对视频进行裁剪、添加音效和滤镜、添加特效，还可以对视频的饱和度和亮度进行调整。

习题 4

简答题

1. 多媒体技术中的媒体元素有哪些？

2. 常见的多媒体技术有哪些？它们的特点是什么？

3. 常用的网络多媒体平台有哪些？

拓展练习

1. 用 Mind Master 软件制作一张 2021 年"清朗"系列专项行动思维导图，含背景、安排、主办单位、内容、成效、意义等方面的内容。

2. 用手机 APP 软件（醒图、美图秀秀等）制作一张宣传海报，内容为校园活动、竞赛等。

3. 用剪映工具制作一个校园生活短视频，要求图文并茂，有背景音乐，能够体现积极乐观的精神面貌（如兴趣爱好、专业特长、团结互助等）。

第 5 章　文书制作与排版技术在公安工作中的应用

Word 是微软公司推出的 Office 办公软件中的文字处理组件，是使用广泛、功能强大的图文混排软件，适合家庭、文教、桌面办公等各种领域，可以用来制作公文、报告、信函、公安文书等文档。

本章通过多个公安实用案例来详细介绍 Word 2016 的主要功能及使用方法，包括字符格式化设置、段落格式化设置、表格格式化设置、图表格式化设置、表格数据处理、页面布局设置等。熟练掌握 Word 的使用可以更好地为公安基础工作服务，为成为一名优秀警员奠定坚实基础。

本章要点

- Word 文档建立、字符与段落的格式化设置。
- Word 文本框、艺术字、剪贴画、图片及标注的使用。
- Word 表格制作、数据的处理及美化修饰。
- Word 形状的分类、插入及格式化设置。
- Word 项目符号与编号、页眉与页脚的设置。

5.1　概述

5.1.1　Office 2016 简介

Office 2016 是微软的一个庞大的办公软件集合，其中包括了 Word、Excel、PowerPoint、OneNote、Outlook、Skype、Project、Visio 和 Publisher 等组件和服务。Office 2016 For Mac 于 2015 年 3 月 18 日发布，Office 2016 For Office 365 订阅升级版于 2015 年 8 月 30 日发布，Office 2016 For Windows 零售版、For iOS 版均于 2015 年 9 月 22 日发布。

不同于微软对以往 Office 版本的定义，Office 2016 版本对操作系统有严苛的要求，如表 5.1 所示。

表 5.1　Office 2016 操作系统的要求

系统	版本要求
Windows	Windows 7(RTM)、Windows 7 SP1、Windows 8.1、Windows 10 （注意 Office 2016 不适用于 Windows Vista 和 Windows XP 以下的系统） 针对 Windows 10 平板电脑和智能手机的用户，可以从"应用商店"获取应用

系统	版本要求
Mac	要求 OS X 10.10.3[Yosemite]（因为需要"照片"应用）、OS X 10.11[El Capitan]和 OS X Server 10.10
iOS	iOS7 及以上版本[适配 iPhone 4 及以上、iPad3 及以上、iPod Touch 5 及以上]，其中 OneNote 2016 的"指纹记事"功能需要 iOS8 及以上并需搭配 TouchID 的所有 iPhone、iPad，所有组件的笔画功能均需要 iOS9 以及 iPad Pro 搭配 Apple Pencil 使用

5.1.2　Word 2016 简介

作为 Office 套件的核心程序，Word 提供了许多易于使用的文档创建工具，帮助用户节省时间并得到优雅美观的结果。一直以来，Word 都是非常流行的文字处理程序，可以使简单的文档变得更具吸引力。Word 2016 是前一代版本的年度升级版，增加了许多新功能。

1. 协同工作功能

Office 2016 新加入了协同工作的功能，只要通过"共享功能"选项发出邀请即可让其他使用者一同编辑文件，而且每个使用者编辑过的地方也会出现提示，让所有人都可以看到哪些段落被编辑过。对于需要合作编辑的文档，这项功能非常方便。

2. 搜索框功能

打开 Word 2016，在界面上方可以看到一个搜索框，在其中输入想要搜索的内容，搜索框会给出相关命令，这些都是标准的 Office 命令，直接单击即可执行该命令，对于使用 Office 还不够熟练的用户来说将会方便很多。例如搜索"段落"可以看到 Office 给出的段落相关命令，如果要进行段落设置则选择"段落设置"选项，在弹出的"段落"对话框中进行设置。

3. 云模块与 Office 融为一体

Office 2016 的云模块已经很好地与 Office 融为一体。用户可以指定"云"作为默认存储路径，也可以继续使用本地硬盘存储。值得注意的是，由于"云"同时也是 Windows 10 的主要功能之一，因此 Office 2016 实际上是为用户打造了一个开放的文档处理平台，通过手机、iPad 或是其他客户端即可随时存取存放到云端上的文件。

4. "插入"菜单增加了"加载项"标签

"插入"菜单增加了一个"加载项"标签，里面包含"应用商店""我的加载项"和 Wikipedia 三个按钮，这里主要是微软和第三方开发者开发的一些应用 APP，类似于浏览器扩展，主要是为 Office 提供一些扩充性功能。比如用户可以下载一款检查器，帮助检查文档的断字或语法问题等。

5.1.3　工作环境概述

Word 2016 是一种文字处理软件，其中众多的文档格式设置工具可以帮助我们更有效地组织和编写文档，功能强大的编辑和修订工具让我们与他人轻松地开展协作。这里我们要学会利用 Word 2016 进行简单编辑，主要使用的选项卡是功能区中的"开始"选项卡，如图 5.1 所示。

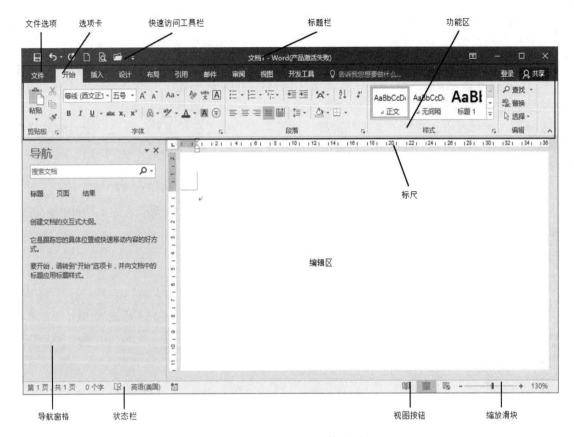

图 5.1 Word 2016 工作界面

1. Word 2016 的启动

Word 2016 的启动方法有以下 3 种：

（1）选择"开始"→"程序"→Microsoft Office→Microsoft Word 2016 命令。

（2）双击桌面上的快捷方式图标。

（3）直接双击要编辑的 Word 文档。

2. Word 2016 的工作界面

Word 2016 的工作界面由标题栏、功能区、快速访问工具栏、用户编辑区等部分构成。

标题栏：左端显示应用程序图标和自定义快速访问工具栏，中间为文档名，右端包括"最小化"按钮、"最大化（还原）"按钮和"关闭"按钮。

快速访问工具栏：常用命令位于此处，例如"保存"按钮、"撤销"按钮和"恢复"按钮。在快速访问工具栏的末尾是一个下拉菜单，在其中可以添加其他经常需要用到的命令。

功能区选项卡：单击选项卡标签，即可在功能区里切换到与之相对应的功能区面板。每个选项卡根据功能的不同又分为若干个组，例如"开始"选项卡又分为"字体"组、"段落"组等。

功能区最小化按钮：显示或隐藏功能区。

Microsoft Office Word 帮助按钮：获取帮助信息。

拆分框：将窗口拆分为两个窗格或者取消拆分，操作方法如下：

（1）将鼠标置于垂直滚动条顶部上方，指针会发生改变，此时可以向下拖动至编辑区或双击此拆分框将窗口分隔成两个窗格。选择"视图"→"窗口"→"拆分"命令可以得到相同结果。

（2）通过向上或向下拖动拆分框或双击拆分线上的任何一处可以取消拆分，只留下期望的视图。选择"视图"→"窗口"→"取消拆分"命令可以得到相同结果。

标尺：可以看出正文行的宽度和高度，标尺显示了正文左右边界、制表符及当前段落首行缩进等信息。是否显示标尺可以通过"视图"→"显示"→"标尺"命令实现。

编辑区：显示正在编辑的文档的内容。

状态栏：显示基本工作状态及进行某些操作时显示与该操作有关的信息。

视图按钮：可以针对不同的文档选用不同的视图，比如查看网页形式的文档外观时可单击"Web 版式"按钮。

滚动条：拖动滚动条滑块可显示出文档未显示的部分。

缩放滑块：可用于更改正在编辑的文档的显示比例设置。

3．Word 2016 的帮助

打开 Word 2016 帮助的操作方法：单击"Microsoft Office Word 帮助"按钮或按 F1 键，Word 帮助栏就会出现，如图 5.2 所示，只要输入问题关键字，单击"搜索"按钮，就会出现搜索结果。

图 5.2　Word 帮助

5.2　Word 基本操作

背景：在公安工作中，很多工作都要以文档形式记录在案，比如案件登记、案件审批、现场勘查笔录等，编辑 Word 文档是警员必须掌握的重要技能。延长拘留期限通知书和公安简报是治安案件经常用到的文档，这里将通过制作这些文档来学习 Word 的基本操作方法。

任务如下：

（1）新建 Word 文档、输入文字、保存文档、关闭文档、打开文档。

（2）字体与段落格式设置。

5.2.1　案例：延长拘留期限通知书的编辑

在本案例中将制作如图 5.3 所示的"延长拘留期限通知书"，需要新建文档并输入相应内容，进行字体字号的调整，段落设置和边框设置等美化修饰。

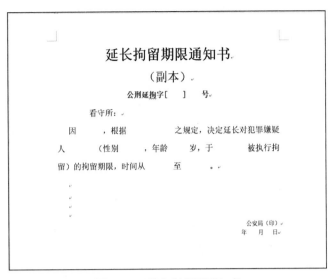

图 5.3　延长拘留期限通知书

1．新建文档

（1）选择"文件"→"新建"命令。

（2）屏幕上将显示"新建"各种选项的选择区，如图 5.4 所示，可根据具体需要选择不同类型的模板。直接单击所需的文档类型即可建立新的文档。这里使用的是空白文档。

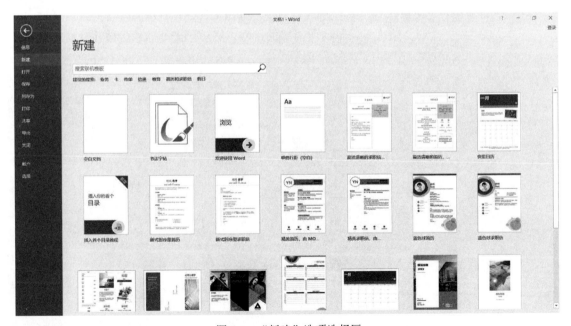

图 5.4　"新建"选项选择区

如果仅建立空白文档，则单击快速访问工具栏中的"新建空白文档"按钮可以快速建立一个新的空白文档。

提示："模板"是一些特殊种类的文档，它们提供了能确定文档外观的元素：文本格式、样式、工具栏等，选择一个适当的模板，可以基于它快速建立文档，这是使用 Word 2016 的方便之处。

2. 输入文档内容

（1）普通文字的录入。

在创建文档后即可开始输入文档内容。在文档中，可以输入汉字、英文，只要选择好使用的输入法即可，Word 支持即点即输功能。

（2）特殊字符的录入。

1）单击要插入符号或字符的文档位置。

2）单击"插入"选项卡"符号"组中的"符号"按钮，弹出如图 5.5 所示的扩展面板，在其中选择要插入的符号。

图 5.5　符号扩展面板

要查找其他符号，可以选择"其他符号"命令，弹出如图 5.6 所示的"符号"对话框。选择"符号"或"特殊字符"选项卡，单击所需要的符号，然后单击"插入"按钮。当所有要录入的特殊字符全部插入之后单击"关闭"按钮。

图 5.6　其他符号

3. 文件的保存

在 Word 中，必须保存文档才能在退出程序时不丢失所做的工作。保存文档时，文档会以文件的形式存储在计算机中。可以在以后打开、更改和打印该文件。

（1）首次保存文档时，单击快速访问工具栏中的"保存"按钮或按 Ctrl+S 组合键或者选择"文件"→"保存"命令均可打开"另存为"对话框。

（2）在对话框中，可以指定保存文档的位置、文档的文件名和文档的保存类型。如图 5.7 所示。Word 2016 默认的文档保存类型为*.docx，当然用户还可以从"保存类型"下拉列表框中选择 Word 2016 以前的版本、PDF、RTF、纯文本、网页等文件类型。

图 5.7　"另存为"对话框

如果此文档之前已经保存过，再执行"保存"命令时会将文档自动保存在原来的位置。如果需要对即将保存的文档更换文件名、保存位置或文件类型，则可以选择"文件"选项卡中的"另存为"命令。

4．字符格式化

字符格式化是指改变文档中文字的字体、字形、大小、颜色、文字效果和调整字符间距的过程。

字体是具有特定风格的字符的集合，每种字体都有自己的名称，如宋体、仿宋体、隶书、行书、Times New Roman 等。字号是指字符的大小。字形是指字符加粗、倾斜等。

字符设置有两种方法：一种是通过"字体"对话框设置，另一种是通过字体格式按钮设置。下面就对文档的第一段使用"字体"对话框来设置，第二段使用字体格式按钮来设置。其他段落可以仿照第一段和第二段来设置。

（1）使用"字体"对话框设置。

选定第一段，单击"开始"选项卡"字体"组的对话框开启按钮，弹出"字体"对话框，如图 5.8 所示。在"字体"选项卡中可以设置"字体""字形""字号""字体颜色""下划线线型"和"效果"等，我们的具体设置如下：

中文字体：宋体。

字形：加粗。

字号：一号。

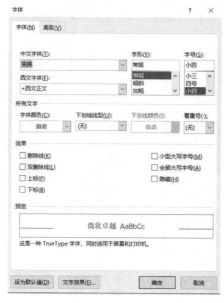

图 5.8 "字体"对话框

（2）使用字体格式按钮设置。

选定第二段，单击"开始"选项卡的"字体"组（如图 5.9 所示）中的字体下拉列表框，在其中选择"宋体"（如图 5.10 所示），单击"字号"下拉列表框，在其中选择"小二"（如图 5.11 所示）。

图 5.9 "字体"组　　　图 5.10 "字体"下拉列表框　　　图 5.11 "字号"下拉列表框

提示：单击"开始"选项卡中的字符格式设置按钮可以一次添加多个格式选项，再次单击此按钮可以撤销设置。

其他段落中字符格式的设置方法可以参照上述两种方法，设置第三段为宋体、四号，第四段和第五段为宋体、小三，其他段落为宋体、五号。

5. 段落格式化

段落格式化是指改变段落的对齐方式、行间距、段间距和段分页的过程。

段落设置有两种方法：一种是通过"段落"对话框设置，另一种是通过标尺及段落格式按钮设置。下面就对文档的第四段用"段落"对话框来设置，第五段使用标尺及段落格式按钮来设置。其他段落可以仿照第四段和第五段来设置。

（1）使用"段落"对话框设置。

1）选定第四段，单击"开始"选项卡"段落"组的对话框开启按钮（如图 5.12 所示），弹出"段落"对话框，如图 5.13 所示，在"行距"下拉列表框中选择"固定值"，在"设置值"文本框中输入 32 磅。

图 5.12　"段落"组　　　　　　　图 5.13　"段落"对话框

2）在"间距"区域中单击"段前"增减按钮，调整值至 0.5 行，也可以直接输入 0.5 行，以设置本段与前一段间的距离。

3）在"缩进"区域中单击左侧（缩进）和右侧（缩进）增加按钮，调整缩进数值为 1 字符，或者直接输入 1 字符；在"特殊格式"下拉列表框中选择"首行缩进"，在"缩进值"文本框中输入 4 字符。

"特殊格式"下拉列表框中有以下 3 个选项：

- 无：选取段的每段第一行会和左标位置对齐。
- 首行缩进：设置段落首行起始位置。
- 悬挂缩进：设置凸排首行起始位置。

4）设置段落对齐：在"对齐方式"下拉列表框中选定一种对齐方式。对齐方式有以下几种：

- 左对齐：选定段落文字向左边界靠齐，右边界可以不对齐。
- 居中对齐：选定段落文字置于行的中间部分。
- 右对齐：选定段落文字向右边界靠齐，左边界可以不对齐。
- 两端对齐：选定段落文字向左右边界靠齐。
- 分散对齐：选定段落文字左右两边对齐，最后一行文字不满一行时自动调整字间距使内容均匀分布并占满整行。

（2）使用"标尺"和"开始"选项卡中的段落格式按钮设置。

1）利用标尺调整段落左右缩进及特殊格式，如图 5.14 所示。如果视图中没有标尺则应勾选"视图"选项卡"显示"组中的"标尺"复选项调出"标尺"。

2）选定第五段，拖动"首行缩进"标记至 3 字符的位置。要更改左缩进，可以拖动"左缩进"标记至 1 字符。要更改右缩进，可以拖动"右缩进"标记至 1 字符。

提示：当拖动标记时，点辅助线可以帮助准确地确定缩进位置。也可以按住 Alt 键来查看标尺中的度量数字，如果需要精确设置则要通过"段落"对话框实现。

3）单击"开始"选项卡"段落"组中的"行距"按钮，弹出如图 5.15 所示的下拉列表，单击"增加段落后的空格"按钮，设置段后 0.5 行。

图 5.14　标尺　　　　　　　　　图 5.15　"行距"按钮的下拉列表

4）在"行距"下拉列表中选择"行距选项"选项，弹出"段落"对话框，用上面介绍的方法来设置行间距为 25 磅。

提示：单击"开始"选项卡"段落"组中的段落格式设置按钮可以一次添加多个格式选项，再次单击此按钮则撤销设置。

其他段落中的段落格式设置的方法可以参照上面的两种方法，因此不再详细说明。第一段标题左右缩进各为 1 字符、行间距为固定值 36 磅、居中；第二段左右缩进各为 1 字符、行间距为固定值 25 磅、居中；第三段左右缩进各为 1 字符、行间距为固定值 25 磅、右对齐；第四段左右缩进各为 1 字符、行间距为固定值 32 磅、首行缩进 4 字符、两端对齐、段前 0.5 行；第五段左右缩进各为 1 字符、行间距为固定值 32 磅、首行缩进 3 字符、两端对齐、段后 0.5 行；其他段落左右缩进各为 1 字符、单倍行距、两端对齐。

6．设置边框和底纹

边框、底纹能增加对文档不同部分的注意程度。边框与底纹可以加到页面、文本、表格及表格中的单元格、图形对象、图片和 Web 框架中。

（1）选定要添加底纹或边框的文本，这里进行全文选择。

（2）单击"开始"选项卡"段落"组中"边框"按钮旁的下拉箭头，弹出如图 5.16 所示的下拉列表，选择"边框和底纹"选项，弹出如图 5.17 所示的对话框。

（3）单击"边框"选项卡，在"设置"区域中选择"方框"，在"样式"列表框中选择线型　　　　　，设置"宽度"为 6 磅。在预览区中查看效果，单击某一边线来去掉或加上该条边线，对边框进行调整。在"颜色"下拉列表框中选取边框的颜色，这里颜色设置为"自动"，在"应用于"下拉列表框中选择边框应用的范围为"段落"，最后单击"确定"按钮返回文档。

图 5.16　"边框"按钮的下拉列表　　　图 5.17　"边框和底纹"对话框

"边框线"显示上次使用的操作，例如上次使用的是"上框线"，按钮显示为"上框线"，默认为"下框线"。

如果要加底纹，可以单击"底纹"选项卡，如图 5.18 所示，在"样式"下拉列表框中选取所需底纹。或者单击"开始"选项卡"段落"组"底纹"按钮旁的下拉箭头，在弹出的下拉列表（如图 5.19 所示）中，进行底纹样式的设置。

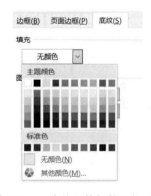

图 5.18　"边框和底纹"对话框的"底纹"选项卡　　　图 5.19　"底纹"按钮的下拉列表

提示：当为两个或两个以上段落加边框和底纹时，边框和底纹边界与段落边界一致，如果几个段落边界不一致则将形成多个边框和底纹。

7．与本案例有关的相关操作

（1）文本选定与取消。

1）使用鼠标选定文字。

将鼠标移至所选文字开始处，按住鼠标左键不放并移动到所选文字结束处，松开鼠标左键。这一操作称为"拖动"，是使用计算机的常用操作，拖动的方向可以是上、下、左、右。拖动时，光标所扫过的各行文字背景变成蓝色，结束拖动后这些文字就被选定了，如图 5.20 所示。

> 1、 使用鼠标选定文字
> 1) 鼠标移至所选文字开始处
> 2) 按住鼠标左键不放移动到所选文字结束处
> 3) 松开鼠标左键

图 5.20　文字选定

2）使用键盘选定文字。

将插入点光标移至文档中的某处，按 Shift+←组合键选定光标左边的一个字符，按 Shift+→组合键选定光标右边的一个字符，按 Shift+End 组合键选定光标至当前行结尾处的所有字符，按 Shift+Home 组合键选定至当前行开始处的所有字符，按 Shift+↓组合键选定光标开始至下一行字符对应位置，按 Shift+↑组合键选定光标开始至上一行字符对应位置。

若要放弃原来的文本选定，可任选下列两种方法之一：在文档窗口中选定内容以外的任意位置上单击，按任意箭头键。

（2）文本的移动、复制与删除。

在 Word 文档操作过程中经常要对文档中的内容进行移动、复制与删除等操作。先来了解几个概念。

● 剪切：将选定的内容移入剪贴板中，原内容消失，快捷键为 Ctrl+X。

● 复制：将选定的内容移入剪贴板中，原内容保留，快捷键为 Ctrl+C。

● 粘贴：将剪贴板中的内容复制到当前位置，快捷键为 Ctrl+V。

1）使用菜单命令。

根据文本是否保留来选择"剪切"还是"复制"。单击"开始"选项卡"剪贴板"组中的"剪切"或"复制"按钮，把光标移到目标位置，然后单击"开始"选项卡"剪贴板"组中的"粘贴"按钮，粘贴后会出现"粘贴选项"图标，如果粘贴内容格式有改动可以单击此图标，将出现如图 5.21 所示的选项列表，根据需要进行选择。

图 5.21　"粘贴选项"按钮的
选项列表

● 保留源格式：被粘贴内容保留原始的内容和格式。

● 合并格式：被粘贴内容保留原始内容并且合并应用目标位置的格式。

● 只保留文本：被粘贴内容清除原始内容和目标位置的所有格式，仅仅保留文本。

2）使用鼠标右键。

选择要进行操作的文本并右击，根据文本是否保留来选择"复制"或"剪切"。移动光标至目标位置，右击并选择"粘贴"选项。

3）使用文本的移动命令。

选定要移动的文本。移动鼠标指针到选定文本中，按住鼠标左键，此时鼠标指针尾部出现矩形，头部出现虚线插入点。拖动鼠标至需要插入文本的位置（虚线插入点表明将要粘贴的位置）。松开鼠标左键后，选定文本便出现在新的位置。

4）使用文本的删除命令。

选择要进行操作的文本，右击并选择"删除"选项或者按 Delete 键进行删除。

（3）撤销和重复功能。

撤销功能可以撤销所做的操作。可以撤销的操作或命令有输入、剪切、复制、粘贴、插入、设置格式等。执行"撤销"操作，可以通过在快速访问工具栏中单击"撤销"按钮实现。重复功能是重复执行上一步的操作，可以通过单击快速访问工具栏中的"恢复"按钮实现。

5.2.2　案例：公安简报的制作

背景：公安简报是公安工作中与外界沟通的常用文档。

任务：（1）制表位设置。

　　　　（2）项目符号与编号的设置。

本案例将要制作如图 5.22 所示的"简报"。

图 5.22　简报

1.　字符格式化

（1）选取文字"江西警察学院简报"（此为第一段文字），单击"开始"选项卡"字体"组中的"字体"下拉列表框，在其中选择"宋体"；单击"字号"下拉列表框，在其中选择 48。

（2）单击"开始"选项卡"字体"组中的"字体颜色"旁的下拉箭头，在弹出的列表（如图 5.23 所示）中选取"标准色"中的红色。

其他段落的字符格式设置和第一段的方法相同，不再详细说明。第二段和第三段为宋体、三号；第四段和第五段为宋体、三号、加粗；第六段和第十二段为宋体、21 号、加粗；第七段至第十一段、第十三段和第十四段为仿宋、三号；第十五段为仿宋、小四号。

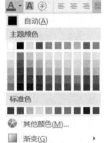

图 5.23　"字体颜色"按钮的
　　　　　下拉列表

2.　段落格式化

选取全文，单击"开始"选项卡"段落"组中的行和段落间距按钮及对齐按钮。设置全文行距为 1.5 倍行距，标题段对齐方式为"居中"，其余段为"两端对齐"。

3．边框

（1）选取第三段，单击"开始"选项卡"段落"组中的"边框"按钮，在弹出的"边框和底纹"对话框中选择合适的线型、颜色和粗细。

（2）选取木尾段，用同样的方法设置上框线和下框线。

4．编号

Word 2016 可以为指定的段落建立项目符号和编号，信息相关且无序时可以采用项目符号，信息相关且有序时可以采用编号。

第四段和第五段加编号。由于创建项目符号和编号类似，下面以创建编号为例加以说明。

选取要添加编号的段落，即第四段和第五段。单击"开始"选项卡"段落"组中的"编号"下拉按钮，在弹出的列表（如图 5.24 所示）中选择需要的编号类型，这里选择编号库中第一行第二列的编号样式。

如果没有所要的编号样式，则选择"定义新编号格式"选项，弹出如图 5.25 所示的对话框，在"编号样式"下拉列表框中选择所需的样式。编号位置是指编号与页边距的距离，文字位置是指文字与编号之间的距离，字体是指编号的字体，如不选择默认和设置编号文字的字体相同。

图 5.24　"编号"按钮的下拉列表　　　图 5.25　"定义新编号格式"对话框

提示：如果是在输入的同时添加编号或项目符号，当输入第一个编号或项目符号后按 Enter 键，Word 2016 中会自动显示下一个编号或项目符号。如果在文件列表中增加项目符号或编号时，把插入点移到想加入新项目的位置，按 Enter 键开始新段，Word 2016 会为自动插入的新段添加编号或项目符号。如要停止编号，只要在编号或是案例的末尾按两次 Enter 键或是在新段中选择"项目符号和编号"命令再设置为"无"。

5．制表位

制表位的位置是制表定位点与页边距的距离，每按一次 Tab 键输入一个制表位。Word 默认制表位为 0.75cm。

制表符类型有以下几种：

● "左对齐式制表符"制表位 └：设置文本的起始位置，在输入时文本移动到右侧。

● "居中式制表符"制表位 ┴：设置文本的中间位置，在输入时文本以此位置为中心显示。

- "右对齐式制表符"制表位 ⊥：设置文本的右端位置，在输入时文本移动到左侧。
- "小数点对齐式制表符"制表位 ⊥：使数字按照小数点对齐，无论位数如何，小数点始终位于相同位置。
- "竖线对齐式制表符"制表位 Ⅰ：不定位文本，它在制表符的位置插入一条竖线。

本案例中制表位位于第三段，分别为 2 字符、25 字符，对齐方式为"左对齐"，下面具体讲述设置方法和操作步骤。

（1）利用标尺创建和清除制表位。

1）在要设置制表位的第三段中单击水平标尺上的"制表符"按钮，直到它显示左制表符。单击要设置制表位的标尺位置：2 字符和 25 字符。如果需要，可以将制表位拖到所需的位置。将制表位拖出标尺则可以清除制表位。

2）将光标放到"江西警察学院"前并按 Tab 键，将光标放到"2022 年 2 月 2 日"前并按 Tab 键。

（2）利用对话框设置。

1）在"段落"对话框中单击"制表位"按钮，弹出"制表位"对话框，如图 5.26 所示。在"制表位位置"文本框中输入 2 字符确定与左边距的距离，在"对齐方式"区域中选择"左对齐"，在"前导符"区域中选择"无"。单击"设置"按钮确定制表位有效。重复上述操作，再设置 25 字符这一制表位。单击"确定"按钮，制表位设置完成，返回原文档。

图 5.26　"制表位"对话框

2）将光标放到"江西警察学院"前并按 Tab 键将光标放到"2022 年 2 月 2 日"前并按 Tab 键。

5.3　图文混排

背景：公安宣传海报用来宣传法律法规，是与人民群众沟通的一种方式。

任务：（1）插入文本框。

（2）插入图片。

（3）插入标注。

在本案例中将要制作图 5.27 所示的"公安宣传海报"效果。

图 5.27 公安宣传海报

海报的基本创建过程是，插入文本框，调整文本框的大小，输入文本框文字，进行文字对齐、边框设置、底纹设置等美化修饰，插入剪贴画、图片和标注，调整它们之间的位置，在标注中添加文字，进行文字格式的修饰。

1. 插入文本框

（1）选中要插入文本框的文本，单击"插入"选项卡"文本"组中的"文本框"下拉按钮，在弹出的列表（图 5.28 所示）中选择"绘制文本框"选项，鼠标指针变成十字形，在页面的合适位置拖动鼠标绘制出一个矩形文本框。

（2）调整文本框大小：单击文本框边框，文本框上出现 8 个控点，鼠标停留在要调整大小的控点上指针将变成双箭头，如图 5.29 所示，单击控点并拖动到合适的位置。

图 5.28 "文本框"按钮的下拉列表

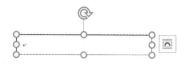

图 5.29 文本框

调整文本框大小和调整图片、剪贴画及各种形状的方法是一样的。

若要调整文本框的大小，应先选择在文档中插入的文本框。

若要在一个或多个方向上增加或减小尺寸，请在执行下列操作之一时将尺寸控点拖向或拖离中心：

- 若要保持对象中心的位置不变，请在拖动尺寸控点时按住 Ctrl 键。
- 若要保持对象的比例，请在拖动尺寸控点时按住 Shift 键。
- 若要保持对象的比例和其中心位置不变，请在拖动尺寸控点时按住 Ctrl+Shift 组合键。

（3）选中文本框，单击"文本框工具/格式"选项卡"文本框样式"组中的"选择形状或线条的外观样式"下拉按钮，在弹出的下拉列表（如图 5.30 所示）中选择外观样式。这里选择第 6 行第 4 列的外观样式，文本框外观样式如图 5.31 所示。

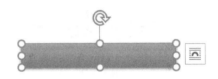

图 5.30　"选择形状或线条的外观样式"按钮的
下拉列表

图 5.31　文本框外观样式

（4）选中文本框，单击"文本框工具/格式"选项卡"形状样式"组中的"形状填充"下拉按钮，在弹出的下拉列表（如图 5.32 所示）中选择"渐变"，在级联菜单中选择"其他渐变"选项，弹出如图 5.33 所示的"设置形状格式"对话框。

图 5.32　"形状填充"按钮的下拉列表

图 5.33　"设置形状格式"对话框

（5）在其中单击"渐变光圈"选项下面的停留点 1，然后在"颜色"下拉列表框中选择标准色"橙色"；用同样的方法将停留点 3 的颜色也设为"橙色"，将停留点 2 拖到 50%的位置，文本框的效果如图 5.34 所示。

（6）添加文字：单击文本框，输入义字"江西警察学院"，将字符格式设置成：方正舒体、四号、加粗。单击文本框，在"开始"选项卡的"字体"组中单击"文字效果"下拉按钮，在弹出的下拉列表（如图 5.35 所示）中选择第 3 行第 5 列的文字效果。

图 5.34　文本框渐变填充效果　　　　　图 5.35　"文字效果"按钮的下拉列表

（7）设置文本对齐方式：双击文本框，再单击"文本框工具/格式"选项卡"文本"组中的"对齐文本"下拉按钮，在弹出的下拉列表（如图 5.36 所示）中选择"底端对齐"，效果如图 5.37 所示。

图 5.36　"对齐文本"按钮的下拉列表　　　　　图 5.37　文字对齐效果

2. 插入剪贴画

（1）在"插入"选项卡的"插图"组中单击"联机图片"按钮，弹出如图 5.39 所示的任务窗格，在"搜索"文本框中输入所需剪贴画的单词或词组，或者输入剪贴画文件的全部或部分文件名。

（2）在结果列表中单击植物图片将其插入，效果如图 5.40 所示。

调整剪贴画位置：单击剪贴画时工具栏中会出现"图片工具/格式"选项卡，单击"位置"

下拉按钮，在弹出的下拉列表（如图 5.41 所示）中选择所需要的环绕方式。剪贴画、图片、图形等位置、尺寸大小调整的操作与文本框的基本相同。

图 5.38　插图组

图 5.39　剪贴画任务窗格

图 5.40　插入剪贴画后的效果

图 5.41　"位置"按钮的下拉列表

3．插入图片

（1）在文档中要插入图片的位置单击，在"插入"选项卡的"插图"组中单击"图片"按钮，通过弹出的对话框找到要插入的图片，如图 5.42 所示单击"插入"按钮。

图 5.42　"插入图片"对话框

（2）裁剪图片：双击要更改的图片，功能区会出现"图片工具/格式"选项卡。单击"大小"组中的"裁剪"按钮，图片出现如图 5.43 所示的黑色控点，拖动黑色控点来选择要保留的区域，如图 5.44 所示，鼠标在任意处单击即可确定裁剪区域。

（3）删除图片背景：图片背景和宣传海报不协调时需要删除。双击要更改的图片，再单击"图片工具/格式"选项卡"调整"组中的"删除背景"按钮，图片出现如图 5.45 所示的白色控点，拖动白色控点来选择要保留的区域，效果如图 5.46 所示。

图 5.43　图片裁剪控点

图 5.44　图片裁剪保留区域

图 5.45　图片背景删除控点

图 5.46　图片背景删除效果

调整图片尺寸：选择文档中的图片，拖动控点调整大小。

调节图片的色彩饱和度、色调或者为图片重新着色：单击"颜色"按钮，在弹出的下拉列表中根据效果缩略图选择一种效果。

为图片添加特殊效果：单击"艺术效果"按钮，在弹出的效果缩略图下拉列表中选择一种艺术效果。

调整图片的亮度、对比度、清晰度：单击"更正"按钮，在弹出的效果缩略图下拉列表中选择自己需要的效果。

当然，也可以在图片上右击，在弹出的快捷菜单中选择"设置图片格式"对话框，弹出如图 5.47 所示"设置图片格式"对话框，在其中设置锐化/柔化、亮度/对比度等。

图 5.47　"设置图片格式"对话框

4．插入标注

（1）单击"插入"选项卡"插图"组中的"形状"按钮，在弹出的下拉列表（如图 5.48 所示）中选择"云形标注"，鼠标指针将变成十字形，在合适的位置拖动鼠标，产生一个云形的标注。标注大小、位置的移动等的操作方法和文本框的相同。

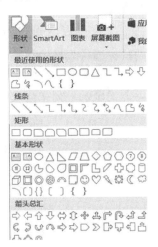

图 5.48　"形状"按钮的下拉列表

（2）添加文字：在标注中添加文字及文字设置的方法和文本框中的完全相同，此处就不详细说明了。标注文字为楷体、四号、红色。

5.4　简单表格

背景：在公安工作中，很多工作都要以表格形式记录在案，比如案件登记、案件审批、涉案物品登记等，表格制作是警员必须掌握的重要技能。治安案件物品登记清单是治安案件中经常用到的表格之一，在本节中，我们将通过制作该表来学习表格的基本操作方法。

任务：（1）插入表格、行和列。

（2）调整表格列宽。

（3）表格的美化修饰。

我们将要完成图 5.49 所示"治安案件物品登记清单"中的表格部分，表格上面的标题和表格下面的说明文字被省略。

编号	物品名称	单位	数量	特征	备注

图 5.49　治安案件物品登记清单中的表格部分

表格的基本创建过程是，插入表格，输入表格内容，调整表格的行高和列宽，进行表格文字对齐设置、边框设置、底纹设置等美化修饰。表格的制作过程往往是一个不断调整的过程，根据实际需要，可能还要插入行、列，继续调整行高、列宽等。

1. 插入表格

新建 Word 文档，在输入表格标题及必要的说明文字后执行"插入表格"命令，弹出"插入表格"对话框，如图 5.50 所示。在其中输入表格的行数和列数（为了演示后续操作，本次故意少插入一列），然后单击"确定"按钮。

当要插入的表格的行数列数较少时，可以直接单击"表格"组中的"表格"按钮，在弹出的下拉列表的插入表格示例区移动鼠标选择表格的行数、列数，如图 5.51 所示，单击确认表格的插入；当要插入的表格列数较多，列宽比较紧张时，可以采用"根据内容调整表格"选项，执行该选项后表格的列宽以最小方式显示，列宽会根据内容的多少自动调整。

图 5.50　"插入表格"对话框　　　　　　图 5.51　"表格"按钮的下拉列表

提示：表格的各个单元格的文字、段落、项目符号等属性会自动延续光标所在位置的格式，因此在插入表格前应该清除光标所在位置的一切不必要格式。

2. 输入表格的列标题

在单元格内单击可以把光标移到单元格内部，输入需要的内容后可以通过单击、光标控制键、Tab 键将光标移动到其他单元格继续输入列标题。

3. 手工调整列宽

输入表格的列标题后，将光标移动到要调整的格线上，这时光标会变成双向箭头样式，同时还会出现一个虚线，这时拖动鼠标即可移动格线调整列宽，虚线代表格线的目标位置。我们可以依照列宽需要调整列宽。

提示：一般来说，制作表格时不建议手工调整行高，而是使用行的默认高度，这样可以保持行高的均匀性。

4. 精确设置列宽

将光标移到需要调整列宽的单元格中，在"布局"选项卡的"单元格大小"组中单击"宽度"按钮，再单击"宽度"数码框右侧的三角或者直接输入列宽值，列宽即会按要求调整。

提示：手工调整列宽和精确设置列宽在操作结果上具有明显的差异。手工调整列宽是重新分配相邻两列的宽度，不改变表格的整体宽度；精确设置列宽是直接改变当前列的宽度，表格的宽度也同时改变。精确设置列宽操作，除了用于直接改变当前列的列宽外，还经常用于调整不相邻两列的列宽，即增加一列宽度，然后再减少另一列的宽度，从而保持表格宽度不变。

5. 选择表格并设置整体格式

需要调整表格的整体属性，例如调整所有单元格的字体、字号、段落对齐方式、首行缩进等，就需要先选择表格。

将光标移到任意单元格内，再单击"布局"选项卡"表"组中的"选择"按钮，在弹出的下拉列表中选择"选择表格"选项。

当鼠标指针在表格上面移动时，表格的左上角会出现表格定位标记，单击表格定位标记也可以选择整个表格。

选择整个表格后，单击"开始"选项卡"字体"组中的"清除格式"按钮清除表格上不必要的格式，然后设置字号为"小四"。

选择整个表格后，单击"布局"选项卡"对齐方式"组中的"水平居中"按钮使表格内的文字保持上下左右都居中。

提示：利用"布局"选项卡"对齐方式"组中的选项可以灵活设置单元格内文字的对齐方式。

6. 选择标题行并将给行标题加粗

将光标移到标题行的任意单元格内，在"选择"按钮的下拉列表中选择"选择行"选项，再单击"字体"组中的"加粗"按钮。

对表格的局部进行处理时，最常用的选择方法是，在单元格上拖动形成一个矩形框，矩形框内部及与矩形框相交的单元格都将被选中。按住 Ctrl 健，可以选择分散的单元格。

如果选择了表格上的多个连续单元格，执行"选择行"命令后单元格所在的行都将被选中；同样，执行"选择列"命令后单元格所在的列都将被选中。

在表格的左侧拖动鼠标可以选择多行；把光标移到表格顶端的边框线上，当鼠标指针形状变成实心箭头时，单击鼠标可以选择一列，拖动鼠标可以选择多列。

7. 在表格的最后增加一列

将光标移到表格最后一列的任意单元格内，执行"在右侧插入"命令。利用"布局"选项卡"单元格大小"组中的"列宽"数码框增加"物品名称"和"特征"两列的宽度，减少"备注"列的宽度。

如果选择了一行中的多列，执行"在左侧插入"/"在右侧插入"命令即可插入多列。插入行的操作与插入列的操作相同。

8. 增加表格外框线的宽度

（1）选择整个表格。

（2）单击"设计"选项卡"绘图边框"组中的"笔画粗细"下拉按钮，在下拉列表中选择"1.5 磅"选项。

（3）单击"设计"选项卡"表格样式"组中的"边框"下拉按钮，在下拉列表中选择"外侧框线"选项。

提示：利用"设计"选项卡"绘图边框"组中的"笔样式"和"笔颜色"下拉按钮可以设置表格框线的线型和颜色。利用"设计"选项卡"表格样式"组中"边框"下拉按钮下拉列表中的选项可以灵活选择要更改格式的边框线。

9. 增加"物品名称"和"特征"文字的间距

在文字中间插入等量的空格即可。

5.5　复杂表格

背景:"林业行政处罚意见书"是处理林政案件时常用的表格之一,"林业行政处罚意见书"表格的列数、列宽、行高变化较多,属于不规范的复杂表格。在公安工作中,这类表格很常见,警员需要掌握这类表格的绘制。

任务:(1)插入表格。

(2)拆分、合并单元格。

(3)调整行高和列宽。

(4)表格的美化修饰。

在本节中将制作图 5.52 所示的"林业行政处罚意见书"。

林业行政处罚意见书

林罚意字(　　)第(　　)号

案件性质		执法人	
受案时间	年 月 日至 年 月 日计 天		
涉案人	姓名	性别	年 龄
	工作单位	住址	
涉案单位组织	单位名称	地址	
	法定代表人	职务	
简要案情			
执法人意见	根据《森林法》实施条例第四十四条(　)款的规定,拟给予如下处罚: (签名或者盖章)　年 月 日		
法制工作机构意见	 (盖章)　年 月 日		
行政机关负责人审查决定或者集体讨论决定	 (签名或者盖章)　年 月 日		

图 5.52　林业行政处罚意见书

在制作复杂表格时,很多人喜欢利用"绘制表格"命令直接绘制表格,这种方法看似简单,但却会给后期的编辑工作带来诸多不便。

　　我们可以先确定表格的行数，而列数通常使用 1 列，再根据实际需要把不同行拆分出需要的列数，然后合并需要合并的单元格。制作复杂表格的最重要原则是：有合并单元格的地方必须优先处理。我们要制作的表格的行数为 10 行，列数为 1 列。

　　1．插入表格并设置文字对齐

　　（1）新建 Word 文档，在输入表格标题及副标题后，执行"插入表格"命令，弹出"插入表格"对话框，在其中输入表格的行数和列数，然后单击"确定"按钮。

　　（2）选中表格，单击"布局"选项卡"对齐方式"组中的"水平居中"按钮使表格内的文字保持上下左右都居中。

　　2．拆分前两行

　　（1）选择前两行，执行"拆分单元格"命令，弹出"拆分单元格"对话框，在其中输入拆分后的行数和列数，如图 5.53 所示，单击"确定"按钮。

图 5.53　拆分单元格

　　（2）拖动鼠标移动两个单元格中间的边框线调整列宽。再把第一行第二列的单元格拆分成 3 列，拖动鼠标调整各列宽度。输入单元格的内容，根据内容再次调整列宽。

　　勾选"拆分前合并单元格"复选项可以改变拆分后的行数，否则不能更改拆分后的行数。拆分单元格操作可以通过两种方法实现：一是用"拆分单元格"命令；二是利用"绘制表格"命令。当行数少、行高小时，"绘制表格"命令容易出现错误操作，而当行数多或者行高大时，"绘制表格"命令就有一定优势，因为使用该命令能省去调整列宽操作。

　　提示：拆分单元格时，拆分后的列数可以任意改变，但拆分后的行数必须能够被当前行数整除。

　　3．拆分第三行至第十行

　　执行"绘制表格"命令，鼠标指针变成铅笔状，这时在表格内部拖动即可实现表格的拆分。拆分第三行至第十行的单元格需要通过 5 次拆分操作完成：

　　（1）在第三行至第八行左侧约两个文字的宽度处从第三行上边框线拖动鼠标至第八行下边框线。

　　（2）沿着第二行第一个单元格的右侧边框线从第三行上边框线拖动鼠标至第六行下边框线。

　　（3）沿着第一行第二个单元格的右侧边框线从第三行上边框线拖动鼠标至第六行下边框线。

　　（4）在距离刚刚绘制的边框线右侧约两个文字的宽度处从第三行上边框线拖动鼠标至第六行下边框线。

　　（5）在距离表格左侧边框线约 5 个文字的宽度处从第九行上边框线拖动鼠标至第十行下边框线，按 Esc 键或者再次单击"绘制表格"按钮结束"绘制表格"操作。将光标移至第三行最后一个单元格中，执行"拆分单元格"命令把单元格拆分成 3 列，并调整列宽。

4. 合并单元格

在"设计"选项卡的"绘图边框"组中单击"擦除"按钮，也可以在"布局"选项卡的"合并"组中单击"合并单元格"按钮来实现单元格合并。鼠标指针变成橡皮状，单击第三行和第四行第一列单元格的公共边框线即可合并两个单元格。

单击"擦除"按钮后，用鼠标按住单元格的边框线，或者在边框线上拖动，即将被擦除的边框线会突出显示，如图 5.54 所示。"合并单元格"按钮可以把所有选中的单元格合并成一个单元格，选中第五行和第六行第一列的单元格后单击"合并单元格"按钮。

图 5.54　被拆除的边框突出显示

提示："擦除"命令比较适合小范围的合并操作，如果要合并的单元格较多，则使用"合并单元格"命令更快捷。

5. 增加后四行高度

后四行的高度明显高于前几行。可以按 Enter 键通过增加单元格内的段落来增加高度。也可以直接用鼠标拖动单元格的水平边框线实现，这样可以更精确地控制行高。

6. 调整单元格内文字的对齐方式

选择第九行和第十行第二列的单元格，单击"布局"选项卡"对齐方式"组中的"靠下右对齐"按钮使单元格内的文字处于单元格右下角。如果第八行第二列的单元格也像上面那样处理，在输入处罚内容时就会有不便之处。

7. 均匀增加所有的高度

当鼠标处于表格上方时，在表格右下角的外侧会出现一个浅灰色表格缩放控制标记，将鼠标移动到该标记上，鼠标指针将变成切斜的两端箭头式样，拖动鼠标使得表格占满本页的剩余空间。

提示：拖动表格缩放控制标记可以均匀增加各行的高度。

8. 输入表格内容

输入表格内容，继续调整单元格宽度。在输入"涉案人"等竖排文字时需要注意，竖排文字的处理方法有以下 3 种：

（1）通过减少列宽使文字变成多行。

（2）按 Enter 键使文字变成多个段落。

（3）单击"布局"选项卡"对齐方式"组中的"文字方向"按钮使文字变成竖排文字。

在不同情况下可以通过不同的方法实现，例如"涉案人"可以通过方法（1）和（3）实现，"涉案单位组织"可以通过方法（1）和（2）实现。

9. 设置单元格的边框线

（1）选择需要设置边框线的单元格。

（2）单击"设计"选项卡"绘图边框"组中的按钮，选择边框线的笔样式、笔画粗细、笔颜色。

（3）在"设计"选项卡"表格样式"组"边框"按钮的下拉列表中选择边框的应用范围。

第八行第二列单元格中的内容是执法人的意见，该单元格的处理意见应该靠顶端显示，而日期和签名要在底端显示，要达到这样的效果，可以采用以下处理方法：

（1）执行"绘制表格"命令，把第八行第二列的单元格拆分成上下两个单元格，并且使下面一个单元格的高度约为一行，设置两个单元格的对齐方式分别为"靠上两端对齐"和"靠下右对齐"。

（2）选择下面的单元格，单击"绘图边框"组中的"笔样式"按钮，在下拉列表中选择"无边框"，单击"表格样式"组中的"边框"按钮，在下拉列表中选择"上框线"将单元格的上边框线隐藏起来。

选择整个表格，单击"绘图边框"组中的"笔样式"按钮，在下拉列表框中选择第 10 项，再单击"表格样式"组中的"边框"按钮，在下拉列表中选择"外侧框线"，将表格的外边框线设置成双线样式。

5.6　使用形状工具作图

背景：Word 的"形状"工具具有很强的绘制线条图形能力，在案件侦破中能够用来绘制现场平面图和现场方位图，在执行安保任务时能够绘制警力布置图，还可以绘制辖区重点场所分布图，总之 Word 的形状工具能够用来绘制多种警务图。本节中将通过绘制一幅现场方位示意图来展示 Word 形状工具的操作方法，如果能领会操作思路，并活学活用、举一反三，"形状"工具就会成为公安工作的好帮手。

任务：（1）插入形状。

（2）形状通用格式设置。

（3）形状专用格式设置。

这里要求利用形状绘制"现场方位示意图"，如图 5.55 所示，并展示形状绘图的基本原理。

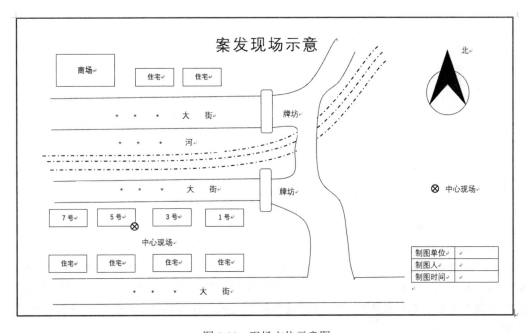

图 5.55　现场方位示意图

1. 插入绘图画布

将光标移到合适位置，单击"插入"选项卡"插图"组中的"形状"按钮，在下拉列表中选择"新建绘图画布"选项，将在光标处插入一幅画布。现场方位图中涉及多个图形，如果直接在页面中绘制这些图形，将使页面版面非常混乱，操作起来也不方便。绘图画布在页面中提供了一个绘图区域，用户可以在上面绘制和编辑图形，调整图形间的位置关系。绘图画布中的图形，在内部是可以单独编辑的个体，在外部又是以画布为区域的整体。

画布以及形状在选中状态下可以通过按 Delete 键将其删除。

2. 给画布设置"双线"边框线

在画布上右击并选择"设置绘图画布格式"选项，弹出"设置形状格式"对话框，将"线条"设置为"实线"，"颜色"设置为黑色，如图 5.56 所示，在"阴影"的预设里选择"外部右下斜偏移"，如图 5.57 所示。

图 5.56 填充与线条

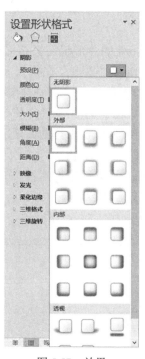

图 5.57 效果

单击选中画布后拖动画布周围的 8 个控制点可以改变画布的大小，当画布中的内容偏到某一侧时可以通过增加或减小画布上、下、左、右四个方向的宽度来调整内容在画布中的位置。在绘图完成后，也可以通过这种方法来减小画布大小。

3. 利用"文本框"输入现场图的标题

单击前面创建的画布，再单击"绘图工具/格式"选项卡"插入形状"组中的"文本框"按钮，在画布上拖动鼠标绘制一个文本框，在其中输入标题，调整文字的字体和字号，拖动文本框边框调整文本框的位置，使其处于面布上侧中间位置。选中文本框，单击"文本框工具/格式"选项卡"文本框样式"组中的"形状轮廓"按钮，在下拉列表中选择"无轮廓"选项，去掉文本框的边框线。

提示： 当标题是两行或两行以上时，如果字号设置得比较大，那么行间距就比较大，可以将行距类型设置为"固定值"并输入适当的数值，在本例中是 16 磅。

4. 利用"文本框"和表格制作案件信息表

在画布上不能插入表格，但可以在画布上插入一个文本框，然后在文本框中插入一个 3 行 2 列的表格，输入制图单位、制图人和制图时间。根据需要改变文字的字体和字号，拖动表格线改变列宽，保证内容紧凑且能在一行中显示。

将第一列的段落对齐方式改为"分散对齐"，使文字均匀分布在第一列中。如果第二列文字太多，在一行内显示太宽，可以执行"格式"→"字体"命令，在"字体"对话框的"字符间距"选项卡中将"缩放"比例设置成低于100%的值，本例中缩放比例为80%。如果要插入当前日期，可以单击"插入"选项卡"文本"组中的"日期和时间"按钮，语言类型选择"中文"，选择需要的日期格式。用这种方法输入日期既快捷又规范。最后，将文本框移到画布右下角，将文本框的线条颜色设置为"无线条颜色"。

5. 主要地形地物的绘制

地形地物是现场方位图的主体，不同地形地物需要使用不相同的绘图工具，下面介绍几种典型地形地物的绘制方法，读者可以借助这些绘图思想灵活运用"形状"工具绘制其他地形地物。

（1）用"曲线"工具绘制河流。

1）单击画布使其处于选中状态，然后单击"插入"选项卡"插图"组中的"形状"按钮，在下拉列表中单击"线条"组中的"曲线"按钮（鼠标指针指向图形按钮时会自动显示其名称）启动"曲线"绘图功能。

2）依次在河流的起点、转弯、终点单击，每次单击一次都会添加一个顶点，最后按 Enter 键结束曲线绘制。选中刚刚绘制的"曲线"，利用其周围的 8 个控制点调整大小和纵横方向的比例。如果"曲线"的形状不符合要求，则需要利用"曲线"的顶点编辑功能进行精细调整。

3）在曲线上右击并选择"编辑顶点"选项，曲线上将出现几个顶点（即形状控制点），如图 5.58（a）所示。将鼠标指针移动到顶点上，鼠标指针形状将发生变化，此时拖动鼠标即可移动顶点，如图 5.58（b）所示，其中实线代表曲线原始位置，虚线代表曲线目标位置。

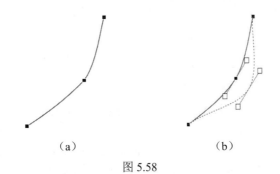

（a）　　　　　　　　　（b）

图 5.58

4）当曲线处于编辑状态时，在曲线没有顶点的地方拖动曲线可以"添加顶点"，如图 5.59 （a）所示。选择一个顶点，在顶点上将会出现一个控制杆，拖动控制杆两端的控制点可以改变曲线的弯曲方向和弯曲程度，按住 Alt 键拖动控制点可以分别设置两侧的方向，如图 5.59 （b）所示。

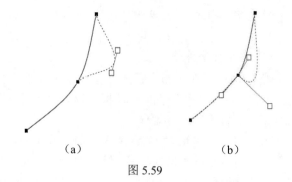

（a）　　　　　　　　（b）

图 5.59

5）曲线绘制完成后，按住 Ctrl 键拖动刚刚绘制的曲线依次获得 4 个副本，适当调整 4 个副本的位置和形状。按住 Shift 键单击中间三条曲线将它们同时选中，在选中的曲线上右击并选择"设置形状格式"选项，弹出"设置形状格式"对话框，在"线条"栏的"短划线类型"下拉列表框中选择第四种短划线，如图 5.60 所示，最终获得河流效果。

图 5.60　修改曲线形状

（2）用"任意多边形"工具绘制道路。

1）单击"插入"选项卡"插图"组中的"形状"按钮，在下拉列表中单击"线条"组中的"任意多边形"按钮启动"任意多边形"绘图功能。在画布上依次在道路边界线的起点、转弯、终点单击，最后按 Enter 键结束道路边界线的绘制。在本例中需要绘制 4 条道路边界线。选中道路边界线，拖动调整其位置，利用 8 个控制点调整大小。和曲线一样，任意多边形也可以利用右键快捷菜单中的"编辑顶点"命令调整道路边界线的形状。

2）为了使道路边界线更加醒目，更好地与其他图形区分开，可以给道路边界线加粗，操作方法是：在"设置形状格式"对话框的"线型"栏中增加线条的"宽度"值，本例中使用的是 1.5 磅。

3）绘制道路时，要想表现出道路的弧线形转弯，可以在顶点编辑状态下右击要改成弧线的顶点并选择"平滑顶点"选项（如图 5.61 所示），可以将直线段转成曲线段，然后利用控制杆编辑曲线的弯曲状态。

图 5.61　修改曲线形状

（3）用"矩形"工具绘制建筑或区域。

1）单击"插入"选项卡"插图"组中的"形状"按钮，在下拉列表中单击"基本形状"组中的"矩形"按钮启动"矩形"绘图功能，在建筑或区域的左下角位置按住鼠标左键，拖动到右上角位置松开鼠标。其他建筑和区域可以用"矩形"工具直接绘制，但使用拖动"复制"（需要按住 Ctrl 键）的方法更快捷。

2）由于"形状"不具有修剪功能，不能将表现河水的曲线段截断，为获得桥面效果可以采用一种变通的做法。在桥面位置绘制一个矩形，将矩形的"线条颜色"设置为"无线条"，矩形会遮住下面的曲线，就获得了桥面效果。

（4）用"文本框"添加说明文字。

道路名称、河流名称可以用多个文本框创建，每个文本框输入一个字。

（5）绘制"中心现场"图标。

"中心现场"图标可以利用"形状"按钮下拉列表"流程图"组中的"流程图：汇总连接"绘图工具绘制，在绘制时需要按住 Shift 键，这样可以确保绘制成圆形，否则将绘制成椭圆形（绘制圆、正方形、水平垂直直线时都应按住 Shift 键）。

（6）指北针的绘制。

如果有现成的指北针图片，将其插入到画布中即可。如果没有，不妨花几分钟画一个并保存好，以后需要时复制使用即可。

绘制指北针的操作方法如下：

1）单击"形状"按钮下拉列表"基本形状"组中的"椭圆"按钮，按住 Shift 键，在画布上拖动鼠标绘制一个圆。

2）单击"基本形状"组中的"等腰三角形"按钮，在画布上拖动鼠标绘制一个等腰三角形，调整等腰三角形的高度和宽度，移动等腰三角形（需要特别提醒的是，选中一个对象后，按住 Ctrl 键，再按光标控制键，可以精细地移动选中的对象）使其两个底角落在圆上。

3）复制等腰三角形，将副本的高度降低到原来的五分之二，移动副本，使两个等腰三角形底边重合。

4）将第一个等腰三角形的"填充颜色"设置为"黑色"，将"线条颜色"设置为"无线条颜色"。将第二个等腰三角形的"填充颜色"设置为"白色"，将"线条颜色"设置为"无线条颜色"。

5）复制一个前面绘制的包含文字的文本框，将文字改为“北”，移动到等腰三角形的顶端。至此，指北针绘制完毕。

5.7 综合案例

背景：《人民公安报》是公安系统与外界进行沟通的报纸媒介。

任务：（1）页面设置。

（2）首字下沉设置。

（3）艺术字的使用。

（4）段落分栏。

本案例将要制作如图 5.62 所示的《人民公安报》。

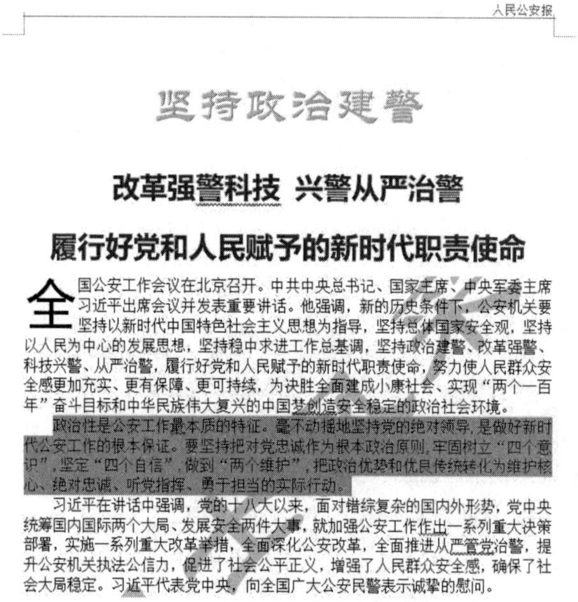
人民公安报

坚持政治建警

改革强警科技 兴警从严治警

履行好党和人民赋予的新时代职责使命

全国公安工作会议在北京召开。中共中央总书记、国家主席、中央军委主席习近平出席会议并发表重要讲话。他强调，新的历史条件下，公安机关要坚持以新时代中国特色社会主义思想为指导，坚持总体国家安全观，坚持以人民为中心的发展思想，坚持稳中求进工作总基调，坚持政治建警、改革强警、科技兴警、从严治警，履行好党和人民赋予的新时代职责使命，努力使人民群众安全感更加充实、更有保障、更可持续，为决胜全面建成小康社会、实现“两个一百年”奋斗目标和中华民族伟大复兴的中国梦创造安全稳定的政治社会环境。

政治性是公安工作最本质的特征。毫不动摇地坚持党的绝对领导，是做好新时代公安工作的根本保证。要坚持把对党忠诚作为根本政治原则，牢固树立“四个意识”，坚定“四个自信”，做到“两个维护”，把政治优势和优良传统转化为维护核心、绝对忠诚、听党指挥、勇于担当的实际行动。

习近平在讲话中强调，党的十八大以来，面对错综复杂的国内外形势，党中央统筹国内国际两个大局、发展安全两件大事，就加强公安工作作出一系列重大决策部署，实施一系列重大改革举措，全面深化公安改革，全面推进从严管党治警，提升公安机关执法公信力，促进了社会公平正义，增强了人民群众安全感，确保了社会大局稳定。习近平代表党中央，向全国广大公安民警表示诚挚的慰问。

图 5.62 《人民公安报》

1. 页面设置

（1）设置页边距。

页边距是指页面四周的空白区域。可以将某些项目放置在页边距区域中，如页眉、页脚和页码等。

1）使用“页面设置”对话框设置。

单击“页面布局”选项卡“页面设置”组的对话框开启按钮，弹出“页面设置”对话框，如图 5.63 所示。在“页边距”选项卡的上、下、左、右 4 个数值框中输入新的页边距，上下页边距都为 2.5 厘米，左右页边距都为 3 厘米，调整其与边界的距离。在“预览”栏中检查所做的更改。在“应用于”下拉列表框中选择“整篇文档”，最后单击“确定”按钮。

2）使用“页面布局”选项卡中的“页边距”按钮设置。

单击“页面布局”选项卡“页面设置”组中的“页边距”按钮，在下拉列表（如图 5.64

所示)中选择"自定义边距"选项,弹出"页面设置"对话框。其他操作与 1) 中相同。

图 5.63 "页面设置"对话框

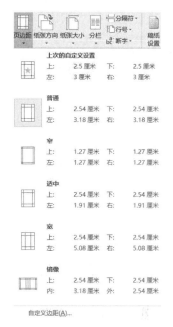

图 5.64 "页边距"按钮的下拉列表

(2)设置纸张大小。

创建和打印的每一篇文档都可能会需要不同的页面设置。可以将文档打印在标准尺寸的纸张(例如 16 开、32 开或信封)、国际标准尺寸的纸张或者打印机可以接受的自定义尺寸的纸张上,从而获得所需的打印外观。也可以将几页文档打印在一张纸上。还可以选择适合整篇文档或所选内容的打印方向。"纵向"将纸张垂直放置(高大于宽),"横向"将纸张水平放置(宽大于高)。

提示:用"页面设置"对话框来设置高级打印选项。"页面设置"对话框的"版式"选项卡中包含了一些高级处理选项,例如将文档分成几个节、打印页眉和页脚等。

操作方法有以下两种:

1)单击"页面布局"选项卡"页面设置"组的对话框开启按钮,弹出"页面设置"对话框。单击"纸张"选项卡,如图 5.65 所示。在"纸张大小"下拉列表框中选择 A4,在"应用于"下拉列表框中选择"整篇文档",在"预览"栏中检查所做的选择,最后单击"确定"按钮。

2)单击"页面布局"选项卡"页面设置"组中的"纸张大小"按钮,在弹出的下拉列表(如图 5.66 所示)中选择 A4。

图 5.65 "纸张"选项卡

（3）设置页眉页脚边距。

单击"页面布局"选项卡"页面设置"组的对话框开启按钮，弹出"页面设置"对话框。单击"版式"选项卡，如图 5.67 所示。设置页眉页脚距边界的距离，页眉距边界 1.5 厘米，页脚距边界 1.75 厘米，在"应用于"下拉列表框中选择"整篇文档"，在"预览"栏中检查所做的选择，最后单击"确定"按钮。

图 5.66　"纸张大小"按钮的下拉列表

图 5.67　"版式"选项卡

2．页码、页眉页脚设置

页眉页脚通常显示文档的附加信息，常用来插入时间、日期、页码、单位名称、徽标等。其中，页眉在页面的顶部，页脚在页面的底部。页码、页眉页脚设置在"插入"选项卡的"页眉和页脚"组中，如图 5.68 所示。

（1）设置页码。

1）单击"插入"选项卡"页眉和页脚"组中的"页码"按钮，在弹出的下拉列表（如图5.69 所示）中选择合适的位置，本案例中选择的位置是"页面底端"。

2）在"页码"按钮的下拉列表中选择"设置页码格式"选项，弹出如图 5.70 所示的"页码格式"对话框。

图 5.68　"页眉和页脚"组

图 5.69　"页码"按钮的下拉列表

图 5.70　"页码格式"对话框

3）在"编号格式"列表框中选择编码方案，设置"起始页码"为1。

4）单击"确定"按钮。

（2）设置页眉和页脚。

1）单击"插入"选项卡"页眉和页脚"组中的"页眉"或"页脚"按钮。本案例设置的是页眉。单击页眉框，然后输入所需的文本：人民公安报。

2）编辑和设置页眉或页脚文本格式。本案例中字体格式为宋体、小五号、右对齐，段落加下边框线"——"。

3．设置水印

在打印一些重要文件时需要给文档加上水印，例如"绝密"等字样，可以让获得文件的人都知道该文档的重要性。水印将显示在打印文档文字的下面，它是可视的，不会影响文字的显示效果。

1）单击"设计"选项卡"页面背景"组中的"水印"按钮，在弹出的下拉列表（如图5.71所示）中选择水印模板，预设水印模板不符合本案例的要求，因此这里选择"自定义水印"选项，弹出如图5.72所示的对话框。

图 5.71　"水印"按钮的下拉列表

图 5.72　"水印"对话框

2）选中"文字水印"单选项，然后选择或输入所需文字。本案例中文字内容为"卫士风采"，隶书、黑色，所需的其他选项，然后单击"应用"按钮。

提示：若要将一幅图片插入为水印（水印：出现在打印文档文本表面或底部的图形或文

本，如"机密"），请选中"图片水印"单选项，再单击"选择图片"按钮，选择所需的图片后单击"插入"按钮。

4．插入艺术字

艺术字是经过专业字体设计师艺术加工的汉字变形字体，字体特点符合文字含义，具有美观有趣、易认易识、醒目张扬等特性，是一种有图案意味或装饰意味的字体变形。

（1）单击"插入"选项卡"文本"组中的"艺术字"按钮，在弹出的下拉列表（如图 5.73 所示）中选择要插入的艺术字式样，本案例选择的是第一排第五列艺术字式样，然后在编辑框中输入所要编辑的艺术字内容"坚持政治建警"。

图 5.73　"艺术字"按钮的下拉列表

（2）选择输入的文本进行字符设置：在"开始"选项卡"字体"组的"字体"下拉列表框中选择"华文隶书"，在"字号"下拉列表框中选择"小初"，在"字体"组中单击"加粗"按钮，最终效果如图 5.74 所示。

坚持政治建警

图 5.74　艺术字效果

更改艺术字：单击要更改的艺术字文本中的任意位置，在"绘图工具/格式"选项卡中单击任一按钮，例如单击"文本"组中的"文字方向"按钮为文本选择新方向以更改艺术字文本的方向。

5．首字下沉

首字下沉是指将段落的第一行第一个字的字体变大并且向下占用一定的位置，段落的其他部分保持原样。

本案例要求正文第一段首字下沉 3 行。

选取正文第一段，单击"插入"选项卡"文本"组中的"首字下沉"按钮，在下拉列表中选择"下沉"选项，如图 5.75 所示。

首字下沉可以设置为下沉 3 行和悬挂 3 行两种效果，如果需要其他效果可以选择"首字下沉选项"，弹出如图 5.76 所示的对话框，在其中进行具体设置。

6．正文格式

（1）第一段：字符格式为宋体、小四，段落格式为首行缩进 2 字符、两端对齐。

选取第一段，在"开始"选项卡"字体"组中的"字体"和"字号"下拉列表框进行字体与字号的选择，单击"开始"选项卡"段落"组中的对话框开启按钮，在弹出的"段落"对话框中设置段落格式。

| 图 5.75　"首字下沉"按钮的下拉列表 | 图 5.76　"首字下沉"对话框 |

（2）第二段：字符格式为宋体、小四，段落格式为两端对齐，以"鲜绿"突出显示文本。

选取第二段，单击"开始"选项卡"字体"组中的"字体"和"字号"下拉列表框，进行字体和字号的选择。单击"开始"选项卡"段落"组中的对话框开启按钮，在弹出的"段落"对话框中设置段落格式。单击"开始"选项卡"段落"组中的"底纹"按钮进行底纹的选择。

（3）设置其他段落的正文格式。

第三段至第六段的格式同第一段，可使用格式刷来复制格式。

1）复制文字格式。

选中要引用格式的文本，单击"开始"选项卡"剪贴板"组中的"格式刷"按钮，此时鼠标指针显示为一把刷子，按住左键刷（即拖选）要应用新格式的文字。

2）复制段落格式。

选中要引用格式的整个段落（可以不包括最后的段落标记），或者将插入点定位到此段落内，也可以仅选中此段落末尾的段落标记，然后单击"开始"选项卡"剪贴板"组中的"格式刷"按钮。

在要应用该段落格式的段落中单击，如果同时要复制段落格式和文本格式，则需要拖选整个段落（可以不包括最后的段落标记）。

提示：单击"格式刷"按钮，使用一次后，按钮将自动弹起，不能继续使用；如要连续多次使用，可双击"格式刷"按钮。如要停止使用，可按 Esc 键或者再次单击"格式刷"按钮。执行其他命令或操作（如"复制"）也可以自动停止使用格式刷。

7. 插入文本框

（1）选中要插入文本框的文本，单击"插入"选项卡"文本"组中的"文本框"按钮，在下拉列表中选择"绘制文本框"选项。

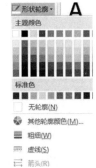

（2）选中文本框，单击"文本框工具/格式"选项卡"形状样式"组中的"形状轮廓"按钮，在弹出的下拉列表（如图 5.77 所示）中选择文本框的颜色、粗细、虚线等选项。本案例中文本框边框为粗虚线。

图 5.77　"形状轮廓"按钮的
　　　　　下拉列表

8. 分栏

在日常文档处理中，经常需要使用"分栏"，翻看各种报纸杂志，"分栏"版面随处可见。在 Word 2016 中可以容易地生成"分栏"版面，还可以在不同节中有不同的栏数和格式。

选择要分栏的文本即正文第二段至文档末尾，然后单击"页面布局"选项卡"页面设置"组中的"分栏"按钮，在弹出的下拉列表（如图 5.78 所示）中选择"两栏"选项。

如可选分栏不满足要求可以选择"更多分栏"选项，弹出如图 5.79 所示的对话框。

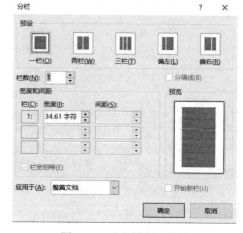

图 5.78 "分栏"按钮的下拉列表   图 5.79 "分栏"对话框

在"宽度和间距"区域中确定栏的"宽度"和"间距"的数值；在"应用于"下拉列表框中选定应用范围；"分隔线"复选项用于决定栏间是否有分割线。设置完毕后，可在"预览"栏中查看设置效果。

9. 插入图片

在使用 Word 编辑文档时，为了使文档图文并茂，可以插入丰富多彩的图片来美化文档。

在文档中要插入图片的位置单击，然后单击"插入"选项卡"插图"组中的"图片"按钮，通过弹出的对话框找到要插入的图片，例如图片文件可能位于"我的文档"中，选择好要插入的图片（如图 5.80 所示）后单击"插入"按钮。

图 5.80 "插入图片"对话框

SmartArt 图形是信息和观点的视觉表示形式，它是 Microsoft Office 2016 的新增功能。可以从多种不同布局中进行选择来创建 SmartArt 图形，从而快速、轻松、有效地传达信息。创建 SmartArt 图形时，系统会提示选择一种类型，如"流程""层次结构""关系"等。类型类似于 SmartArt 图形的类别，并且每种类型包含几种不同布局。

插入 SmartArt 的操作方法如下：

（1）单击"插入"选项卡"插图"组中的 SmartArt 按钮，在弹出的"图示库"对话框中单击所需的类型和布局，执行下列操作之一以便输入文字：单击 SmartArt 图形中的一个形状，然后输入文本；单击"文本"窗格中的"文本"，然后输入或粘贴文字。从其他程序复制文字，单击"文本"，然后粘贴到"文本"窗格中。

（2）更改整个 SmartArt 图形的颜色，可以将来自主题颜色（主题颜色：文件中使用的颜色的集合。主题颜色、主题字体和主题效果三者构成一个主题）的颜色应用于 SmartArt 图形中的形状。双击 SmartArt 图形，如图 5.81 所示在"SmartArt 工具/设计"选项卡的"SmartArt 样式"组中单击"更改颜色"按钮，在下拉列表中选择所需的颜色。

图 5.81　"SmartArt 工具"选项卡

（3）将"SmartArt 样式"应用于 SmartArt 图形。"SmartArt 样式"是各种效果（如线型、棱台、三维）的组合，可应用于 SmartArt 图形中的形状以创建独特且具专业设计效果的外观。双击 SmartArt 图形，然后单击"SmartArt 工具/设计"选项卡"SmartArt 样式"组中所需的 SmartArt 样式。

提示：Word 2016 的"屏幕截图"功能会智能监视活动窗口（打开且没有最小化的窗口），可以很方便地将截取的活动窗口图片插入到正在编辑的文档中。

打开要截取的窗口，然后在 Word 2016 中单击"插入"选项卡"屏幕截图"按钮，在下拉列表的"可用的视窗"区域会以缩略图的形式显示当前所有的活动窗口，如图 5.82 所示，单击窗口缩略图，Word 2016 自动截取窗口图片并插入到文档中。

图 5.82　可截取的活动窗口缩略图

10. 文档预览和打印

在正式打印文件前，Word 2016 提供了预览文件打印效果的功能，这样可避免因打印出的效果不理想而浪费时间和纸张。当预览文件打印效果满意后可进行正式打印。

单击快速访问工具栏中的"打印预览和打印"按钮（如图 5.83 所示），或者单击"文件"选项卡中的"打印"按钮，默认打印机的属性自动显示在第一部分中，文档的预览自动显示在第二部分中。若要在打印前返回到文档并进行更改，则单击"文件"选项卡。如果打印机的属性和文档效果均符合要求，则单击"打印"按钮开始打印。

图 5.83 打印

习题 5

1. Word 是 Microsoft 公司提供的一个（　　）。
   A．操作系统　　　　　　　　　　　B．表格处理软件
   C．文字处理软件　　　　　　　　　D．数据库管理系统
2. 下列关于 Word 文件底部列出的文件名的说法中正确的是（　　）。
   A．该文件正在使用　　　　　　　　B．该文件正在打印
   C．扩展名为 DOC 的文件　　　　　　D．最近处理过的文件
3. Word 文档的扩展名是（　　）。
   A．.txtx　　　　　B．.wps　　　　　C．.docx　　　　　　D．.wod
4. 以下关于"Word 文本行"的说法中正确的是（　　）。
   A．输入文本内容到达屏幕右边界时只有按 Enter 键才能换行
   B．文本行的宽度与页面设置有关
   C．文本行的宽度就是显示器的宽度
   D．文本行的宽度用户无法控制
5. 以下关于 Word 的查找操作说法错误的是（　　）。
   A．可以从插入点当前位置开始向上查找
   B．无论什么情况下，查找操作都在整个文档范围内进行
   C．可以查找带格式的文本内容
   D．可以查找一些特殊的格式符号，如分页线等
6. 输入文档时输入的内容出现在（　　）。
   A．文档的末尾　　　　　　　　　　B．鼠标指针处

C．光标"I"处　　　　　　　　　　　D．插入点处

7．要将插入点快速移动到文档开始位置应按（　　）键。

A．Ctrl+Home　　　　　　　　　　B．Ctrl+PageUp

C．Ctrl+T　　　　　　　　　　　　D．Home

8．在 Word 文档的编辑过程中，中英文输入法切换用（　　）组合键。

A．Alt+空格键　　　　　　　　　　B．Ctrl+空格键

C．Shift+空格键　　　　　　　　　D．Alt+Ctrl+空格键

9．在 Word 中，光标和鼠标的位置是（　　）。

A．光标和鼠标的位置始终保持一致

B．光标是不动的，鼠标是可以动的

C．光标代表当前文字输入的位置，而鼠标则可以用来确定光标的位置

D．没有光标和鼠标之分

10．如果要在文字中插入符号&，可以（　　）实现。

A．用"插入"选项卡中的"对象"按钮

B．用"插入"选项卡中的"图片"按钮

C．用"拷贝"和"粘贴"的办法从其他的图形中复制一个

D．用"插入"选项卡中的"符号"按钮或在光标处右击并选择"符号"选项

11．如果在 Word 的文字中插入图片，那么图片只能在文字的（　　）。

A．左边　　　　　B．中间　　　　　C．下面　　　　　D．前 3 种都可以

12．在输入标题的时候要让标题居中显示，可以用以下操作中的（　　）来实现。

A．用空格键来调整

B．用 Tab 键来调整

C．单击"工具栏"中的"居中"按钮来自动定位

D．用鼠标定位来调整

13．要把相邻的两个段落合并为一段，应执行的操作是　（　　）。

A．将插入点定位于前段末尾并单击"撤销"按钮

B．将插入点定位于前段末尾并按退格键

C．将插入点定位于前段末尾并按 Delete 键

D．删除两个段落之间的段落标记

14．要选定一个段落，以下操作中错误的是（　　）。

A．将插入点定位于该段落的任何位置，然后按 Ctrl+A 组合键

B．将鼠标指针拖过整个段落

C．将鼠标指针移到该段落左侧的选定区并三击

D．将鼠标指针在选定区纵向拖动，经过该段落的所有行

15．关于编辑页脚，下列叙述中不正确的是（　　）。

A．文档内容和页眉页脚可在同一窗口编辑

B．文档内容和页眉页脚一起打印

C．编辑页眉页脚时不能编辑文档内容

D．页眉页脚中也可以进行格式设置和插入剪贴画

拓展练习

将下面的素材按以下要求排版：

（1）将正文字体设置为"隶书"，字号设置为"小四"。

（2）将正文内容分成"偏左"的两栏；设置首字下沉，将首字字体设置为"华文行楷"，下沉行数为3。

（3）插入一幅剪贴画，将环绕方式设置为"紧密型"。

【素材】

激清音以感余，愿接膝以交言。欲自往以结誓，惧冒礼之为愆；待凤鸟以致辞，恐他人之我先。意惶惑而靡宁，魂须臾而九迁；愿在衣而为领，承华首之余芳；悲罗襟之宵离，怨秋夜之未央！愿在裳而为带，束窈窕之纤身；嗟温凉之异气，或脱故而服新！愿在发而为泽，刷玄鬓于颓肩；悲佳人之屡沐，从白水而枯煎！愿在眉而为黛，随瞻视以闲扬；悲脂粉之尚鲜，或取毁于华妆！愿在莞而为席，安弱体于三秋；悲文茵之代御，方经年而见求！愿在丝而为履，附素足以周旋；悲行止之有节，空委弃于床前！愿在昼而为影，常依形而西东；悲高树之多荫，慨有时而不同！愿在夜而为烛，照玉容于两楹；悲扶桑之舒光，奄灭景而藏明！愿在竹而为扇，含凄飙于柔握；悲白露之晨零，顾襟袖以缅邈！愿在木而为桐，作膝上之鸣琴；悲乐极以哀来，终推我而辍音！

第6章　数据处理技术在公安工作中的应用

Excel 2016 是微软公司推出的 Microsoft Office 2016 组件中的表格部分，具有强大的运算与分析能力，可处理各种数据，进行统计分析和辅助决策，并且具有强大的图表制作功能。

本章通过多个公安实用案例详细介绍了 Excel 2016 的主要功能及使用方法，内容涉及 Excel 基本操作、Excel 格式化、Excel 统计函数、Excel 数据处理、Excel 图表和数据清洗等。

- Excel 2016 的基本操作。
- Excel 2016 的公式和函数。
- Excel 2016 的排序、筛选、数据透视表。
- Excel 2016 的图表。
- Excel 2016 数据清洗。

6.1　Excel 概述

数据是用户保存的重要信息，在 Excel 中可以输入的数据类型有很多，如文本、日期、数值等，用户可为不同的数据设置不同的格式，还可以使用自动填充、查找替换、移动、复制等方法提高输入与编辑数据的效率。

6.1.1　Excel 2016 的基本概念

1. 工作簿

工作簿是指 Excel 环境中用来存储并处理工作数据的文件，其扩展名是.xlsx。可以说 Excel 文档就是工作簿，它是 Excel 工作区中一个或多个工作表的集合，一个工作簿文件中最多可以有 255 张工作表。

2. 工作表

工作表是显示在工作簿窗口中的表格，Excel 2016 工作表可以由 1048576（2^{20}）行和 16384（2^{14}）列构成，行的编号从 1 到 1048576，列的编号依次用字母 A、B、...、XFD 表示，行号显示在工作簿窗口的左边，列号显示在工作簿窗口的上边。每张工作表都有一个名称，可以根据需要增加或删除工作表。

3. 单元格

单元格是 Excel 表格中行与列的交叉部分，它是组成表格的**最小单位**，可拆分或合并。单个数据的输入和修改都是在单元格中进行的。

在本节中，将通过创建如图 6.1 所示的犯罪嫌疑人信息登记表来熟悉 Excel 2016 的工作环境，认识工作簿、工作表、单元格，了解数据的输入和编辑操作。

户号	姓名	性别	联系方式	身份证号码	出生年月	籍贯	民族	地址
				犯罪嫌疑人信息登记表				
002300001	王芳	女	139****5359	360*********049	2003/5/14	江西南昌	汉	江西省南昌市红谷滩区九江街xxx号
002300002	刘军德	男	159****3735	360*********031	2003/2/15	江西南昌	汉	江西南昌西湖区桃花中路xxx号
002300003	王红梅	女	137****0877	360*********522	2003/4/16	江西丰城	回	江西丰城高新园区丰源大道xxx号
002300004	游海涛	男	189****1473	410*********554	2003/3/17	河南安阳	汉	河南安阳市中华路xxx号
002300005	纪风雨	男	139****1578	440*********592	2003/5/18	广东深圳	满	广东省深圳市福田区新洲路xxx号
002300006	吴丹	女	139****1926	441*********524	2004/5/19	广东东莞	汉	广东省东莞市东莞大道xxx号
002300007	彭玉环	女	137****4501	441*********54x	2004/7/20	广东东莞	汉	广东省东莞市八一路xxx号
002300008	刘兴	男	138****1756	360*********152	2004/6/21	江西赣州	汉	江西赣州市章贡区客家大道xxx号
002300009	彭光华	男	137****3567	360*********022	2002/5/22	江西新余	汉	江西新余市渝水区渝州大道xxx号
002300010	严江	男	139****3881	360*********036	2002/5/23	江西景德镇	汉	江西景德镇市瓷都大道xxx号
002300011	李政家	男	137****6335	360*********11x	2003/3/24	江西樟树	汉	江西樟树市药都南大道xxx号
002300012	吴丹	女	131****4581	360*********324	2003/5/25	江西萍乡	回	江西萍乡市玉湖东路xxx号
002300013	朱克	男	133****6201	220*********370	2003/8/26	吉林通化	汉	吉林省通化市东昌区东昌街道xxx号
002300014	刘彦均	男	138****1756	360*********124	2003/9/27	江西上饶	汉	江西上饶市信州区水南街xxx号
002300015	赵怀生	男	159****6617	370*********916	2003/5/28	山东济南市	汉	山东省济南市旅游路xxx号
002300016	王妍	女	150****5198	460*********042	2003/5/29	海南海口	汉	海南海口秀英西海岸长滨东四街xxx号
002300017	王桂侠	男	139****0668	510*********010	2003/5/20	四川成都	汉	四川成都市锦江区锦丰一路xxx号
002300018	王霸	男	150****5191	360*********031	2003/7/15	江西九江	汉	江西九江市龙华区国贸北路xxx号
002300019	风九	女	139****0632	360*********023	2002/12/11	江西吉安	汉	江西吉安吉州区泊江路xxx号
002300020	陈实	男	150****5198	360*********031	2002/12/30	江西宜春	汉	江西宜春袁州区宜阳大道xxx号

图 6.1　犯罪嫌疑人信息登记表

6.1.2　Excel 2016 的工作环境

Excel 的工作界面以选项卡和功能组代替了早期版本的菜单栏和工具栏。如图 6.2 所示，包含有文件、开始、插入、页面布局、公式、数据、审阅、视图、帮助 9 个常规选项卡和一个"告诉我"搜索栏，各选项卡下的功能组中提供了各种不同的命令，只要切换到所需选项卡即可看到其中包含的内容，方便用户切换和选用。

图 6.2　Excel 2016 的工作界面图

除了常规选项卡之外，Excel 2016 还包含了许多附加选项卡（称之为上下文选项卡），它们只在特定的操作时才会显示出来，在学习和使用过程中，要注意选项卡中的变化。

6.1.3 Excel 2016 的启动与退出

1. Excel 2016 启动的常用方法

（1）单击"开始"按钮，在"所有程序"列表中找到 Excel，单击图标启动软件。启动 Excel 后进入开始界面，单击"空白工作簿"即可进入 Excel 工作界面，如图 6.2 所示，其窗口主要由标题栏、功能组、编辑栏、工作表编辑区、状态栏等组成。

（2）在桌面空白处右击并选择"新建"→"Microsoft Excel 工作表"选项，桌面出现 Excel 文档快捷图标，双击该图标即可打开一个扩展名为.xlsx 的 Excel 文档。

（3）在桌面上双击 Excel 快捷图标。

2. Excel 2016 退出的常用方法

（1）单击工作簿 1 窗口右上角的"关闭"按钮 ×。

（2）选择窗口左上角"文件"选项卡中的"关闭"命令。

（3）按 Alt+F4 组合键。

（4）右击标题栏并选择"关闭"选项，如图 6.3 所示。

6.1.4 工作簿的基本操作

图 6.3 标题栏右键快捷菜单

工作簿是指在 Excel 中用来存储并处理工作数据的文件，可以通过打开一个 Excel 文件来新建一个工作簿，其扩展名是.xlsx。

1. 创建工作簿

创建工作簿的方法有以下 3 种：

（1）启动 Excel 2016 后，系统会自动创建"工作簿 1"，如果用户需要创建一个新的工作簿，可在 Excel 2016 的工作界面中选择"文件"选项卡中的"新建"选项，再单击"空白工作簿"，建立一个新的工作簿，如图 6.4 所示。

图 6.4 新建工作簿

（2）在 Excel 2016 的工作界面中按 Ctrl+N 组合键可快速创建一个新的空白工作簿。

（3）打开磁盘需要保存文件的位置，在窗口空白处右击并选择"新建"→"Microsoft Excel 工作表"选项（如图 6.5 所示）可完成空白工作簿文件的创建。

图 6.5　通过右键创建空白工作簿

2. 保存工作簿

在 Excel 2016 工作界面中选择"文件"→"另存为"命令，弹出"另存为"对话框，选择保存的位置，输入文件名，单击"保存"按钮。

3. 关闭 Excel 2016 工作簿

用户在对 Excel 2016 工作簿进行编辑和保存之后，可以单击标题栏右侧的"关闭"按钮关闭工作簿。

6.1.5　工作表的基本操作

新建的工作簿中会默认有一张空白工作表 Sheet1。每张工作表由行和列构成，行号在工作表中自上而下排序，列号左到右用字母 A、B、C 等编号，如图 6.6 所示。

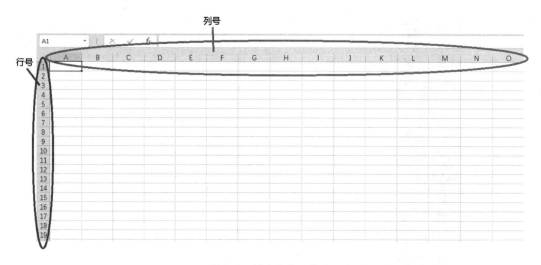

图 6.6　新建空白工作表

1．添加工作表

当需要插入新的工作表时，单击工作表标签 Sheet1 右侧的"添加"按钮即可在工作表 Sheet1 后插入一张新的工作表，默认名称为 Sheet2。

也可以在工作表标签 Sheet1 或 Sheet n 上右击并选择"插入"选项，在弹出的"插入"对话框中选择"工作表"，单击"确定"按钮后即可在当前工作表之前插入一张新工作表。

2．移动或删除工作表

在打开的工作簿中，不仅可以插入工作表，也可以调整工作表在工作簿中的排列位置，或者删除不需要的工作表。

（1）移动工作表。在工作簿 1 中，单击工作表 Sheet1 标签并向右拖动，拖动到工作表 Sheet3 的右侧后释放鼠标，工作表 Sheet1 就被移动到了工作表 Sheet3 后面。

（2）删除工作表。在工作簿 1 中删除不需要的工作表的方法有以下两种：

1）选中要删除的工作表 Sheet3，右击 Sheet3 工作表标签，在弹出的快捷菜单中选择"删除"命令，删除的工作表不可恢复，如图 6.7 所示。

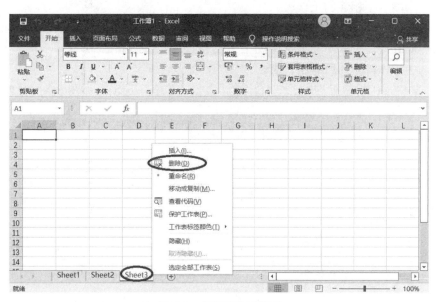

图 6.7　右键删除工作表

2）选中要删除的工作表 Sheet2，在"开始"选项卡的"单元格"组中单击"删除"按钮，在下拉列表中选择"删除工作表"选项，如图 6.8 所示。

3．选中多个工作表

选中多个工作表分为以下 3 种情况：

（1）选中多个**相邻**的工作表。

1）选中多个相邻的工作表，如 Sheet1～Sheet3，单击第一个工作表 Sheet1 标签。

2）按住 Shift 键并单击最后一个工作表 Sheet3 标签，选中的工作表 Sheet1、Sheet2、Sheet3 标签名的背景色会由灰色变为白色。

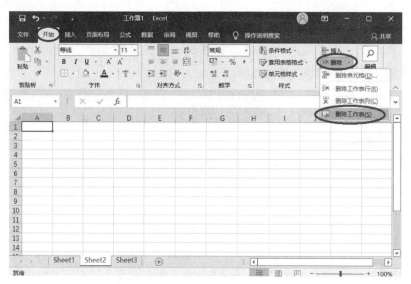

图 6.8　通过"开始"选项卡删除工作表

（2）选中多个**不相邻**的工作表。

1）选中多个不相邻的工作表，如 Sheet1、Sheet3、Sheet n。单击第一个工作表 Sheet1 标签。

2）按住 Ctrl 键，分别单击要选中的工作表 Sheet3、Sheet n 标签。

（3）选中工作簿中的**所有**工作表。

在工作表 Sheet1 标签上右击并选择"选定全部工作表"选项，如图 6.9 所示。

图 6.9　选定全部工作表

4．重命名工作表

重命名工作表的方法有以下两种：

（1）双击工作表 Sheet1 标签，输入"犯罪嫌疑人信息登记表"，按 Enter 键确认，如图 6.10 所示。

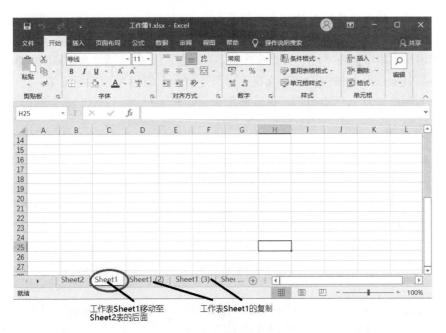

户号	姓名	性别	联系方式	身份证号码	出生年月	籍贯	民族	地址
002300001	王芳	女	139****5359	360**********049	2003/5/14	江西南昌	汉	江西省南昌市红谷滩区九江街xxx号
002300002	刘军德	男	159****3735	360**********031	2003/2/15	江西南昌	汉	江西南昌西湖区桃花中路xxx号
002300003	王红梅	女	137****0877	360**********522	2003/4/16	江西丰城	汉	江西丰城高新园区丰源大道xxx号
002300004	遊海涛	男	189****1473	410**********554	2003/3/17	河南安阳	汉	河南安阳市中华路xxx号
002300005	纪风雨	男	139****1578	440**********592	2003/5/18	广东深圳	满	广东省深圳市福田区新洲路xxx号
002300006	吴丹	女	139****1926	441**********549	2003/5/19	广东东莞	汉	广东省东莞市东莞大道xxx号
002300007	彭玉环	女	137****4501	441**********54x	2004/7/20	广东东莞	汉	广东省东莞市八一路xxx号
002300008	刘兴	男	138****1756	360**********152	2004/6/21	江西赣州	汉	江西赣州市章贡区客家大道xxx号
002300009	彭光华	男	159****3567	360**********032	2002/5/22	江西新余	汉	江西新余市渝水区渝州大道xxx号
002300010	严江	男	139****3881	360**********036	2003/5/23	江西景德镇	汉	江西景德镇市瓷都大道xxx号
002300011	李政家	男	137****6335	360**********11x	2003/3/24	江西樟树	汉	江西樟树市药都南大道xxx号
002300012	吴丹	女	131****4581	360**********324	2003/5/25	江西萍乡	回	江西萍乡市玉湖东路xxx号
002300013	朱克	男	133****6201	220**********370	2003/8/26	吉林通化	汉	吉林省通化市东昌区东昌街道xxx号
002300014	刘彦均	女	138****1756	360**********124	2003/9/27	江西上饶	汉	江西上饶市信州区水南街xxx号
002300015	赵怀生	男	159****6617	370**********916	2003/5/28	山东济南	汉	山东省济南市旅游路xxx号
002300016	王妍	女	150****5198	460**********042	2003/5/29	海南海口	汉	海南海口秀英西海岸长滨东四街xxx号
002300017	王桂侠	男	139****0668	510**********010	2003/5/20	四川成都	汉	四川成都市锦江区锦丰一路xxx号
002300018	王霸	男	150****5191	360**********031	2003/7/15	江西九江	汉	江西九江市龙华区国贸北路xxx号
002300019	风九	女	139****0632	360**********023	2002/12/11	江西吉安	汉	江西吉安吉州区沿江路xxx号
002300020	陈实	男	150****5198	360**********031	2002/12/30	江西宜春	汉	江西宜春袁州区宜阳大道xxx号

图 6.10　重命名工作表为"犯罪嫌疑人信息登记表"

（2）在需要重命名的工作表标签上右击并选择"重命名"选项，输入新名称后按 Enter 键确认。

5．移动或复制工作表

（1）在新建的工作簿 1 中选中工作表 Sheet1，用鼠标拖动到某个工作表之前或之后，可实现工作表 Sheet1 的移动；如果在拖动的同时按住 Ctrl 键，可实现工作表 Sheet1 的复制，如工作表 Sheet1(2)、工作表 Sheet1(3)等，如图 6.11 所示。

图 6.11　工作表移动或复制

（2）单击"开始"选项卡"单元格"组中的"格式"按钮，在下拉列表中选择"移动工作表"或"复制工作表"选项。

（3）在工作表 Sheet1 标签上右击并选择"移动"或"复制"选项。

6．移动、复制与清除数据

（1）移动数据。选中要移动数据的单元格或单元格区域，右击并选择"剪切"选项，然后选中目标单元格或者目标区域的第一个单元格，右击并选择"粘贴选项"→"粘贴"选项；或者选定要移动数据的单元格或单元格区域，再单击"开始"选项卡"剪贴板"组中的"剪切"按钮，然后选中目标单元格或者目标区域的第一个单元格，再单击"剪贴板"组中的"粘贴"按钮。

（2）复制数据。选中要复制数据的单元格或单元格区域，再单击"开始"选项卡"剪贴板"组中的"复制"按钮，然后选中目标单元格或者目标区域的第一个单元格，再单击"剪贴板"组中的"粘贴"按钮。复制数据同样也可以通过右键快捷菜单完成。

（3）清除数据。选中要清除数据的单元格或单元格区域，直接按退格键或者选中单元格区域后按 Delete 键；或者单击"开始"选项卡"编辑"组中的"清除"按钮，再在下拉列表中选择要清除的项目。

7．选择性粘贴

单元格中除了有数值外，还可能包含公式、格式、批注等，当只需要复制数据中的部分内容或格式时，可以使用选择性粘贴操作，方法为：选择需要复制的单元格，在选区中右击并选择"复制"选项，选中目标单元格，右击并选择"选择性粘贴"选项，弹出"选择性粘贴"对话框，选择所需粘贴的选项，单击"确定"按钮退出对话框。

8．冻结窗格

当工作表 Sheet1 中数据量较大时，一旦向下或向右滚屏，则上面的标题行或左侧的标题列就会跟着滚动，在处理数据时往往难以分清各行各列数据对应的标题。要解决这一问题，可以使用"冻结窗格"功能。操作方法为：单击标题下一行（或列）中的任意单元格，在"视图"选项卡的"窗口"组中单击"冻结窗格"按钮，在下拉列表中选择"冻结窗格"选项，即可实现滚动工作表其余部分时保持所选单元格上方标题行和左侧标题列始终可见。

如果要取消冻结，则可单击"冻结窗格"按钮，在下拉列表中选择"取消冻结窗格"。

6.1.6　数据输入与填充

1．数据输入

数据的输入方法有以下 3 种：

（1）选中需要输入数据的单元格使其变为**活动单元格**，输入数据并按 Enter 键或 Tab 键。

（2）双击单元格，此时光标在单元格内闪烁，输入数据。

（3）单击单元格，在**编辑栏**中输入数据内容。

文本型数据包含字母、汉字、数字字符、其他字符等。默认状态下，输入的文本型数据在单元格中左对齐。

数值型数据包含 0~9 十个阿拉伯数字、小数点、正负号、圆括号、货币符号、百分号和其他符号。所有单元格都采用默认的通用数字格式。输入确认后数值型数据按默认格式自动向右对齐。

2．自动填充数据

通过自动填充数据方式可提高数据输入效率。当遇到连续出现一些相同的数据内容或者是出现一些有明显变化规律的数据时便可以利用"自动填充"功能快速填写剩余记录，方法是当鼠标指针放在单元格右下角并变成**黑色的十字箭头**时，将**填充柄**向垂直（或水平）方向拖曳。当数据以 0 开头时，加英文状态单引号，例如'002300001，如图 6.12 所示。如果单元格内容为小于等于 11 位的数据，则可以选择"填充序列"或"复制单元格"选项，根据需要在对话框中进行设置。

图 6.12　工作表数据自动填充

6.1.7　数据编辑

以制作一份完整的犯罪嫌疑人信息登记表为例，操作步骤如下：

（1）打开工作簿 1，在当前工作表 Sheet1 中选中 A1 单元格，输入标题"犯罪嫌疑人信息登记表"。

（2）在 A2 单元格中输入标题字段"户号"，并按 Tab 键，将 B2 单元格作为当前活动单元格输入"姓名"，使用同样的方法依次输入表格标题行的字段内容"性别""联系方式""身份证号码""出生年月""籍贯""民族"和"地址"等。

（3）将 A3 单元格作为当前活动单元格，因"户号"不需要参与数学运算，故将其设置为文本类型，操作步骤如下：

1）单击"开始"选项卡"数字"组中的"数字格式"下拉列表框并选中"文本"类型。

2）输入 002300001 并按 Enter 键后，文本型数据在单元格中默认为左对齐。

文本类型数据也可以直接输入，但应注意输入的文本若是由纯数字字符组成，如学号、编号、电话号码等，应先输入一个前导符"'"（半角的单引号），再依次输入各个数字字符如'002300001，否则输入的数字字符按数值型数据处理。

（4）将鼠标指针指向 A3 单元格的"填充柄"（位于单元格右下角的小方块），此时鼠标指针变为黑十字。按住鼠标左键向下拖动填充柄，拖至 A22 单元格时释放鼠标，此时 A3:A22 单元格区域中依次显示'002300001～'002300020 的户号。

（5）选择 B3 单元格，在其中输入姓名"王芳"，按 Enter 键，在 B4 单元格中输入姓名"刘军德"，按 Enter 键。用同样的方法依次输入其他姓名。

（6）选择 C3 单元格，在其中输入"男"，将鼠标指针指向 C3 单元格的右下角，当鼠标指针变为黑十字时自动填充完成，默认复制单元格，将"性别"列的内容全部填充为"男"。单击需要修改性别的第一个单元格，按住 Ctrl 键，选中多个需要修改为"女"的单元格，在选中的最后一个单元格中输入"女"，按 Ctrl+Enter 组合键确认，则所有选中单元格均输入"女"，将选中的单元格内容全部修改为"女"。

（7）若单元格输入的数字位数超过 11 位（不含 11 位）时，系统将以**"科学记数"**格式显示输入的数字；当输入的数字位数超过 15 位（不含 15 位）时，系统将 **15 位以后**的数字全部显示为**"0"**。输入 18 位身份证号码，身份证号码就不能正确显示出来了，解决方法有以下两种：

1）利用数字标签。选中 E3 单元格，调出"设置单元格格式"对话框，在"数字"选项卡的"分类"列表框中选择"文本"选项，单击"确定"按钮再输入身份证号码即可正确显示。

2）在号码前加上一个英文状态下的单引号。在输入身份证号码时，其前面加上一个英文状态下的单引号"'"，即可让身份证号码完全显示出来（该单引号在确认后是不会显示出来的）。

（8）选中 F3 单元格，在其中输入出生日期"2003/5/14"，按 Enter 键。在 F4 单元格中输入出生日期"2003/2/15"，按 Enter 键。用同样的方法依次输入其他嫌疑人的出生日期。

（9）依次输入籍贯、联系方式、地址和电子邮箱等信息，完成表格数据的输入，将文档保存为"犯罪嫌疑人信息登记表.xlsx"，如图 6.13 所示。

	A	B	C	D	E	F	G	H	I
1	犯罪嫌疑人信息登记表								
2	户号	姓名	性别	联系方式	身份证号码	出生年月	籍贯	民族	地址
3	002300001	王芳	女	139****5359	360**********049	2003/5/14	江西南昌	汉	江西省南昌市红谷滩区九江街xxx号
4	002300002	刘军德	男	159****3735	360**********031	2003/2/15	江西南昌	汉	江西南昌西湖区桃花中路xxx号
5	002300003	王红梅	女	137****0877	360**********522	2003/4/16	江西丰城	回	江西丰城高新园区丰源大道xxx号
6	002300004	遊海涛	男	189****1473	410**********554	2003/3/17	河南安阳	汉	河南安阳市中华路xxx号
7	002300005	纪风雨	男	139****1578	440**********592	2003/5/18	广东深圳	满	广东省深圳市福田区新洲路xxx号
8	002300006	吴丹	女	139****1926	441**********524	2003/5/19	广东东莞	汉	广东省东莞市东莞大道xxx号
9	002300007	彭玉环	女	137****4501	441**********54x	2004/7/20	广东东莞	汉	广东省东莞市八一路xxx号
10	002300008	刘兴	男	138****1756	360**********152	2004/6/21	江西赣州	汉	江西赣州市章贡区客家大道xxx号
11	002300009	彭光华	男	137****3567	360**********032	2002/5/22	江西新余	汉	江西新余市渝水区渝州大道xxx号
12	002300010	严江	男	139****3881	360**********036	2003/5/23	江西景德镇	汉	江西景德镇市瓷都大道xxx号
13	002300011	李政家	男	137****6335	360**********11x	2003/3/24	江西樟树	汉	江西樟树市药都南大道xxx号
14	002300012	吴丹	女	131****4581	360**********324	2003/5/25	江西萍乡	回	江西萍乡市玉湖东路xxx号
15	002300013	朱克	男	133****6201	220**********370	2003/8/26	吉林通化	汉	吉林通化市东昌区东昌街道xxx号
16	002300014	刘彦均	女	138****1756	360**********124	2003/9/27	江西上饶	汉	江西上饶市信州区水南街xxx号
17	002300015	赵怀生	男	159****6617	370**********916	2003/5/28	山东济南市	汉	山东省济南市旅游路xxx号
18	002300016	王妍	女	150****5198	460**********042	2003/5/29	海南海口	汉	海南海口秀英西海岸长滨东四街xxx号
19	002300017	王桂侠	男	139****0668	510**********010	2003/5/20	四川成都	汉	四川成都市锦江区锦丰一路xxx号
20	002300018	王霸	男	150****5191	360**********031	2003/7/15	江西九江	汉	江西九江市龙华区国贸北路xxx号
21	002300019	风九	女	139****0632	360**********023	2002/12/11	江西吉安	汉	江西吉安吉州区沿江路xxx号
22	002300020	陈实	男	150****5198	360**********031	2002/12/30	江西宜春	汉	江西宜春袁州区宜阳大道xxx号

图 6.13　犯罪嫌疑人信息登记表

6.1.8　数据格式设置

对数据格式进行设置，可以使工作表呈现清晰的格式、整齐的内容、美观的样式。

1. 单元格内容格式化

（1）对齐方式设置。一般输入数据时，输入的是文本，则自动左对齐；输入的是数字时自动右对齐；可根据需要设置其他方式的对齐形式。

选择需要设置的单元格区域，单击"开始"选项卡"单元格"组中的"格式"按钮，在下拉列表中选择"设置单元格格式"选项，如图 6.14 所示，弹出"设置单元格格式"对话框。单击"对齐"选项卡，在"文本对齐方式"区域中选择需要的水平对齐和垂直对齐方式。

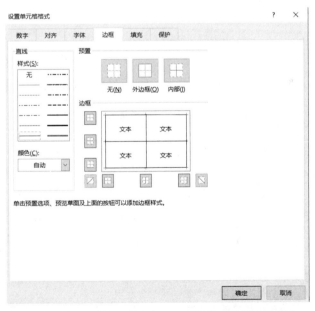

	A	B	C	D	E	F	G	H
1	犯罪嫌疑人信息登记表							
2	户号	姓名	性别	联系方式	身份证号码	出生年月	籍贯	民族	地址
3	002300001	王芳	女	139****5359	360***********049	2003/5/14	江西南昌	汉	江西省南昌市红谷滩区九江街xxx号
4	002300002	刘军德	男	159****3735	360***********031	2003/2/15	江西南昌	汉	江西南昌西湖区桃花中路xxx号
5	002300003	王红梅	女	137****0877	360***********522	2003/4/16	江西丰城	回	江西丰城高新园区丰源大道xxx号
6	002300004	遊海涛	男	189****1473	410***********554	2003/3/17	河南安阳	汉	河南安阳市中华路xxx号
7	002300005	纪凤雨	男	139****1578	440***********592	2003/5/18	广东深圳	满	广东省深圳市福田区新洲路xxx号
8	002300006	吴丹	女	139****1926	441***********524	2004/5/19	广东东莞	汉	广东省东莞市东莞大道xxx号
9	002300007	彭玉环	女	137****4501	441***********54x	2004/7/20	广东东莞	汉	广东省东莞市八一路xxx号
10	002300008	刘兴	男	138****1756	360***********152	2004/6/21	江西赣州	汉	江西赣州市章贡区客家大道xxx号
11	002300009	彭光华	男	137****3567	360***********032	2002/5/22	江西新余	汉	江西新余市渝水区渝州大道xxx号
12	002300010	严江	男	139****3881	360***********036	2003/5/23	江西景德镇	汉	江西景德镇市瓷都大道xxx号
13	002300011	李政家	男	137****6335	360***********11x	2003/3/24	江西樟树	汉	江西樟树市药都南大道xxx号
14	002300012	吴丹	女	131****4581	360***********324	2003/5/25	江西萍乡	回	江西萍乡市玉湖东路xxx号
15	002300013	朱克	男	133****6201	220***********370	2003/8/26	吉林通化	汉	吉林省通化市东昌区东昌街道xxx号
16	002300014	刘彦均	女	138****1756	360***********124	2003/9/27	江西上饶	汉	江西上饶市信州区水南街xxx号
17	002300015	赵怀生	男	159****6617	370***********916	2003/5/28	山东济南	汉	山东省济南市旅游路xxx号
18	002300016	王妍	女	150****5198	460***********042	2003/5/29	海南海口	汉	海南海口秀英西海岸长滨东四街xxx号
19	002300017	王桂侠	男	139****0668	510***********010	2003/5/20	四川成都	汉	四川成都市锦江区锦丰一路xxx号
20	002300018	王霸	男	150****1911	360***********031	2003/7/11	江西九江	汉	江西九江市浔龙区国贸北路xxx号
21	002300019	风九	女	150****0632	360***********023	2002/12/11	江西吉安	汉	江西吉安吉州区沿江路xxx号
22	002300020	陈实	男	150****5198	360***********031	2002/12/30	江西宜春	汉	江西宜春袁州区宜阳大道xxx号

图 6.14　单元格内容格式化

（2）边框设置。在"设置单元格格式"对话框中选择"边框"选项卡，如图 6.15 所示设置边框线或表格中的框线。窗口中显示的表格线是 Excel 本身提供的网格线，在打印时并不显示。

图 6.15　"设置单元格格式"对话框的"边框"选项卡

2．单元格、行和列设置

单击"开始"选项卡"单元格"组中的"格式"按钮，弹出下拉列表，其中"单元格大小"

组可以调整行高、列宽等，"可见性"组可以控制显示还是隐藏，"组织工作表"组和"保护"组可对工作表进行操作，如图6.16所示。

图6.16　单元格、行和列设置

3. 选择、插入、删除行或列

（1）选择行或列。单击行号或列号即可选中单行或单列；在行号或列号上单击，按住Ctrl键，再单击其他行号或列号，可以选中多个不相邻的行或列。

（2）插入行或列。在行号或列号上右击并选择"插入"选项可在选中的行或列前插入一行或一列。

（3）删除行或列。选中要删除的行或列，右击并选择"删除"选项可以删除选中的行或列。

以"犯罪嫌疑人信息登记表"为例，调整单元格、行、列的基本方法如表6.1所示。

表6.1　调整单元格、行、列的基本方法

单元格行列操作	基本方法
调整行高	在"开始"选项卡的"单元格"组中单击"格式"按钮，在下拉列表中选择"行高"选项，在弹出的对话框输入数值，或者用鼠标拖动行号的下边线
调整列宽	在"开始"选项卡的"单元格"组中单击"格式"按钮，在下拉列表中选择"列宽"选项，在弹出的对话框输入数值，或者用鼠标拖动列表的右边线
插入行	单击需要插入的行号位置，在"开始"选项卡的"单元格"组中单击"插入"按钮，在下拉列表中选择"插入工作表行"选项，或者右击行号并选择"插入"选项，将在当前行上方插入一个空行
插入列	单击需要插入的列号，在"开始"选项卡"单元格"组中单击"插入"按钮，在下拉列表中选择"插入工作表列"选项，或者右击列号并选择"插入"选项，将在当前列左方插入一个空列
插入单元格	在"开始"选项卡"单元格"组中单击"插入"按钮，在下拉列表中选择"插入单元格"选项，在弹出的"插入"对话框中选择对应的选项

续表

单元格行列操作	基本方法
删除单元格	选中要删除的单元格，在"开始"选项卡的"单元格"组中单击"删除"按钮，在下拉列表中选择"删除单元格"选项，在弹出的"删除文档"对话框中选择相应删除项
删除行或列	选择要删除的行或列，在"开始"选项卡的"单元格"组中单击"删除"按钮
隐藏行/列	在"开始"选项卡的"单元格"组中单击"格式"按钮，在下拉列表中选择"隐藏或取消隐藏"→"隐藏行/列"选项，或者用鼠标拖动列表的上下边线或左右边线使其重合
移动单元格或行列	选择要移动的单元格、行或列，将鼠标指针指向所选单元格、行或列的边线，当光标变为 ✥ 时，拖动单元格、行或列

6.2　Excel 格式化

一个好的工作表不但要有丰富详尽的内容，还要有一个简洁、美观的样式。工作表是数据的存放处，通过对工作表进行格式设置，即可使工作表的结果简洁、样式美观，还可以通过添加边框、底纹等方式突出重点内容，增强工作表的可读性。

6.2.1　格式化单元格

Excel 2016 中大部分常用的格式设置命令都集中在"开始"选项卡的相应组中，通过单击其中的命令按钮可以方便地进行各种常用的格式设置，如字符格式、段落格式、边框、底纹、行高、列宽等的设置。另外还可以使用"设置单元格格式"对话框来完成相关格式的设置。

下面介绍单元格与单元格区域的选择。

● 　选中单个单元格：在工作表 Sheet1 中单击某个单元格。

● 　选中多个相邻的单元格：按住鼠标左键不放，从选中的第一个单元格拖动至要选中的最后一个单元格。

● 　选中多个不相邻的单元格区域：选中一个相邻的单元格区域后，按住 Ctrl 键再选择另一个相邻的单元格区域。

● 　选中所有单元格：在工作表 Sheet1 中按 Ctrl+A 组合键。

1. 设置数据格式

设置"21 网安第一学期成绩表"的数据格式：成绩>=85 分的显示为蓝色，不及格的显示为红色，其他的显示为黑色，操作步骤如下：

（1）选中 D3:K37 区域。

（2）单击"开始"选项卡"单元格"组中的"格式"按钮，在下拉列表中选择"设置单元格格式"选项，弹出"设置单元格格式"对话框，切换到"数字"选项卡，在"分类"列表框中选择"自定义"选项，按图 6.17 所示设置。

（3）单击"确定"按钮。

图 6.17   设置自定义数字格式

2．设置标题格式

设置"21 网安第一学期成绩表"的标题格式。"字体"为宋体，"字形"为加粗、字号为 20，跨列居中，其他单元格设置"水平对齐"为"居中"，操作步骤如下：

（1）选中 A1 单元格。

（2）单击"开始"选项卡"单元格"组中的"格式"按钮，在下拉列表中选择"设置单元格格式"选项，弹出"设置单元格格式"对话框，切换到"字体"选项卡，设置"字体"为宋体，"字形"为加粗，"字号"为 20。

（3）选中 A1:K1 区域。

（4）单击"开始"选项卡"单元格"组中的"格式"按钮，在下拉列表中选择"设置单元格格式"选项，弹出"设置单元格格式"对话框，切换到"对齐"选项卡，设置"水平对齐"为"跨列居中"。

（5）选中 A2:K37 区域，单击"开始"选项卡"单元格"组中的"格式"按钮，在下拉列表中选择"设置单元格格式"选项，弹出"设置单元格格式"对话框，切换到"对齐"选项卡，设置"水平对齐"为"居中"。

3．设置表格的外边框和内边框

设置"21 网安第一学期成绩表"为双实线外边框、单实线内边框，操作步骤如下：

（1）选中 A2:K37 区域。

（2）单击"开始"选项卡"单元格"组中的"格式"按钮，在下拉列表中选择"设置单元格格式"选项，弹出"设置单元格格式"对话框，切换到"边框"选项卡，选择"双实线"样式，单击"外边框"；选"单实线"样式，单击"内部"按钮。

（3）单击"确定"按钮，效果如图 6.18 所示。

学号	姓名	性别	警察体能	公安公文写作	警用射击	侦查学	计算机	警务战术	毛泽东思想概论	警务英语
214201	王军	男	88	80	82	68	78	62	86	74
214202	姚静	女	89	81	90	69	94	83	87	91
214203	陈彬	男	85	82	79	70	53	76	76	75
214204	李萍	女	52	83	71	71	62	76	65	91
214205	李广辉	男	81	84	73	72	80	84	73	100
214206	程香	男	82	88	99	89	81	86	78	95
214207	刘华	女	83	66	55	68	82	86	90	71
214208	万科	男	84	94	66	77	83	69	56	83
214209	黄飞	男	85	76	80	76	84	78	92	84
214210	王立	男	86	68	56	77	85	91	80	72
214211	苏丹	女	87	78	55	80	86	90	81	91
214212	李萍	女	88	99	97	75	87	89	76	81
214213	韩小燕	女	89	94	78	88	88	84	80	80
214214	吴丽	女	90	88	66	99	89	78	78	76
214215	石晶	女	91	78	99	99	90	80	76	80
214216	王芳	女	85	78	99	68	78	62	76	71
214217	刘军德	男	86	99	55	89	94	83	65	83
214218	王红梅	女	87	94	66	70	53	76	73	84
214219	曾海涛	男	88	88	80	71	62	76	78	72
214220	纪风雨	男	89	78	56	72	80	84	90	91
214221	吴丹	女	90	78	55	89	81	86	56	81
214222	彭玉环	女	91	99	97	68	82	86	92	80
214223	刘兴	男	85	94	78	77	83	69	80	76
214224	彭光华	男	86	88	66	76	84	78	81	80
214225	严江	男	87	99	99	77	85	91	76	71
214226	李政家	男	96	78	99	80	86	90	80	83
214227	李丹	女	95	99	55	75	87	89	78	84
214228	朱克	男	96	94	66	68	88	84	76	72
214229	刘彦均	女	91	88	80	99	89	78	76	91
214230	赵怀生	男	93	78	56	99	90	80	65	81
214231	王妍	女	86	78	55	58	57	62	73	56
214232	王桂侠	女	93	99	97	69	94	83	78	76
214233	王蕊	男	97	94	78	70	53	76	90	80
214234	风九	女	89	88	66	71	82	76	56	71
214235	陈实	男	98	78	99	72	80	84	92	83

图 6.18　成绩表格式设置

6.2.2　条件格式

条件格式用于将数据表中满足条件的数据以特定的格式显示出来，便于用户直观查看与区分数据，使表格更加清晰、易读，有很强的实用性。

1．设置红色倾斜效果

在"21 网络安全第一学期成绩表"表格中设置不及格成绩（小于 60）红色倾斜显示，操作步骤如下：

（1）选择成绩表中各门课程成绩所在的有效数据区域（D3:K37）。

（2）单击"开始"选项卡"样式"组中的"条件格式"按钮，在下拉列表中选择"突出显示单元格规则"→"小于"选项，弹出"小于"对话框。

（3）在数值框中输入 60，在其后的"设置为"下拉列表框中选择"自定义格式"选项（如图 6.19 所示），在弹出的对话框中设置字体颜色为"红色"，字形为"倾斜"，单击"确定"按钮。

2．设置阴影间隔效果

当数据表中有大量数据记录时，为了便于对记录进行查阅，使数据显示更为清晰，可以对数据表中的记录隔行添加底纹，也称之为阴影间隔效果。

在"21 网安第一学期成绩表"中设置阴影间隔效果，操作步骤如下：

（1）选定学生成绩表所在的数据区域 A3:K37。

（2）单击"开始"选项卡"样式"组中的"条件格式"按钮，在下拉列表中选择"新建规则"选项，弹出"新建格式规则"对话框。从中选择"使用公式确定要设置格式的单元格"并输入公式"= MOD (ROW (), 2)=0",如图 6.20 所示。

图 6.19　不及格条件格式设置

图 6.20　"新建格式规则"对话框

（3）单击"格式"按钮，在"设置单元格格式"对话框的"填充"选项卡中设置单元格为橙色填充。

（4）单击"确定"按钮，效果如图 6.21 所示。

	学号	姓名	性别	警察体能	公安公文写作	警用射击	侦查学	计算机	警务战术	毛泽东思想概论	警务英语
						21网安第一学期成绩表					
3	214201	王军	男	88	80	82	68	78	62	86	74
4	214202	姚静	女	89	81	90	69	94	83	87	91
5	214203	陈彬	男	85	82	79	70	53	76	76	75
6	214204	李萍	女	57	83	71	71	62	76	65	91
7	214205	李广辉	男	81	84	73	72	80	84	73	100
8	214206	程馨	男	82	88	99	89	81	86	78	95
9	214207	刘华	男	83	66	55	68	82	86	90	71
10	214208	万科	男	84	94	66	77	83	69	52	83
11	214209	黄飞	男	85	76	80	76	84	78	92	84
12	214210	王立	男	86	68	50	77	85	91	80	72
13	214211	苏丹	女	87	78	55	80	86	90	81	91
14	214212	李泽	女	88	90	97	75	87	89	78	81
15	214213	韩小燕	女	89	94	78	68	88	84	80	80
16	214214	吴丽	女	90	80	66	98	89	78	78	76
17	214215	石晶	女	91	78	99	99	90	80	76	80
18	214216	王芳	女	85	78	99	68	78	62	76	71
19	214217	刘军德	男	86	99	55	69	94	83	65	83
20	214218	王红梅	女	87	94	66	70	53	76	79	84
21	214219	遊海涛	男	88	88	80	71	62	76	78	72
22	214220	纪凤翔	男	89	78	55	72	80	84	90	91
23	214221	吴丹	女	90	55	89	89	81	86	56	81
24	214222	彭玉环	女	91	99	97	68	82	86	92	80
25	214223	刘兴	男	85	94	78	77	83	69	80	76
26	214224	彭光华	男	86	83	66	76	84	78	81	80
27	214225	严江	男	87	78	99	77	85	91	76	71
28	214226	李政家	男	96	78	99	80	86	90	80	83
29	214227	李丹	女	95	99	55	75	87	89	78	84
30	214228	朱宏	男	96	94	66	68	88	84	76	72
31	214229	刘彦均	女	91	88	80	99	89	78	76	91
32	214230	赵保生	男	93	78	55	99	90	80	65	81
33	214231	王妍	女	86	78	55	58	57	62	73	56
34	214232	王桂侯	男	93	99	97	69	94	83	78	76
35	214233	王霸	男	97	94	78	70	53	76	90	80
36	214234	风九	女	69	88	66	71	62	76	56	71
37	214235	陈实	男	98	78	99	72	80	84	92	83

图 6.21　条件格式设置效果

提示：公式"=MOD(ROW( ),2)=0"中的 MOD 为求余数函数，ROW 求其当前行号，公式的意思就是"当行号除以 2 的余数为 0"就执行设置的条件格式，这样就实现了如图 6.21 所示偶数行单元格的橙色填充效果。

6.2.3 打印工作表

对于要打印的文档，可以选择打印文档的全部内容，也可选择打印文档的部分内容。根据表格的行列情况，可以设置最适当的纸张方向、页边距等打印选项。要想打印出美观的表格，也需要掌握一定的流程和技巧，下面就开始学习吧。

1. 通过分页预览视图查看工作表

打印工作表中的内容不止一页，Excel 会自动插入分页符，将工作分为多页，这些分页符的位置取决于纸张的大小、页边距设置和设定的打印比例。可以通过"视图"选项卡"工作簿视图"组中的"分页预览"按钮查看。

此外，可以单击"页面布局"选项卡"页面设置"组中的"分隔符"按钮，在下拉列表中选择"插入分页符"选项，插入水平分页符来改变页面上数据行的数量，或选择"插入垂直分页符"来改变页面上数据列的数量，通过拖拽分页符可以调整打印区域。

2. 对工作表进行页面设置

工作表页面设置主要包括纸张大小和方向的设置、页边距大小的设置、页眉/页脚的设置、工作表的设置和手工插入分页符等。

一个工作簿有多个工作表，如果需要相同的页面设置，应先选择这些工作表使之成为工作组，方法是单击工作表 1，按住 Ctrl 键，依次单击工作表标签，然后再进行页面设置，否则页面设置只对当前活动工作表有效。

在"页面布局"选项卡的组中，选取相应功能进行操作。有"页面设置""调整为合适大小""工作表选项"等组，可直接在组中选择相应命令来完成相关设置，也可单击各组右下角的对话框开启按钮，弹出"页面设置"对话框，在其中的"页面""页边距""页眉/页脚"和"工作表"4 个选项卡中设置。

6.3 Excel 统计函数

6.3.1 公式

Excel 的强大计算功能是通过在单元格中使用公式实现的。**公式以"="开始**，对单元格中的数据进行运算处理。公式由各种运算符、函数、字符、数字、单元格引用等构成。

1. 运算符

Excel 包含的运算符有算术、比较、文本和引用 4 种类型。

（1）算术运算符：+、-、*、/、%、^（乘方），计算顺序为先乘除后加减。

（2）比较运算符：=、>、>=、<、<=、<>（不等于）。

（3）文本运算符：&，将两个文本值连接起来产生一个连续的文本值。

（4）引用运算符：逗号、空格、冒号，其中"："为区域运算符，比如 A2:A10（单元格地址，A2 指第 2 行与第 A 列交叉位置上的单元格）是对单元格 A2 到 A10 之间（包括 A2 和 A10）的所有单元格的引用。

以上运算符由高到低的计算顺序为：引用（:）>算术运算符>文本运算符>比较运算符。

2. 单元格引用

单元格引用分为相对引用、绝对引用、混合引用、三维引用，各类引用类型具有不同的特性，进行数据处理时可根据需要在公式和函数中采用不同的单元格引用方式。

（1）**相对引用**。当把一个含有单元格地址或区域地址的公式复制到新的位置时，公式中的单元格地址或区域地址会随之改变，公式的值将会依据改变后的单元格或区域的值重新计算。相对引用的**单元格地址**形式是用**列标和行号**表示，比如 A1。

（2）**绝对引用**。所谓绝对引用，是指公式被复制时公式中的单元格地址或区域地址不随着公式位置的改变而发生改变。要区别相对引用和绝对引用，实际上是把公式中的单元格地址或区域地址表示方法改变一下，即在**行号**和**列标**之前加上**$符号**，凡是带"$"符号的为绝对引用的地址，否则为相对引用的地址。例如$A$1 就是一个绝对引用地址。

（3）**混合引用**。如果把单元格地址或区域地址表示为**部分**是**相对引用**，**部分**是**绝对引用**，如行号为相对引用、列标为绝对引用，或者行号为绝对引用、列标为相对引用，这种引用称为混合引用。例如，单元格地址 $B3 和 A$5，前者表明在公式复制时保持列标不发生变化，而行号会随着公式行位置的变化而变化；后者表明在公式复制时保持行号不发生变化，而列标会随着公式列位置的变化而变化。

（4）**三维引用**。三维引用是指公式中引用的单元格在另一个工作表中。三维引用的单元格地址形式是在单元格地址前加**工作表名**并用"!"分隔。例如公式"=Sheet2!A1+Sheet3!A1"，表示用 Sheet2 工作表 A1 单元格中的数据与 Sheet3 工作表 A1 单元格中的数据做求和运算。

提示：公式中无论使用哪类单元格引用形式，当将公式从一个单元格移动到其他单元格时，公式中的单元格地址都不会发生任何改变。如果将公式移动到它自己所引用的单元格中，这时会出现错误值#REF。

6.3.2　函数

1. 函数介绍

Excel 提供了大量的函数，数据的录入和计算速度都大大提高。函数格式为：函数名(参数 1,参数 2,参数 3,…)。

在活动单元格中用到函数时以"="开头或单击"公式"选项卡，若使用函数计算则需要单击"公式"选项卡中的"插入函数"按钮打开"插入函数"对话框，在"选择函数"列表框中选择所需的函数计算出结果。

（1）求和函数：SUM()。

函数格式：SUM(Number1, Number2,…)

主要功能：计算所有参数数值的和。

参数说明：Number1,Number2,…表示 1～255 个参与计算的变量，可以是数值或引用的单元格。例如单击 J3 单元格，输入=SUM(D3:H3)，就是将单元格 D3:H3 中的值加在一起。

（2）平均值函数：AVERAGE()。

函数格式：AVERAGE(Number1, Number2,…)

主要功能：求出所有参数数值的平均值。

参数说明：Number1,Number2,…可以是数值或者是包含数字的名称、单元格区域或单元格引用。其中 Number1 是必需的，后续数字是可选的，最多可包含 255 个参数。

例如单击 I3 单元格，输入公式 = AVERAGE (D3:H3)，将返回这些数字的平均值。

（3）最大值函数：MAX()。

函数格式：MAX(Number1, Number2,…)

主要功能：求各参数中的最大值。

参数说明：Number1,Number2,…是准备从中求取最大值的 1～255 个数值、空单元格、逻辑值或文本数值。其中 Number1 是必需的，后续数字是可选的。

（4）最小值函数：MIN()。

函数格式：MIN(Number1, Number2,…)

主要功能：求各参数中的最小值。

参数说明：参数可以是数值或引用的单元格，若参数中有逻辑值或文本则可以忽略。

（5）计数函数：COUNT()。

函数格式：COUNT(Value1, Value2,…)

主要功能：统计指定区域中数值型参数的个数。

参数说明：参数可以是包含或引用有数值型或日期型数据的单元格。

（6）条件判断函数：IF()。

函数格式：IF(Logical_test,Value_if_true,Value_if_false)

主要功能：对指定条件进行逻辑判断，根据条件逻辑值的不同而返回不同的结果。该函数最多可以嵌套 7 层。

参数说明：Logical_test 是任何可能被计算为 True 或 False 的数值或表达式，Value_if_true 是 Logical_test 为 True（结果为真）时的返回值，Value_if_false 是 Logical_test 为 False（结果为假）时的返回值。

（7）条件求和函数：SUMIF()。

函数格式：SUMIF(Range, Criteria,Sum_range)

主要功能：计算符合指定条件的单元格区域的数值总和。

参数说明：Range 表示条件判断的单元格区域，Criteria 表示指定的条件表达式，Sum_ range 表示需要求和的单元格区域。

（8）排位函数：RANK()。

函数格式：Rank (Number, Ref, Order)

主要功能：返回一个数值在一组数值中的排位。

参数说明：Number 是指定的要排位的数字，Ref 是引用的区域，Order 是排位方式，排位方式默认的数值为 0 或省略，表示排位方式是降序排列，非零值表示的是升序排列方式，数值重复时排位相同。

（9）条件统计函数：COUNTIF()。

函数格式：COUNTIF(Range, Criteria)

主要功能：统计指定区域中符合指定条件的单元格个数。

参数说明：Range 表示参与统计的单元格区域，引用单元格区域中允许有空白的单元格，Criteria 表示指定的条件表达式。

以图 6.22 所示的学生成绩表为例，=COUNTIF(C3:C37, C3) 是求男生的人数，

=COUNTIF(D3:D37, ">=90")是求“警察体能”课程分数为 90 分及以上的学生人数。

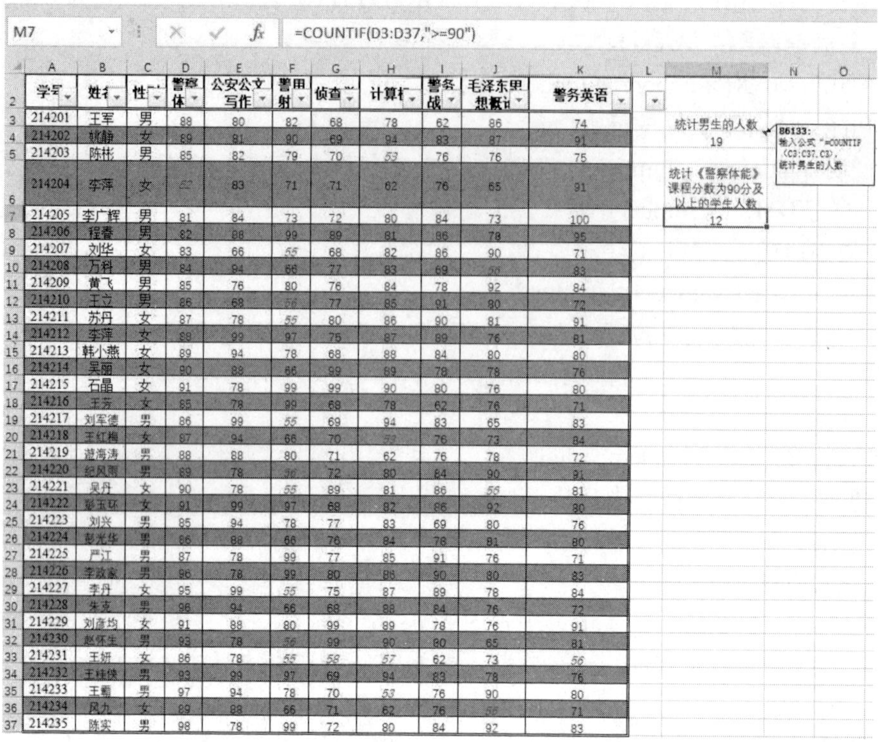

学号	姓名	性别	警察体	公安公文写作	警用射	侦查	计算机	警务战	毛泽东思想概论	警务英语
214201	王军	男	88	80	82	68	78	62	86	74
214202	姚静	女	89	81	90	69	94	83	87	91
214203	陈彬	男	85	82	79	70	53	76	76	75
214204	李萍	女	52	83	71	71	62	76	65	91
214205	李广辉	男	81	84	73	72	80	84	73	100
214206	程春	男	82	88	99	89	81	86	78	95
214207	刘华	女	83	66	55	68	82	86	90	71
214208	万科	男	84	94	66	77	83	69	56	83
214209	黄飞	男	85	76	80	76	84	78	92	84
214210	王立	男	86	68	56	77	85	91	80	72
214211	苏丹	女	87	78	55	80	86	90	81	91
214212	李萍	女	88	99	97	75	87	89	76	81
214213	韩小燕	女	89	94	78	68	88	84	80	80
214214	吴丽	女	90	88	66	99	89	78	78	76
214215	石晶	女	91	78	99	99	90	80	76	80
214216	王芳	女	85	78	99	68	78	62	76	71
214217	刘军德	男	86	99	55	69	94	83	65	83
214218	王红梅	女	87	94	66	70	53	76	73	84
214219	游海涛	男	88	88	80	71	62	76	78	72
214220	纪风雨	男	89	78	56	72	80	84	90	91
214221	吴丹	女	90	78	55	89	81	86	56	81
214222	彭玉环	女	91	99	97	68	82	86	92	80
214223	刘兴	男	85	94	78	77	83	69	80	76
214224	彭光华	男	86	88	66	76	84	78	81	80
214225	严江	男	87	78	99	77	85	91	76	71
214226	李政家	男	96	78	99	80	86	90	80	83
214227	李丹	女	95	99	55	75	87	89	78	84
214228	朱克	男	96	94	66	68	88	84	76	72
214229	刘彦均	女	91	88	80	99	89	78	76	91
214230	赵怀生	男	93	78	56	99	90	80	65	81
214231	王妍	女	86	78	55	58	57	62	73	56
214232	王林侠	男	93	99	97	69	94	83	78	76
214233	王霸	男	97	94	78	70	53	76	90	80
214234	风九	女	89	88	66	71	62	76	56	71
214235	陈实	男	98	78	99	72	80	84	92	83

图 6.22　条件统计示例

2. 函数应用

利用公式对“21 网安第一学期成绩表”中的全班警察体能成绩进行分析，操作步骤如下：

（1）统计考试人数。选中 G5 单元格，输入公式=COUNT(学生成绩表!D3:D42)。

（2）统计平均分。选中 C6 单元格，输入公式=AVERAGE(学生成绩表!D3:D42)。

（3）统计最高分。选中 E6 单元格，输入公式=MAX(学生成绩表!D3:D42)。

（4）统计最低分。选中 G6 单元格，输入公式=MIN(学生成绩表!D3:D42)。

（5）统计<60 分、60～89 分、90～100 分的人数。在 J4:J6 区域分别输入分段点 59、89、100，选中 D8:D10 区域，在活动单元格中输入频率分布函数公式=FREQUENCY(学生成绩表!D3:D42,J4:J6)，然后按 Shift + Ctrl+ Enter 组合键。

（6）统计每个分数段人数占总人数的比例。选中 F8 单元格，输入公式=D8/$G$5。将公式复制到 F9:F10 区域，统计出其他分数段人数所占的比例。

（7）显示制表日期。选中 G11 单元格，输入系统日期函数公式=TODAY( )。

警察体能考试情况分析结果如图 6.23 所示。

3. 统计分析

期末考试结束后，老师要对全班成绩进行汇总，如排名、不及格门数等，以便了解全班同学的学习情况。这些工作都可以用公式进行快速计算。将利用公式计算出学生的总分、排名、不及格门数等，当学生的不及格门数达到 4 门及以上时给予重点关注，了解学生心理因素，提供正确积极的思想指导和针对性的帮扶学习。

考试情况分析表						
2021-2022学年 第1学期						
课程名称：警察体能　课程代码：042122　课程性质：必修　学分：1						
上课教师：张三			选课中队：2142			
考试形式：必修			考试时间：2021/12/25		考试人数：	35
试卷成绩	平均成绩	87.65714	最高成绩	98	最低成绩	52
	成绩等级		人数		所占比例	
	<60	(不及格)	1		2.86%	
	60-89	(中等)	22		62.86%	
	90-100	(优秀)	12		34.29%	
						2022/6/28

图 6.23　警察体能成绩考试情况分析表

操作步骤如下：

（1）计算总分。选中 L3 单元格，输入公式=SUM(D3:K3)，复制公式到 L4:L37 区域。

（2）计算排名。选中 M3 单元格，输入公式=RANK(L3,$L$3:$L$37,0)，复制公式到 M4:M37 区域。

（3）计算不及格门数。选中 N3 单元格，输入公式=COUNTIF(D3:K3, "<60")，复制公式到 N4:N37 区域。

（4）计算是否关注。根据不及格情况，如果不及格门数等于或超过 4 门，该学生成为重点关注对象。选中 N3 单元格，输入公式=IF(N3>=4,"yes", " ")，复制公式到 N4:N37 区域。

学生成绩分析结果如图 6.24 所示。

21网安第一学期成绩表														
学号	姓名	性别	警察体能	公安公文写作	警用射击	侦查学	计算机	警务战术	毛泽东思想概论	警务英语	总分	排名	不及格门数	重点关注
214201	王军	男	88	80	82	68	78	62	86	74	618	24	0	
214202	姚静	女	89	81	90	69	94	83	87	91	684	9	0	
214203	陈彬	男	85	82	79	70	53	76	76	75	596	32	1	
214204	李萍	女	52	83	71	71	62	76	65	91	571	34	1	
214205	李广辉	男	81	84	73	72	80	84	73	100	647	16	0	
214206	程春	男	82	88	99	89	81	86	78	95	698	1	0	
214207	刘华	女	83	66	55	68	82	86	90	71	601	31	1	
214208	万科	男	84	94	66	77	83	69	56	83	612	29	1	
214209	黄飞	男	85	76	80	76	84	78	92	84	655	14	0	
214210	王立	男	86	68	56	77	85	91	80	72	615	27	1	
214211	苏丹	女	87	78	55	80	86	90	81	91	648	15	1	
214212	李萍	女	88	99	97	75	87	89	76	81	692	4	0	
214213	韩小燕	女	89	94	78	68	88	84	80	80	661	13	0	
214214	吴丽	女	90	88	66	99	89	78	78	76	664	10	0	
214215	石晶	女	91	78	99	99	90	80	76	80	693	3	0	
214216	王芳	女	85	78	99	68	78	62	76	71	617	25	0	
214217	刘军德	男	86	99	55	69	94	83	65	83	634	23	1	
214218	王红梅	女	87	94	66	70	53	76	73	84	603	30	1	
214219	游海涛	男	88	88	80	71	62	76	78	72	615	27	0	
214220	纪风雨	男	89	78	56	72	80	84	90	91	640	20	1	
214221	吴丹	女	90	78	55	89	81	86	56	81	616	26	2	
214222	彭玉环	女	91	99	97	68	82	86	92	80	695	2	0	
214223	刘兴	男	85	94	78	77	83	69	80	76	642	18	0	
214224	彭光华	男	86	88	66	76	84	78	81	80	639	21	0	
214225	严江	男	87	78	99	77	85	91	76	71	664	10	0	
214226	李政家	男	96	78	99	80	86	90	80	83	692	4	0	
214227	李丹	女	95	99	55	75	87	89	78	84	662	12	1	
214228	朱宽	男	96	94	66	68	88	84	76	72	644	17	0	
214229	刘彦均	女	91	88	80	99	89	78	76	91	692	4	0	
214230	赵怀生	男	93	78	56	99	90	80	65	81	642	18	1	
214231	王妍	女	86	78	55	58	57	62	73	56	525	35	4	yes
214232	王桂侠	男	93	99	97	69	94	83	78	76	689	7	0	
214233	王霸	男	97	94	78	70	53	76	90	80	638	22	1	
214234	风九	女	89	88	66	71	62	76	56	71	579	33	1	
214235	陈实	男	98	78	99	72	80	84	92	83	686	8	0	

图 6.24　统计分析学生成绩

6.4　Excel 数据处理

6.4.1　排序

Excel 对工作表中数据的处理是以数据库管理的方式进行的，即一张工作表就是一个关系数据库，Excel 的数据库管理功能包括以下几类：

（1）以记录的形式在工作表中插入、删除、修改数据。

（2）对表格中的记录按关键字进行排序。

（3）对记录进行按条件的检索、筛选、计算。

（4）对数据按要求分类并进行汇总。

排序是以记录（行）为单位，根据一个字段（列）或多个字段（列）值的大小重新排列记录的顺序。**排序所依据**的字段称为排序的**关键字**。

排序的方法有以下两种：

（1）使用"排序"按钮 排序。

（2）使用"升序"按钮 和"降序"按钮 排序，常用于单个关键字的排序。

单击"数据"选项卡"排序和筛选"组中的"排序"按钮，弹出"排序"对话框（如图6.25 所示），即可对数据表的指定数据区域进行排序。

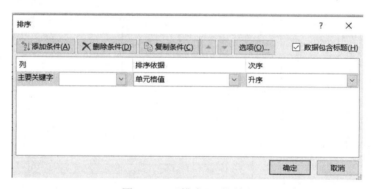

图 6.25　"排序"对话框

可对多个关键字同时进行排序操作。主关键字是所有记录（行）排序时所依据的字段（列），次要关键字是在主关键字的值相同的那些记录排序时所依据的字段。

1. 单关键字排序

对图 6.26 所示的"电信网络诈骗登记表"中的记录按"损失金额"字段升序排序，操作步骤如下：

（1）选中"损失金额"字段的任意一个单元格。

（2）单击"数据"选项卡"排序和筛选"组中的"升序"按钮 。

电信网络诈骗表中记录的升序排列结果如图 6.27 所示。

姓名	性别	年龄	文化程度	诈骗方式	损失金额（元）	籍贯
电信网络诈骗登记表						
王芳	女	14	初中	短信	2000	江西南昌
刘军德	男	16	中专	qq	3000	江西南昌
王红梅	女	15	小学	微信	15000	江西丰城
遊海涛	男	15	小学	微信	30000	河南安阳
纪风雨	男	25	本科	电子交易平台	4000	广东深圳
吴丹	女	17	初中	钓鱼网站	4500	广东东莞
彭玉环	女	16	中专	改号软件	3600	广东东莞
刘兴	男	16	小学	语音平台	2000	江西赣州
彭光华	男	16	初中	木马	2500	江西新余
严江	男	17	初中	木马	3300	江西景德镇
李政家	男	15	初中	钓鱼网站	15000	江西樟树
吴丹	女	14	初中	改号软件	6000	江西萍乡
朱克	男	18	高中	改号软件	4200	吉林通化
刘彦均	女	16	小学	语音平台	4100	江西上饶
赵怀生	男	19	大专	木马	2300	山东济南市
王妍	女	17	高中	改号软件	3800	海南海口
王桂侠	男	16	初中	微信	3100	四川成都
王霸	男	16	初中	改号软件	10000	江西九江
风九	女	18	初中	qq	6000	江西吉安
陈实	男	19	文言	中奖电话	8000	江西宜春

图 6.26　电信网络诈骗登记表

姓名	性别	年龄	文化程度	诈骗方式	损失金额（元）	籍贯
电信网络诈骗登记表						
王芳	女	14	初中	短信	2000	江西南昌
刘兴	男	16	小学	语音平台	2200	江西赣州
赵怀生	男	19	大专	木马	2300	山东济南市
彭光华	男	16	初中	木马	2500	江西新余
刘军德	男	16	中专	qq	3000	江西南昌
王桂侠	男	16	初中	微信	3100	四川成都
严江	男	17	初中	木马	3300	江西景德镇
彭玉环	女	16	中专	改号软件	3600	广东东莞
王妍	女	17	高中	改号软件	3800	海南海口
纪风雨	男	25	本科	电子交易平台	4000	广东深圳
刘彦均	女	16	小学	语音平台	4100	江西上饶
朱克	男	18	高中	改号软件	4200	吉林通化
吴丹	女	17	初中	钓鱼网站	4500	广东东莞
吴丹	女	14	初中	改号软件	6000	江西萍乡
风九	女	18	初中	qq	6000	江西吉安
陈实	男	19	文言	中奖电话	8000	江西宜春
王霸	男	16	初中	改号软件	10000	江西九江
王红梅	女	15	小学	微信	15000	江西丰城
李政家	男	15	初中	钓鱼网站	15000	江西樟树
遊海涛	男	15	小学	微信	30000	河南安阳

图 6.27　按"损失金额"升序排序结果

2. 多关键字排序

对图 6.26 所示"电信网络诈骗登记表"中的记录按"年龄"降序排序，如果年龄相同，再按"损失金额"降序排序，操作步骤如下：

（1）单击"数据"选项卡"排序和筛选"组中的"排序"按钮 🔲，弹出"排序"对话框。

（2）依次设置"排序"对选框中的选项：单击"添加条件"按钮，设置"主要关键字"为"损失金额"，"排序依据"为"单元格值"，"次序"为"降序"。

（3）单击"确定"按钮，排序结果如图 6.28 所示。

姓名	性别	年龄	文化程度	诈骗方式	损失金额（元）	籍贯
\multicolumn{7}{c}{电信网络诈骗登记表}
纪风雨	男	25	本科	电子交易平台	4000	广东深圳
陈实	男	19	文盲	中奖电话	8000	江西宜春
赵怀生	男	19	大专	木马	2300	山东济南市
风九	女	18	初中	qq	6000	江西吉安
朱克	男	18	高中	改号软件	4200	吉林通化
吴丹	女	17	初中	钓鱼网站	4500	广东东莞
王妍	女	17	高中	改号软件	3800	海南海口
严江	男	17	初中	木马	3300	江西景德镇
王霸	男	16	初中	改号软件	10000	江西九江
刘彦均	女	16	小学	语音平台	4100	江西上饶
彭玉环	女	16	中专	改号软件	3600	广东东莞
王桂侠	男	16	初中	微信	3100	四川成都
刘军德	男	16	中专	qq	3000	江西南昌
彭光华	男	16	初中	木马	2500	江西新余
刘兴	男	16	小学	语音平台	2200	江西赣州
遊海涛	男	15	小学	微信	30000	河南安阳
王红梅	女	15	小学	微信	15000	江西丰城
李政家	男	15	初中	钓鱼网站	15000	江西樟树
吴丹	女	14	初中	改号软件	6000	江西萍乡
王芳	女	14	初中	短信	2000	江西南昌

图 6.28　按"年龄"和"损失金额"排序的结果

3. 自定义排序

对于图 6.29 所示表中的记录，要求按文化程度：文盲 小学 初中 高中 中专 大专 本科进行排序，操作步骤如下。

（1）在"排序"对话框中依次设置"主要关键字"为"列 E"，"排序依据"为"单元格值"，"次序"为"自定义序列"，如图 6.30 所示。

图 6.29　待排序数据　　　　图 6.30　"排序"对话框的设置

（2）单击"确定"按钮，弹出"自定义序列"对话框，在"输入序列"文本框中输入"文盲 小学 初中 高中 中专 大专 本科"序列（每输入一项后按 Enter 键），单击"添加"按钮即可定义好序列，如图 6.31 所示，单击"确定"按钮，结果如图 6.32 所示。

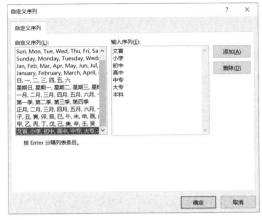

图 6.31　"自定义序列"对话框

	A	B	C	D	E	F	G	H
1				电信网络诈骗登记表				
2	案件ID	姓名	性别	文化程度	诈骗方式	损失金额（元）	籍贯	
3	20A	陈实	男	文盲	中奖电话	8000	江西宜春	
4	14A	刘彦均	女	小学	语音平台	4100	江西上饶	
5	8A	刘兴	男	小学	语音平台	2200	江西赣州	
6	4A	游海涛	男	小学	微信	30000	河南安阳	
7	3A	王红梅	女	小学	微信	15000	江西丰城	
8	19A	风九	女	初中	qq	6000	江西吉安	
9	6A	吴丹	女	初中	钓鱼网站	4500	广东东莞	
10	10A	严江	男	初中	木马	3300	江西景德镇	
11	18A	王霸	男	初中	改号软件	10000	江西九江	
12	17A	王桂侠	男	初中	微信	3100	四川成都	
13	9A	彭光华	男	初中	木马	2500	江西新余	
14	11A	李歌家	男	初中	钓鱼网站	15000	江西樟树	
15	12A	吴丹	女	初中	改号软件	6000	江西萍乡	
16	1A	王芳	女	初中	短信	2000	江西南昌	
17	13A	朱克	男	高中	改号软件	4200	吉林通化	
18	16A	王妍	女	高中	改号软件	3800	海南海口	
19	7A	彭玉环	女	中专	改号软件	3600	广东东莞	
20	2A	刘军德	男	中专	qq	3000	江西南昌	
21	15A	赵怀生	男	大专	木马	2300	山东济南市	
22	5A	纪风雨	男	本科	电子交易平台	4000	广东深圳	

图 6.32　排序结果

6.4.2　筛选

根据一个条件或多个条件**查找出满足条件**的数据称为**数据筛选**。筛选是将数据清单中**不满足**条件的记录**隐藏**起来，只将符合条件的记录显示在工作表中。筛选有自动筛选和高级筛选两种方式。自动筛选适用于简单条件的筛选，方便快捷；高级筛选适用于多条件的复制筛选，功能强大。

1．自动筛选

选中数据区域，再单击"数据"选项卡"排序和筛选"组中的"筛选"按钮，数据清单中每列数据标题旁边添加一个下拉列表按钮，进入到自动筛选状态。用户可以按一个或多个数据列进行筛选。通过筛选，不仅可以控制想要查看的内容，还可以控制要排除的内容。用户可以根据列表中的选择进行筛选，也可以创建特定的筛选器以精确地关注要查看的数据。

单击列标题的下拉按钮会显示可以进行筛选的列表，其中包含"数字筛选"或"文本筛选"等，如图 6.33 所示。

图 6.33　筛选列表

（1）通过选择值或搜索来筛选。从列表中选择值和搜索是最快的筛选方式。单击启用筛选中的下拉按钮时该列中所有值都将显示在列表中，然后在搜索框中输入要搜索的数字或文本，即可选中或清除对复选项的选择以显示在数据列中找到的值。

（2）通过指定条件来筛选数据。通过指定条件可以创建自定义筛选器，缩小数据范围。单击下拉列表中的"数字筛选"或"文本筛选"，在级联菜单中选择筛选条件，如等于、不等于、大于、小于等（如图 6.34 所示），弹出"自定义自动筛选方式"对话框，设置筛选条件即可。

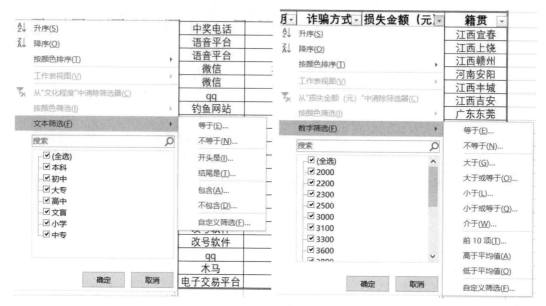

图 6.34　筛选条件设置

2. 高级筛选

自动筛选只能完成一些简单条件的筛选工作，而有些条件无法使用自动筛选完成，那么就使用高级筛选实现。

高级筛选的使用方法：首先建立一个条件区域，存放筛选的条件；再单击"数据"选项卡"排序与筛选"组中的"高级"按钮，在弹出的"高级筛选"对话框中分别用鼠标拖拽的方法在数据区选取列表区域和条件区域内容。

条件区域建立有以下要求：

● 条件区域中第一行为条件标志行，其他各行为条件行，条件区域至少由一列 2 行以上的单元格组成。

● 筛选条件存放在条件行的各单元格中，在同一行单元格中的条件是"与"的关系，在不同行单元格中的条件为"或"的关系，条件行中的空白单元格表示任意条件。

● 条件区域可建立在工作表中的任意空白区域，习惯上将条件区域放在数据清单的正上方或下方。

示例 1：筛选性别为女，年龄大于 15 岁，文化程度为初中；或者文化程度为高中的条件下，诈骗方式为改号软件的记录全部筛选出来，结果如图 6.35 所示。

图 6.35　高级筛选示例 1

示例 2：筛选性别为男，年龄小于 18 岁，文化程度为初中的记录，结果如图 6.36 所示。

图 6.36　高级筛选示例 2

6.4.3　数据库统计函数

1．函数介绍

数据库统计函数是专门用于对数据清单中的数据进行统计分析的一类函数，这些函数可对数据清单中符合给定条件的记录进行统计分析，不符合条件的记录不参与运算。

数据库统计函数的语法：<函数名>(database, field, criteria)

参数说明如下：

database：构成数据清单的区域。

field：统计的字段，即对 database 中的哪一列进行统计运算，有以下 3 种表示方式：

● 字段名所在的单元格地址。

● 用双引号引起来的字段名。

● 统计字段在数据清单区域中的序号，区域中最左列序号为 1，向右逐列递增 1。

criteria：条件区域，同高级筛选所使用的条件区域完全一致。

该函数的基本功能是根据 criteria 给定的条件对 database 区域中符合条件记录的 field 字段值进行统计运算。

常用的数据库统计函数有以下几个：

● 数据库计数函数：DCOUNT(database, field, criteria)
　　　　　　　　　　　DCOUNTA(database, field, criteria)

● 数据库平均值函数：DAVERAGE(database, field, criteria)

● 数据库求和函数：DSUM(database, field, criteria)

● 数据库最大值函数：DMAX(database, field, criteria)

● 数据库最小值函数：DMIN(database, field, criteria)

DCOUNT()函数只对符合条件的 field 中的数值进行计数，而 DCOUNTA()函数对符合条件的 field 中的各种类型数据进行计数。计数一般使用 DCOUNTA()函数。

当需要在多个条件基础上统计分析数据时则可使用数据库统计函数来统计分析满足多个条件的记录。

2. 函数应用

在图 6.26 所示的“电信网络诈骗登记表”中统计“损失金额”在 6000～15000 元的诈骗犯罪人数，操作步骤如下：

（1）建立条件区域：以 D24 为首单元格建立条件区域，如表 6.2 所示。

表 6.2 筛选条件示例

损失金额/元	损失金额/元
>=6000	<=15000

（2）在空白单元格 F25 中输入公式=DCOUNTA(A2:H22,G2,D24:E25)，统计“损失金额”在 6000～15000 元的诈骗犯罪的人数。公式中，A2:H22 是数据清单，G2 是要统计的损失金额，D24:E25 是条件区域。筛选结果如图 6.37 所示。

F25 =DCOUNTA(A2:H22,G2,D24:E25)

	A	B	C	D	E	F	G	H
1	电信网络诈骗登记表							
2	ID号	姓名	性别	年龄	文化程度	诈骗方式	损失金额（元）	籍贯
3	10A	严江	男	17	初中	木马	3300	江西景德镇
4	11A	李政家	男	15	初中	钓鱼网站	15000	江西樟树
5	12A	吴丹	女	14	初中	改号软件	6000	江西萍乡
6	13A	朱克	男	18	高中	改号软件	4200	吉林通化
7	14A	刘彦均	女	16	小学	语音平台	4100	江西上饶
8	15A	赵怀生	男	19	大专	木马	2300	山东济南市
9	16A	王妍	女	17	高中	改号软件	3800	海南海口
10	17A	王桂侠	男	16	初中	微信	3100	四川成都
11	18A	王霸	男	16	初中	改号软件	10000	江西九江
12	19A	风九	女	18	初中	qq	6000	江西吉安
13	1A	王芳	女	14	初中	短信	2000	江西南昌
14	20A	陈实	男	19	文盲	中奖电话	8000	江西宜春
15	2A	刘军德	男	16	中专	qq	3000	江西南昌
16	3A	王红梅	女	15	小学	微信	15000	江西丰城
17	4A	遊海涛	男	15	小学	微信	30000	河南安阳
18	5A	纪风雨	男	25	本科	电子交易平台	4000	广东深圳
19	6A	吴丹	女	17	初中	钓鱼网站	4500	广东东莞
20	7A	彭玉环	女	16	中专	改号软件	3600	广东东莞
21	8A	刘兴	男	16	小学	语音平台	2200	江西赣州
22	9A	彭光华	男	16	初中	木马	2500	江西新余
23								
24				损失金额（元）	损失金额（元）			
25				>=6000	<=15000	6		

图 6.37 “损失金额”在 6000～15000 元的诈骗犯罪人数筛选结果

6.4.4 分类汇总与数据透视表

分类汇总是将数据分门别类地予以**统计**处理，例如先将三四季度案情统计按季度分类，进而汇总比较派出所的案件类别的金额多少。数据分类汇总的关键是首先按某项属性进行分类，然后将分类好的数据按其他属性的平均值、总值等进行计数和比较。

数据透视表是 Excel 提供的强大的数据分析处理工具，是一种**交互式**的表，通过向导可对平面的工作表**数据**产生**立体的分析效果**，可以动态地改变版面布置，以便按照不同方式分析数据，更适合对多个分类字段进行汇总。每次改变版面布置时，数据透视表会立即按照新的布置重新计算数据，当原始数据改变时可更新数据透视表。

1. 分类汇总

（1）创建分类汇总。创建分类汇总首先要对**分类字段**的**数据列进行排序**，然后单击"数据"选项卡"分级显示"组中的"分类汇总"按钮，弹出"分类汇总"对话框，如图 6.38 所示。

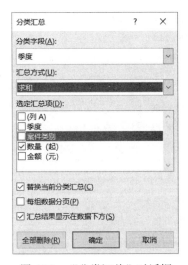

图 6.38　"分类汇总"对话框

（2）分类汇总的分级显示。如图 6.39 所示，行号左边出现了分级显示区。在此处可以对工作表数据进行展开或折叠，既可显示汇总结果，也可显示明细数据，满足不同用户的需要。在分级显示区，按钮 1 2 3 为不同的层次等级：按钮 1 只显示全部记录汇总，按钮 2 显示全部记录汇总和各类别的汇总结果，按钮 3 显示全部记录汇总和记录数据。通过汇总后的分级显示可建立起动态的数据汇总表格。用户可以根据需要显示或隐藏数据或汇总结果。

图 6.39　分类汇总分级显示

若用户希望进行多级汇总，可以多次应用上述的汇总方法，但是必须注意，多次汇总前应按汇总关键字进行多关键字段的排序。为了在工作表中保持各次汇总的结果，必须在"分类汇总"对话框中取消对"替换当前分类汇总"复选项的选择。

（3）删除分类汇总。若用户需要删除"分类汇总"，则可单击"数据"选项卡"分级显示"组中的"分类汇总"按钮，然后在弹出的"分类汇总"对话框中单击"全部删除"按钮。

2. **数据透视表**

创建数据透视表**不需要先排序**。单击"插入"选项卡"表格"组中的"数据透视表"按钮，弹出如图 6.40 所示的"来自表格或区域的数据透视表"对话框，选择好数据区域和数据透视表位置后即可在如图 6.41 所示的"数据透视表字段"对话框中设置数据透视表。

图 6.40   "来自表格或区域的数据透视表"对话框

图 6.41   "数据透视表字段"对话框

"筛选""列"和"行"区域用来放置分组字段，"值"区域用来放置统计字段。可以将相应的字段拖动到"筛选""列""行"和"值"位置。在工作表中建立数据透视表后会出现"数据透视表工具"选项卡，如图 6.42 所示，可对数据透视表进行设置和修改。

图 6.42 "数据透视表工具"选项卡

6.4.5 图表

图表是 Excel 常用的对象之一，以图形的形式直观、清晰地显示数据系列的变化情况，使用户更容易理解不同数据系列之间的关系，方便用户迅速而准确地获得信息。

通常一个完整的图表由图表区、图表标题、数据系列、坐标轴、图例组成，是依据选定工作表单元格区域内的，按照一定的数据系列而生成的工作表数据的图形表示。图表能直观地反映数据的对比关系和趋势状态，把抽象的数据形象地展示给用户，一目了然，容易理解。

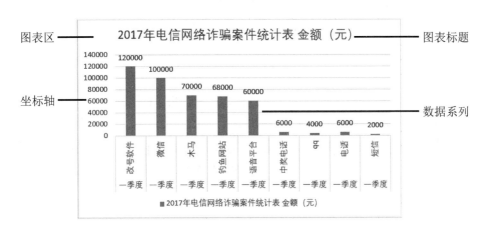

图 6.43 图表的组成

常见的图表类型有柱形图、饼图、面积图、折线图、条形图、XY 散点图、股价图、曲面图、雷达图、树状图、直方图、组合图等。每种类型又可继续细分，例如柱形图可分为簇状柱形图、百分比堆积柱形图、三维堆积柱形图、堆积柱形图、三维百分比堆积柱形图、三维簇状柱形图、三维柱形图。

1．图表的建立与设置

图表又分为嵌入式图表和独立图表，创建方法基本相同，主要区别在于它们存放的位置不同。嵌入式图表是指图表作为一个对象与其相关的工作表数据存放在同一个工作表中，而独立图表是以一个工作表的形式插在工作簿中，在打印输出时独立图表占一个页面。

创建图表主要利用"插入"选项卡"图表"组完成的。生成图表后再单击图表，功能区会出现"格式/图表设计"选项卡，在其中可完成对图表布局、图表样式、数据、图表类型、图表位置、绘图区颜色填充等的设计。值得注意的是，还会显示图表建立所引用的数据区域。

创建图表分以下两种情况：

（1）在连续数据区域中创建图表。

打开工作簿，在工作表 Sheet2 中选中准备创建图表的单元格区域 A21:D11，单击"插入"

选项卡"图表"组中的"插入柱形图或条形图"按钮，在下拉列表中选择"二维柱形图"→"簇状柱形图"，也可以根据选取的数据区域量身定制图标集，即直接选择"推荐的图表"选项。用户可根据需要选择图表的样式，比如显示产品的销量常用"折线图"样式，显示人口比例常选择"饼图"样式，显示监测数据常选择"XY 散点图"样式等。通过以上步骤，可在当前工作表 Sheet2 中生成相对应的图表，结果如图 6.44 所示。

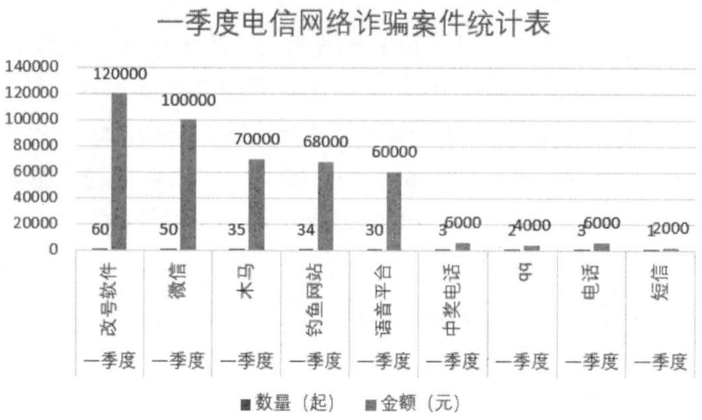

一季度电信网络诈骗案件统计表

图 6.44　连续数据区域的二维簇状柱形

（2）不连续数据区域中创建图表。

打开工作簿，在工作表中选中准备创建图表的单元格区域 B12:B20 和 D12:D20，单击"插入"选项卡"图表"组中的"插入柱形图或条形图"按钮，在下拉列表中选择"二维柱形图"→"簇状柱形图"。

选择多个不相邻的单元格区域的方法：先选择第一个单元格区域，再按住 Ctrl 键不放，用鼠标拖动选择第二个单元格区域，按此操作可进行更多区域的选择。

通过以上步骤，即可在当前工作表中生成相对应的图表，结果如图 6.45 所示。

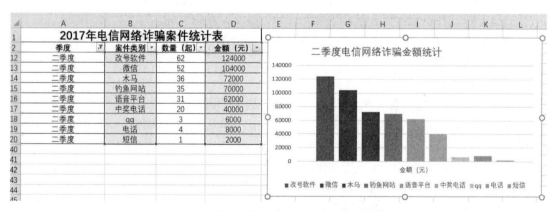

图 6.45　不连续数据区域的二维簇状柱形图

2. 图表编辑

图表与建立图表的工作表的数据源之间建立了联系。

删除数据系列：在图表中选定所需删除的数据系列，按 Delete 键删除图表中的系列，工作表数据源并没有被删除。

添加数据系列：在工作表中选中数据区域，将数据拖曳到图标区。

图表文字编辑：单击选中图表，再单击"图表"按钮下拉列表中的"图表选项"选项，弹出"图表选项"对话框，在各选项卡中设置标题、坐标轴、网格线、图例、数据标志、数据表等。

图表格式化：修改图表各对象的格式，通过要格式化的对象的右键快捷菜单中的格式命令来实现。

6.5　数据清洗综合案例

数据清洗（Data Cleaning）是对数据进行重新审查和校验的过程，目的在于删除重复信息、纠正存在的错误，并提供数据一致性。

数据清洗的主要操作包括数据过滤、数据去重、格式转换、数据校验等。

（1）数据过滤。数据过滤是通过对原始数据进行辨别和分离实现冗余及垃圾信息的滤除，主要包括：基于数据标准和过滤规则对不符合标准及规则的数据进行过滤和基于样本及内容分析对冗余或垃圾信息进行辨别、分离和过滤。被识别为冗余或垃圾信息的数据可以直接滤除，或标识后照常处理并交由后端模块（或人工）判断如何进一步处理。

（2）数据去重。数据去重是在各类场景下设定相应的数据重复判别规则以及合并、清除策略，对数据进行重复性辨别，并对重复数据进行合并或清除处理。

（3）格式转换。格式转换是根据数据元标准把非标准数据转换成统一的标准格式进行输出，针对不同来源的同类数据按照统一规则进行转换，如对地址、门牌号码、公民身份证号码、手机号、IP 地址、时间、经纬度等属性进行标准化转换。

（4）数据校验。数据校验是根据校验知识库对数据进行检验，符合标准的数据直接入库，不符合标准的数据可进入问题数据库以便进一步分析处理。数据校验主要包括数据的完整性校验、规范性校验、一致性校验等。数据校验的对象包括公民身份证号码、手机号、车牌号、IP 地址、银行账号等，常用的校验规则有空值校验、取值范围校验、数值校验、长度校验、精度校验等。此外，还有更为复杂的多字段条件校验、业务规则校验等。

目前，我国公安机关掌握的数据资源已达数百类、上万亿条、PB 级的大数据规模，数据年增长量超过 50%，数据清洗是利用好这些数据的第一步。

大数据时代背景下，市面上的数据清洗工具层出不穷，各有优缺点。当数据量比较小时，Excel 是数据清洗的首选，它方便、快捷、易用；当数据量十分庞大或数据格式繁多，数据清洗人员要花费大量的时间和精力的时候，就需要用到一些专门的数据清洗工具或者编程语言。

6.5.1　案例：案件的数据统计

在本案例中，统计数据如图 6.46 所示，任务如下：

（1）把"日期时间"分成两列："日期"和"时间"。

（2）删除重复行。

（3）根据"身份证号"判断性别并增加"性别"列。

	A	B	C	D	E	F
1	手机号	姓名	出现案件	身份证号	地址	日期时间
2	159****2995	未知	A省清江市0625假枪案	540***********337	西藏自治区山南市错那县	2017/03/23 12:34:00
3	187****8888	王*充	A省清江市0625假枪案	130***********64X	河北省保定市安国市	2017/03/23 02:13:28
4	189****0777	陈*龙	C省春谷市0416假枪案	140***********151	山西省阳泉市郊区	2017/03/22 12:41:52
5	137****2993	林*佐	A省清江市0625假枪案	522***********426	贵州省黔东南苗族侗族自治州锦屏县	2017/03/21 17:18:30
6	189****6841	关*	A省清江市0625假枪案	650***********713	新疆维吾尔自治区哈密市伊吾县	2017/03/21 16:49:51
7	189****6333	未知	A省清江市0625假枪案	140***********116	山西省大同市城区	2017/03/21 06:06:49
8	180****5555	林*	B省运城县1118假枪案	330***********881	浙江省绍兴市越城区	2017/03/20 21:26:34
9	130****7777	徐*强	C省春谷市0416假枪案	421***********741	湖北省荆州市监利县	2017/03/20 08:48:47
10	138****1111	薛*	A省清江市0625假枪案	632***********522	青海省海南藏族自治州贵南县	2017/03/20 03:24:20
11	152****2222	王*	B省运城县1118假枪案	511***********773	四川省达州市万源市	2017/03/19 21:36:46
12	186****3311	张*	A省清江市0625假枪案	360***********715	江西省九江市庐山市	2017/03/19 21:16:12
13	186****9958	许*政	A省清江市0625假枪案	520***********621	贵州省贵阳市观山湖区	2017/03/19 19:41:40
14	188****7102	杨*生	B省运城县1118假枪案	370***********773	山东省潍坊市昌乐县	2017/03/18 20:18:48
15	136****6888	李*	A省清江市0625假枪案	420***********826	湖北省武汉市新洲区	2017/03/17 21:17:01
16	136****6868	潘*	B省运城县1118假枪案	320***********652	江苏省苏州市太仓市	2017/03/17 07:40:54
17	159****5222	庄*杰	A省清江市0625假枪案	610***********658	陕西省宝鸡市宝鸡市	2017/03/16 15:47:03
18	158****7290	刘*静	B省运城县1118假枪案	211***********563	辽宁省葫芦岛市兴城市	2017/03/16 15:01:48
19	185****8111	未知	B省运城县1118假枪案	520***********40X	贵州省六盘水市盘县	2017/03/16 00:36:21
20	136****9942	金山柳	C省春谷市0416假枪案	230***********967	黑龙江省齐齐哈尔市龙江县	2017/03/15 18:47:47
21	137****9633	安晓	A省清江市0625假枪案	540***********819	西藏自治区日喀则市定日县	2017/03/14 20:34:58
22	138****4589	潘翠	A省清江市0625假枪案	430***********139	湖南省湘潭市雨湖区	2017/03/14 07:55:02
23	189****6841	关*	A省清江市0625假枪案	650***********713	新疆维吾尔自治区哈密市伊吾县	2017/03/21 16:49:51
24	134****6950	郑礼杰	B省运城县1118假枪案	510***********252	四川省绵阳市江油市	2017/03/13 08:38:34
25	157****1409	鲁福兰	A省清江市0625假枪案	341***********904	安徽省宣城市郎溪县	2017/03/12 12:05:04
26	153****7133	韦莉	B省运城县1118假枪案	450***********249	广西壮族自治区北海市合浦县	2017/03/12 00:04:43
27	155****0482	尤迎曼	A省清江市0625假枪案	530***********148	云南省曲靖市富源县	2017/03/11 08:40:23
28	158****8285	施秀丽	B省运城县1118假枪案	230***********887	黑龙江省哈尔滨市延寿县	2017/03/11 03:52:51
29	157****3792	李健	A省清江市0625假枪案	340***********622	安徽省马鞍山市当涂县	2017/03/10 16:23:16
30	152****1590	戚苹	A省清江市0625假枪案	231***********262	黑龙江省牡丹江市林口县	2017/03/10 13:36:02

图 6.46　某案件统计数据

操作过程如下：

（1）选中"日期时间"列的数据，单击"数据"选项卡"分列"按钮，设置"分隔符号"为"空格"，如图 6.47 所示，完成后的结果如图 6.48 所示。

图 6.47　"文本分列向导"对话框　　　　　　图 6.48　日期时间分列结果

（2）单击"数据"选项卡"数据工具"组中的"删除重复值"按钮，按图 6.49 所示设置，然后单击"确定"按钮，弹出如图 6.50 所示的提示框，直接单击"确定"按钮。

图 6.49　"删除重复值"对话框

图 6.50　删除重复值提示信息

（3）增加一列，在 C1 单元格中输入标题"性别"，在 C2 单元格中输入公示 =IF(MOD(MID(E2,17,1),2)=0,"女","男")，如图 6.51 所示。

图 6.51　根据身份证号判断性别

单元格向下复制后结果如图 6.52 所示。

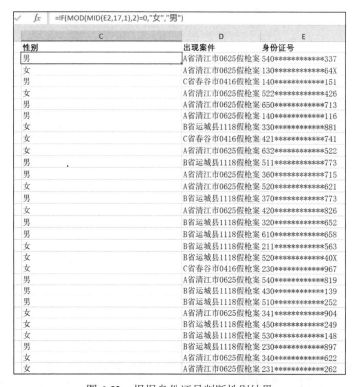

图 6.52　根据身份证号判断性别结果

6.5.2 案例：银行交易明细的处理

某案件从银行调取的交易明细如图 6.53 所示，本案例任务为将每笔交易的交易对手信息转换成同一行显示。

	A	B	C	D	E	F
1	序号	交易金额	账户余额	账号	开户银行	交易对手信息
2	1	0.02	0.2	62284523********973	中国工商银行吉安分行	银联商务有限公司
3						21609182********00
4						兴业银行上海路支行
5	2	1000	2000	19010070********392	工行长沙韶山路支行	海清市楼上楼营业公司
6						81293173********381
7						兴业银行海清市支行
8	3	2000	2300	40000272********691	工行深圳牡丹卡中心	刘义庆
9						62170192********2838
10						中国建设银行清远分行

图 6.53 银行原始交易明细

操作过程如下：

（1）选中 G2:I2 单元格区域，在编辑栏中输入公式=IF(C2<>0,TRANSPOSE(F2:F4),"")，按 Ctrl+Shift+Enter 组合键，转换第一笔交易对手信息。

（2）使用填充柄向下拖动复制公式，得到如图 6.54 所示的结果。

fx {=IF(C2<>0,TRANSPOSE(F2:F4),"")}

D	E	F	G	H	I
账号	开户银行	交易对手信息	交易对手名称	对手银行卡号	对手开户行
62284523********973	中国工商银行吉安分行	银联商务有限公司	银联商务有限公司	21609182********00	兴业银行上海路支行
		21609182********00			
		兴业银行上海路支行			
19010070********392	工行长沙韶山路支行	海清市楼上楼营业公司	海清市楼上楼营业公司	81293173********381	兴业银行海清市支行
		81293173********381			
		兴业银行海清市支行			
40000272********691	工行深圳牡丹卡中心	刘义庆	刘义庆	62170192********2838	中国建设银行清远分行
		62170192********2838			
		中国建设银行清远分行			

图 6.54 银行交易明细处理效果

6.5.3 案例：数据库中不合理数据的处理

某非法集资案后台数据库导出的会员信息表如图 6.55 所示，该会员信息表中“姓名”和“身份证号”列存在不合理数据，本案例任务如下：

（1）查找姓名中第一个字符不是汉字的记录。

（2）查找身份证号不合理的记录，包括长度不是 18 位、出生年月日超出范围。

操作过程如下：

（1）汉字的 Unicode 编码范围是 19968～40869，据此判断姓名的第一个字符是否是汉字。在 F2 单元格中输入公式=AND(UNICODE(LEFT(B2,1))>=19968,UNICODE(LEFT(B2,1))<=40869)，结果为 TRUE 则第一个字符是汉字，结果为 FALSE 则第一个字符不是汉字，如图 6.56 所示。向下复制后再筛选该列值为 FALSE 的记录，结果如图 6.57 所示。

	A	B	C	D	E
1	id	姓名	性别	身份证号	省市自治区
2	1	章欣	女	36****197607270064	江西省
3	2	张正芳	女	33****197411164429	浙江省
4	3	徐道山	男	37****197608124910	山东省
5	6	徐幼芬	女	33****196401150027	浙江省
6	8	付茂中	男	37****198507032038	山东省
7	11	段晓玲	女	36****298404156720	江西省
8	13	王洪菊	女	51****19790718004X	四川省
9	21	黄益万	男	36****195807283316	江西省
10	23	a刘建钢	男	15****197106223012	内蒙古自治区
11	24	刘英	女	36****197203080023	江西省
12	25	滕春芳	女	31****197109180423	上海市
13	32	胡华阳	女	36****197101250028	江西省
14	35	程玉华	女	36****197606122267	江西省
15	37	明显蒲	女	51****197703113161	四川省
16	38	何雨	女	51****199006011906	四川省
17	42	陈先碧	女	51****196501325386	四川省
18	43	陈延坡	男	37****19631170014	山东省
19	52	李冬玉	女	36****196712106223	江西省
20	53	朱骏	女	36****196211300720	江西省
21	54	张妍	女	61****198208200907	陕西省
22	55	秦清芳	女	36****199105230621	江西省
23	64	贺家胜	男	37****198508241251	山东省
24	66	王慧珍	女	36****197610205540	江西省
25	68	x刘定元	男	36****198609213114	江西省
26	72	邵九龙	男	36****198904100618	江西省
27	73	曹丹	女	36****198818245120	江西省
28	74	胡孟君	女	33****197106027025	浙江省
29	75	周赛月	女	33****197711117364	浙江省

图 6.55　原始会员信息表

	A	B	C	D	E	F
1	id	姓名	性别	身份证号	省市自治区	姓名第一个字符是否汉字
2	1	章欣	女	36****197607270064	江西省	=AND(UNICODE(LEFT(B2,1))>=19968,UNICODE(LEFT(B2,1))<=40869)

图 6.56　判断姓名的第一个字符是否是汉字

	A	B	C	D	E	F	
1	id	姓名	性别	身份证号	省市自治区	姓名第一个字符是否汉字	
10	23	a刘建钢	男	15****197106223012	内蒙古自治区	FALSE	
25	68	x刘定元	男	36****198609213114	江西省	FALSE	

图 6.57　姓名中第一个字符不是汉字的记录

（2）在 G2 单元格中输入公式=AND(LEN(D2)=18,VALUE(MID(D2,7,4))>1900,VALUE(MID (D2,7,4))<2022,VALUE(MID(D2,11,2))<=12,VALUE(MID(D2,13,2))<31)，结果为 TRUE 则身份证号格式正确，结果为 FALSE 则身份证号异常，如图 6.58 所示。

	A	B	C	D	E	F	G
1	id	姓名	性别	身份证号	省市自治区	姓名第一个字符是否汉字	身份证号是否正常
2	1	章欣	女	36****197607270064	江西省	TRUE	=AND(LEN(D2)=18,VALUE(MID(D2,7,4))>1900,VALUE(MID(D2,7,4))<2022,VALUE(MID(D2,11,2))<=12,VALUE(MID(D2,13,2))<31)

图 6.58　判断身份证号是否正常

向下复制后再筛选该列值为 FALSE 的记录，结果如图 6.59 所示。

	A	B	C	D	E	F	G	
1	id	姓名	性!	身份证号	省市自治区	姓名第一个字符是否汉字	身份证号是否正常	
7	11	段晓玲	女	36****298404156720	江西省	TRUE	FALSE	
17	42	陈先碧	女	51****196501325386	四川省	TRUE	FALSE	
18	43	陈延坡	男	37****19631170014	山东省	TRUE	FALSE	
27	73	曹丹	女	36****198818245120	江西省	TRUE	FALSE	

图 6.59　身份证号不正常的记录

判断身份证号是否正常，除了上述判断身份证号长度及年月日范围的方法外，还可以根据其他位数据进行判断，例如首 2 位取值范围、第 17 位与"性别"列是否匹配等。

习题 6

一、选择题

1. 在 Excel 2016 工作簿中，至少应含有的工作表个数是（　　）。
   A．0 　　　　　　　B．1 　　　　　　　C．2 　　　　　　　D．3

2. 在 Excel 2016 的公式中，地址引用 E$6 是（　　）引用。
   A．绝对地址 　　　　　　　　B．相对地址
   C．混合地址 　　　　　　　　D．都不是

3. 在 Excel 2016 默认建立的工作簿中，用户对工作表（　　）。
   A．可以增加或删除 　　　　　　B．不可以增加或删除
   C．只能增加 　　　　　　　　　D．只能删除

4. 在 Excel 2016 中，日期型数据默认的对齐方式为（　　）。
   A．靠左对齐 　　　　　　　　B．靠右对齐
   C．居中对齐 　　　　　　　　D．两端对齐

5. 在 Excel 2016 中，输入的文本数据默认的对齐方式为（　　）。
   A．靠左对齐 　　　　　　　　B．靠右对齐
   C．居中对齐 　　　　　　　　D．两端对齐

6. 在 Excel 2016 中，选定某单元格后单击"复制"按钮，再选中目标单元格，然后单击"粘贴"按钮，此时被粘贴的是原单元格中的（　　）。
   A．格式和批注 　　　　　　　B．数值和格式
   C．格式和公式 　　　　　　　D．全部

7. 如果 Excel 2016 工作表某单元格显示为"#DIV/0!"，则表示（　　）。
   A．行高不够 　　　　　　　　B．列宽不够
   C．公式错误 　　　　　　　　D．格式错误

8. 在 Excel 2016 中进行操作时，发现某个单元格中的数值显示变为"##########"，下列操作中能正常显示该数值的是（　　）。
   A．重新输入数据 　　　　　　B．调整单元格行高
   C．设置数字格式 　　　　　　D．调整单元格列宽

9. 用 Delete 键来删除选定单元格数据时，删除的是单元格的（　　）。
   A．内容 　　　　B．格式 　　　　C．批注 　　　　D．全部

10. 利用填充柄对单元格中的公式进行向下填充时，公式中的（　　）会发生变化。
    A．相对引用的行号 　　　　　B．相对引用的列号
    C．绝对引用的行号 　　　　　D．绝对引用的列号

11. 在 Excel 2016 中，下列引用地址为绝对引用地址的是（　　）。
    A．$D3 　　　　B．A$6 　　　　C．F8 　　　　D．$C$9

12. 在 Excel 2016 中，各类运算符的优先级由高到低顺序为（　　）。

　　A．数学运算符、比较运算符、字符串运算符

　　B．数学运算符、字符串运算符、比较运算符

　　C．比较运算符、字符串运算符、数学运算符

　　D．字符串运算符、数学运算符、比较运算符

13. 选定工作表全部单元格的方法是单击工作表的（　　）。

　　A．列标　　　　　　　　　　　　　B．编辑栏中的名称

　　C．行号　　　　　　　　　　　　　D．左上角行号和列号交叉处的空白方块

14. 在单元格中输入（　　）会使该单元格显示 0.5。

　　A．3/6　　　　　B．"3/6"　　　　　C．="3/6"　　　　　D．=3/6

15. 利用鼠标并配合健盘上的（　　）键可以同时选取数个不连续的单元格区域。

　　A．Ctrl　　　　　B．Alt　　　　　C．Shift　　　　　D．Esc

16. 在 Excel 2016 中，选择连续区域可以用鼠标和（　　）键配合来实现。

　　A．Ctrl　　　　　B．Alt　　　　　C．Shift　　　　　D．Esc

17. 假如单元格 D2 的值为 6，则函数"=IF(D2>8,D2/2,D2*2)"的结果为（　　）。

　　A．3　　　　　　B．6　　　　　　C．8　　　　　　D．12

18. 在 Excel 中的某个单元格内输入文字，要使文字能自动换行，可单击（　　）按钮。

　　A．"开始"选项卡"字体"组中的"自动换行"

　　B．"开始"选项卡"数字"组中的"自动换行"

　　C．"开始"选项卡"单元格"组中的"自动换行"

　　D．"开始"选项卡"对齐方式"组中的"自动换行"

19. 在 Excel 中，当使用错误的参数或运算对象类型，或者当自动更正公式功能不能更正时，将产生错误值（　　）。

　　A．#####!　　　　　　　　　　　B．#div/o

　　C．#VALUE!　　　　　　　　　　　D．#name?

20. 制作 Excel 饼图时，若选中了两行的数值行，则（　　）。

　　A．只有前一行有用　　　　　　　　B．只有末一行有用

　　C．各列都有用　　　　　　　　　　D．各列都无用

21. Excel 数据清单中，按某一字段内容进行归类，并对每一类作出统计的操作是（　　）。

　　A．数据分析　　　　　　　　　　　B．高级筛选

　　C．分类汇总　　　　　　　　　　　D．分类排序

22. 关于 Excel 的图表，下列说法中正确的是（　　）

　　A．不能在工作表中嵌入图表

　　B．可以将图表插入到某个单元格中

　　C．图表可以插入到一张新的工作表中

　　D．插入的图表不能在工作表中任意移动

23. 在 Excel 中，当工作表中的（　　）发生变化时，图表中对应项的数据也能自动更新。

　　A．格式　　　　　B．数据源　　　　　C．图例　　　　　D．图标格式

24．在 Excel 中，单击"数据"选项卡"排序和筛选"组中的"自定义排序"按钮，在弹出的"排序"对话框中添加关键字，下列说法中正确的是（　　）。

　　A．主要关键字必须指定　　　　　　B．可以一个关键字都不指定

　　C．主/次要关键字都必须指定　　　　D．至少要指定 3 个关键字

25．在 Excel 中进行公式复制时，使用绝对地址（引用）可以使公式中的（　　）。

　　A．范围随新位置而变化　　　　　　B．范围不随新位置而变化

　　C．范围大小随新位置而变化　　　　D．单元格地址随新位置而变化

二、填空题

1．在 Excel 2016 中，工作簿文件的扩展名为_____。

2．启动 Excel 2016，系统默认工作簿的名称为_____，默认建立_____个工作表，工作表的默认名称为_____。

3．在 Excel 2016 中，被选中的单元格称为_____。

4．在 Excel 2016 中，被选中单元格右下角的黑点称为_____。

5．将鼠标指针指向某工作表标签，按住 Ctrl 键拖动标签到新位置，则完成_____操作；若拖动过程中不按 Ctrl 键，则完成_____操作

6．在对数据进行分类汇总前，必须对数据进行_____操作。

三、简答题

1．如何创建工作簿？

2．针对工作表的基本操作有哪些？

3．针对单元格的基本操作有哪些？

4．自动填充数据的作用是什么？

5．如何保护工作簿？保护工作簿的目的和作用是什么？

6．如何设置单元格文字颜色？

7．如何设置单元格内文字的对齐方式？

8．什么是边框？如何设置单元格的边框和表格的边框？二者有什么区别？

9．页面设置包括哪些内容？

10．什么是条件格式？

拓展练习

创建一个 Excel 文档，命名为"2017 年电信网络诈骗案件统计表.xlsx"，然后完成如下操作：

（1）在工作表 Sheet1 中输入如图 6.60 所示的数据内容并统计全年的数量和总金额。

2017年电信网络诈骗案件统计表			
季度	案件类别	数量（起）	金额（元）
一季度	改号软件	60	120000
一季度	微信	50	100000
一季度	木马	35	70000
一季度	钓鱼网站	34	68000
一季度	语音平台	30	60000
一季度	中奖电话	3	6000
一季度	qq	2	4000
一季度	电话	3	6000
一季度	短信	1	2000
二季度	改号软件	62	124000
二季度	微信	52	104000
二季度	木马	36	72000
二季度	钓鱼网站	35	70000
二季度	语音平台	31	62000
二季度	中奖电话	20	40000
二季度	qq	3	6000
二季度	电话	4	8000
二季度	短信	1	2000
三季度	改号软件	63	126000
三季度	微信	54	108000
三季度	木马	38	76000
三季度	钓鱼网站	36	72000
三季度	语音平台	32	64000
三季度	中奖电话	21	42000
三季度	qq	4	8000
三季度	电话	4	8000
三季度	短信	1	2000
三季度	电子交易平台	1	2000
四季度	改号软件	75	150000
四季度	微信	78	156000
四季度	木马	47	94000
四季度	钓鱼网站	43	86000
四季度	语音平台	39	78000
四季度	中奖电话	4	8000
四季度	qq	11	22000
四季度	电话	5	10000
四季度	短信	1	2000

图 6.60　2017 年电信网络诈骗案件统计表

（2）添加工作表 Sheet2～Sheet4，将 Sheet1 中 A1:D39 单元格的值分别复制到这几个工作表中。

（3）在工作表 Sheet2 中，用分类汇总方法分别统计 4 个季度的总金额并求平均值。

（4）在工作表 Sheet3 中，以三季度为主要关键字，数量为次要关键字进行升序排序

（5）在工作表 Sheet4 中，利用筛选功能筛选出案件类别是微信，且数量大于 50 起的记录；或者筛选出四季度金额大于 90000 元的记录。

（6）建立一个图表，标题为"2017 年电信网络诈骗微信案件数量比例"，四个季度只统计"微信"诈骗案件数量，任意建立柱形图或饼图。

第 7 章 案情分析和汇报演示文稿制作

　　PowerPoint 是微软公司推出的 Office 办公软件中的演示文稿制作组件，PowerPoint 是目前使用最广泛、功能最强大的演示文稿制作软件，在公安工作中常用于案情介绍、案情分析等。

　　本章通过多个公安实用案例详细介绍了 PowerPoint 2016 的主要功能及使用方法，包括文本、图形、照片、视频、动画等设计手段的运用，演示文稿的设计、放映、发布等。

 **本章要点**

- ● PowerPoint 基本操作。
- ● 文本框、图片和 SmartArt 图表的美化。
- ● 动画的设置、幻灯片切换、超链接的设置。
- ● 放映方式、排练计时、屏幕注释工具和演示文稿的打包。

7.1 演示文稿的创建

　　本章以"张 XX 案件"为例详细讲解演示文稿的制作。张 XX 案件始末为 2009 年 6 月 30 日晚，南京市江宁区东山街道金盛路发生一起醉酒驾车导致的重大交通事故，事故造成 3 人当场死亡，2 人经医院抢救无效死亡，另有 4 人受轻伤。南京市中级人民法院对造成 5 死 4 伤的南京"6·30"特大醉酒驾车肇事案作出一审判决，被告人张 XX 犯以危险方法危害公共安全罪，被判处无期徒刑，剥夺政治权利终身。

　　任务：（1）演示文稿的打开、关闭保存。

　　　　　（2）幻灯片里文本的输入、段落格式的设置。

　　　　　（3）版式的设置、SmartArt 图形的使用。

　　　　　（4）图片、图表、表格的插入。

7.1.1 开始工作

1. 启动 PowerPoint

　　选择"开始"→PowerPoint 2016 命令即可启动 PowerPoint 2016。PowerPoint 2016 窗口界面及各组成部分如图 7.1 所示。

　　标题栏：用于显示当前使用的应用程序名称（Microsoft Office）和演示文稿的名称。

　　快速访问工具栏：默认情况下，包括保存、撤销和恢复 3 个 PowerPoint 中经常用到的工具，单击快速访问工具栏右侧的下拉菜单按钮还可以自己添加快速访问工具。

　　选项卡：是 PowerPoint 2016 的命令集，单击某一选项卡，会在下方功能区（组）中显示此对应的工具，选中的选项卡呈反白显示，默认情况下，打开 PowerPoint 2016 后选中的是"开始"选项卡。

功能区（组）：作用在于帮助用户快速找到完成某一任务所需的命令。其中的命令按逻辑组的形式组织，逻辑组集中在选项卡下。每个选项卡都与一种类型的活动（如编写页面或布局页面）相关。为了使屏幕更为整洁，某些选项卡只在需要时才显示。PowerPoint 2016 的功能区（组）都对应某一选项卡，单击选项卡显示相应的功能区（组），例如"开始"选项卡的功能区（组）包括"剪贴板"组、"幻灯片"组、"字体"组、"段落"组、"绘图"组等，每一类功能组下都有若干工具。

大纲/幻灯片窗格：可以使窗格在大纲模式和幻灯片模式之间切换。

幻灯片编辑区：在幻灯片编辑区中可以直接处理各个幻灯片。

备注窗格：可以输入关于当前幻灯片的备注。

视图切换按钮：单击相应按钮可在普通视图、浏览视图、放映视图之间切换。

幻灯片显示比例：通过鼠标调节滑动杆可以改变幻灯片的显示比例。

图 7.1　PowerPoint 2016 工作界面

2. 新建演示文稿

要想制作一个精彩的演示文稿，需要在普通幻灯片中插入精心编排的元素和颜色、字体、效果、样式和版式等。我们可以利用 PowerPoint 的内置模板，也可以从 Microsoft Office.com 以及第三方网站下载模板直接套用。如果用户有特殊的需要，可以新建空白演示文稿，然后利用"设计"选项卡设置演示文稿的主题、文字、颜色效果等。新建演示文稿的方法是单击"文件"选项卡中的"新建"命令或按 Ctrl+N 组合键，如图 7.2 所示。

提示：启动 PowerPoint 时，系统也会自动新建一个名为演示文稿 1 的空白演示文稿。

3. 保存演示文稿

保存演示文稿是指将 PowerPoint 制作的演示文稿以文件的形式保存在计算机的磁盘中。如果需要保存当前演示文稿，可以单击"文件"选项卡中的"保存"命令，弹出如图 7.3 所示的"另存为"对话框，这里将创建的演示文稿命名为"张 XX 醉驾案"，最后单击"保存"按钮。

也可以按 Ctrl+S 组合键或单击快速访问工具栏中的"保存"按钮来保存演示文稿。

单击"文件"选项卡中的"另存为"命令可以给文件换个新名字来保存。

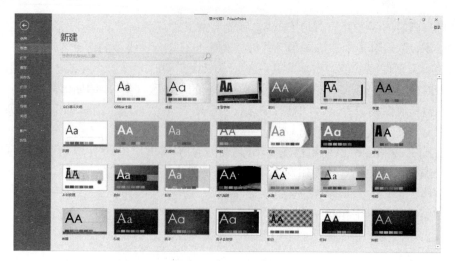

图 7.2   新建演示文稿

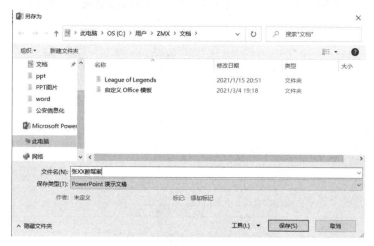

图 7.3   "另存为"对话框

如果之前已经保存了该演示文稿，再保存时就不会再弹出"另存为"对话框，而是以原来的文件名直接保存最近修改后的结果。

提示：在"保存"对话框中输入文件名时不要改变默认的扩展名。PowerPoint 2016 下默认文件扩展名为.pptx，但对 PowerPoint 2007 及以下版本并不兼容。若想创建 PowerPoint 97-2003 能识别的演示文稿，则应选择"PowerPoint 97-2003 演示文稿（*.ppt）"类型。此外，PowerPoint 2016 中的某些效果在 PowerPoint 2007 及以下版本中将不能正常显示。

4. 打开演示文稿

打开 PowerPoint 程序后，可以单击"文件"选项卡中的"打开"命令（或按 Ctrl+O 组合键）来打开一个已存在的演示文稿，此时会弹出"打开"对话框，在其中选择要打开的演示文稿后单击"打开"按钮。

提示：PowerPoint 提供了多种打开演示文稿的特殊方式，例如以只读形式打开文稿、同时打开多个文稿等，极大地增加了 PowerPoint 的灵活性。操作方法是在"打开"对话框中选中要打开的文件，然后单击"打开"按钮右侧的下拉箭头，在下拉列表中选择"以只读方式打开"

或 "以副本方式打开" 等方式。

　　5. 关闭演示文稿

　　一个演示文稿编辑完成后就可以关闭了，方法是单击 "文件" 选项卡中的 "退出" 命令
（或按 Alt+F4 组合键）或者单击 PowerPoint 2016 窗口右上角的 "关闭" 按钮。

7.1.2　制作简单的幻灯片

　　在上一节中建立并保存了一个名为 "张 XX 醉驾案" 的演示文稿，下面来看一下如何制作
幻灯片。在输入文本和对文本进行编辑之前，应先给幻灯片设置主题，然后才能更加合理地编
辑文本的颜色、大小、位置等格式。

　　1. 幻灯片主题的设置

　　在 "设计" 选项卡的 "主题" 组中单击 "更多" 按钮，如图 7.4（a）所示。在弹出的下拉
列表中选择 "主要事件" 主题，如图 7.4（b）所示，若要预览应用了特定主题的当前幻灯片的
外观，只要将指针停留在该主题的缩略图上即可。在 "变体" 组中单击 "更多" 按钮，在 "颜
色" 下拉列表框中选择 "视点" 配色方案，为当前主题替换颜色，如图 7.4（c）所示。

（a）"设计" 选项卡

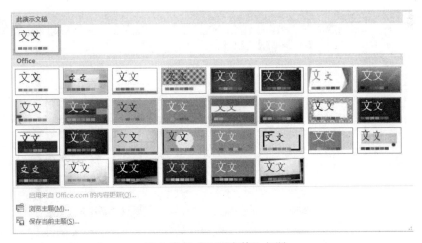

（b）选择 "主要事件" 主题

图 7.4　设置幻灯片主题

（c）将主题的配色方案设置为"视点"

图 7.4　设置幻灯片主题（续图）

在 PowerPoint 中，模板（templet）和主题（theme）是有区别的。模板是另存为.potx 文件的一个或一组幻灯片的模式或设计图，可以包含版式、主题、背景样式，甚至文字、图片等具体内容。可以自己创建自定义模板，保存以后再次使用或与他人共享。主题是一个包括主题文字（应用于文件中的主要字体和次要字体的集合）、主题颜色（文件中使用的颜色的集合）、主题效果（应用于文件中元素的视觉属性的集合）3 个项目的集合体，可以应用于幻灯片中的表格、SmartArt 图形、形状、图表等。已经保存的主题可以应用于所有支持主题的 Office 程序，如 Word、Excel、Outlook 和 PowerPoint。

2．幻灯片基本操作

（1）新建幻灯片。

想要添加新的幻灯片，只需在"大纲/幻灯片"窗格的空白处单击，出现一条闪动的横线后按 Enter 键；也可以在"大纲/幻灯片"窗格的空白处右击并选择"新建幻灯片"选项。我们在演示文稿中再添加 5 张幻灯片，即共创建了 6 张幻灯片，如图 7.5 所示。

图 7.5　添加新的幻灯片

（2）删除幻灯片。

在"大纲/幻灯片"窗格中，选择某张幻灯片后按 Delete 键便可删除该幻灯片。

（3）更改幻灯片的显示顺序。

操作方法是在"大纲/幻灯片"窗格中，单击某张幻灯片后将其向上或向下拖动到相应位置。

在"大纲/幻灯片"窗格的"幻灯片"窗格模式下会显示所有幻灯片的缩略图，切换到"大纲"窗格下则显示幻灯片中的文字内容。若改变"大纲/幻灯片"窗格的大小，则将鼠标悬停在"大纲/幻灯片"窗格与"幻灯片"窗格的边界线上，拖动鼠标即可。

3．文本的输入

和 Word 不同，若要在 PowerPoint 中输入文本，只能在占位符、文本框、表格和形状图形等中添加，不能直接在幻灯片中输入文本。以在占位符中输入文本为例，占位符是一种带有虚线边缘的框，绝大部分幻灯片的版式中都有这种虚线框。在这些框内可以放置标题、正文、图表、表格、图片等对象。在占位符中单击，这些提示文字则被闪烁的文字光标所代替，此时就可以输入文本了。在第一个占位符中输入"张 XX 醉驾案"，在第二个占位符中输入"南京'6·30'特大醉酒驾车肇事案"，如图 7.6 所示。

图 7.6　输入文本

在占位符中输入的文本格式是我们选用主题时已经设置好的，可以根据自己的需要重新设置文本格式。在幻灯片中除了可以在占位符和文本框中添加文本外，也可以在"形状"中添加文本，方法是右击"形状"图形并选择"编辑文字"选项。

4．文本格式的设置

选择"张 XX 醉驾案"文本，单击"开始"选项卡"字体"组的对话框开启按钮，弹出"字体"对话框，按照图 7.7 所示设置字体格式。

选择"南京'6·30'特大醉酒驾车肇事案"文本，在"开始"选项卡的"字体"组中将字体设为黑体，其余设置不变，如图 7.8 所示。

图 7.7 通过"字体"对话框设置字体格式图　　　图 7.8 通过功能区（组）设置字体格式

5. 段落格式的设置

选择"张 XX 醉驾案"文本，单击"开始"选项卡"段落"组的对话框开启按钮，弹出"段落"对话框，按照图 7.9 所示设置段落格式。选择"南京'6·30'特大醉酒驾车肇事案"文本，在"开始"选项卡的"段落"组中选择"居中对齐"方式，将文本框中的文字对齐方式设为"居中"对齐，如图 7.10 所示。

图 7.9 通过"段落"对话框设置段落格式

图 7.10 设置文本框中文字的对齐方式

提示：在 PowerPoint 2016 中设置段落格式的方法和在 Word 2016 中设置段落格式的方法基本相同，这里不再赘述。

6. 幻灯片版式的设置

版式就是幻灯片上标题和副标题文本、列表、图片、表格、图表、自选图形和视频等元素的排列方式。当模板自带的版式不能满足需求时可以重新选择版式，方法为选择要设置版式的幻灯片（单击"大纲/幻灯片"窗格中的第二张幻灯片），然后单击"开始"选项卡"幻灯片"组中的"版式"按钮，在弹出的下拉列表中选择需要的版式，如图 7.11 所示；或者在"大纲/幻灯片"窗格中的"幻灯片"模式下右击幻灯片或在"幻灯片"窗格中右击幻灯片的空白处，在弹出的快捷菜单中选择"版式"按钮，在级联菜单中选择需要的版式。

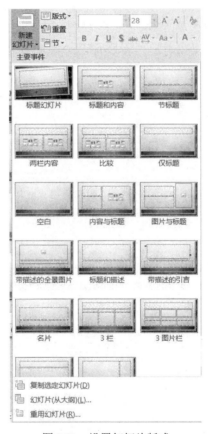

图 7.11　设置幻灯片版式

7. 文本框的插入

选择第三张张幻灯片，单击"插入"选项卡"文本"组中的"文本框"按钮，选择横排文本框后，鼠标会变成十字型，在幻灯片左上方拖动便可插入一个文本框。按照同样方法完成第四至六章幻灯片中文本框的插入。

另一种方法为单击"开始"选项卡"绘图"组中的"横排文本框"或"竖排文本框"按钮。

可以通过鼠标拖动来绘制文本框也可以通过鼠标左键单击创建文本框。方法是单击"绘制文本框"按钮后，在幻灯片的任意位置拖动或单击鼠标即可。

通过鼠标拖动绘制的文本框是以字处理方式输入文本，通过鼠标单击插入的文本框是以文字标签方式输入文本。二者的区别在于用前种方式输入的文字超出文本框的边界时文字会自动换行，后种方式输入的文字超出文本框的边界时文字不会自动换行，文本框将随文字一起扩展，两种方式分别适用于输入较长和较短的内容。

将第三至六张幻灯片的版式均设为"空白"版式，并分别按照图 7.12（a）至（d）所示设置幻灯片以下内容：

第三张幻灯片文本框中的文字：张 XX——基本资料

第四张幻灯片文本框中的文字：交通事故发生过程

第五张幻灯片文本框中的文字：审判过程及结果

第六张幻灯片文本框中的文字：量刑结果的民意调查

所有标题的字体格式设为黑体、28 号，所有正文的字体设为黑体、20 号、1.5 倍行距。

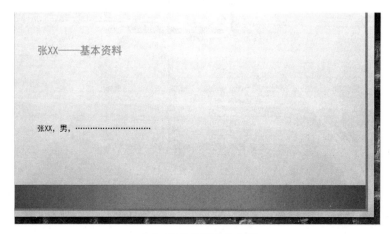

（a）第三张幻灯片内容

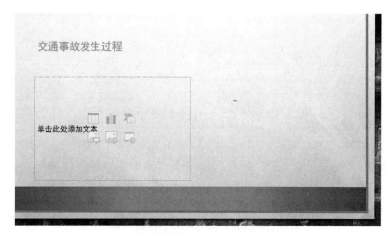

（b）第四张幻灯片内容

图 7.12　第三至六张幻灯片的效果

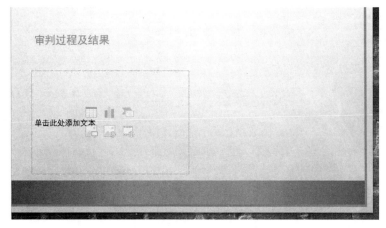

（c）第五张幻灯片内容

（d）第六张幻灯片内容

图 7.12　第三至六张幻灯片的效果（续图）

8．SmartArt 图形的使用

（1）转换为 SmartArt 图形。

选择第二张幻灯片中的文本框，然后单击"开始"选项卡"段落"组中的"转换为 SmartArt 图形"按钮，在下拉列表中选择"其他 SmartArt 图形"，在弹出的"选择 SmartArt 图形"对话框中选择"图片"组中的"垂直图片列表"，如图 7.13（a）所示，单击"确定"按钮后在幻灯片上便出现了一个 SmartArt 的图形，如图 7.13（b）所示。SmartArt 图形转换完毕后即可在文本前插入图片。

（2）直接插入 SmartArt 图形。

单击"插入"选项卡中的 SmartArt 按钮，然后选择合适的 SmartAt 图形。

在幻灯片中同样可以将图片转换为 SmartArt 图形。选择多张图片（单击第一张图片，然后在按住 Ctrl 键的同时单击选择其他图片），这时在菜单栏中会新增一个"图片工具/格式"选项卡，在"图片样式"组中单击图片版式进行相应设置。

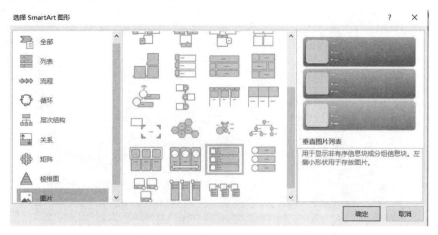

（a）选择 SmartArt 图形

（b）创建 SmartArt 图形

图 7.13　SmartArt 图形的使用

9．插入图片

选择第三张幻灯片，单击"插入"选项卡"插图"组中的"图片"按钮，通过弹出的对话框找到素材包中的相关图片，然后单击"插入"按钮，效果如图 7.14 所示。

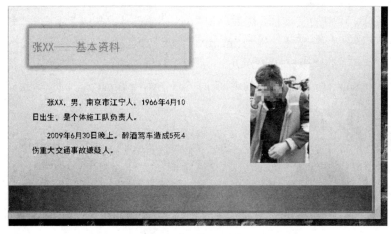

图 7.14　插入图片

在"插入图片"对话框中可以选择多张图片，然后单击"插入"按钮同时插入多张图片。PowerPoint 2016 支持的图片类型有很多，如.jpg、.jpeg、.bmp、.wmf、.emf、.png、.tif、.pcx、.gif、.tag 等几乎所有常见的格式。

10．插入视频

选择第四张幻灯片，单击"插入"选项卡"媒体"组中的"视频"按钮，在弹出的对话框中选择相关视频，然后单击"打开"按钮，效果如图 7.15 所示。

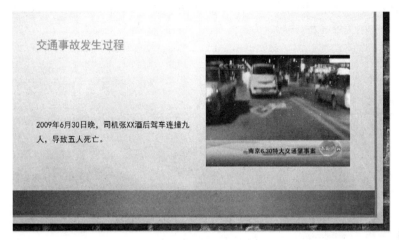

图 7.15　插入视频

11．插入表格

选择第五张幻灯片，单击"插入"选项卡"表格"组中的"表格"按钮，在弹出的下拉列表中选择"插入表格"选项，在弹出的对话框中，输入 2 列、5 行创建一个两列五行的表格，在表格中输入如图 7.16 所示的文字。

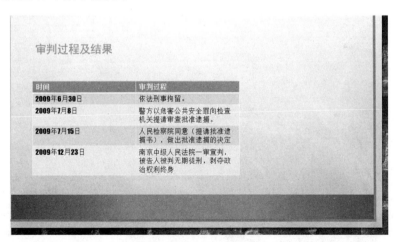

图 7.16　插入表格

也可以通过绘制和鼠标拖动的方式创建表格，具体做法同 Word 中创建表格的方法一致。另外，也可以在 PowerPoint 中插入 Excel 表格，在数据输入完毕后只要再双击 Excel 表格便可对数据进行修改。

12．插入图表

单击"插入"选项卡"插图"组中的"图表"按钮，在弹出的对话框中选择相应的图表后便会同时出现图表和 Excel 表格，在表格中输入图表数据。例如选择第六张幻灯片，单击"插入图表"按钮，在弹出的"插入图表"对话框中选择"三维饼图"，如图 7.17（a）所示，单击"确定"按钮后将同时弹出饼图和 Excel 文档，在 Excel 文档中输入如图 7.17（b）所示的数据，左侧的饼图则会作出相应的改变。此时我们发现饼图多出了一个空白系列，如图 7.17（c）所示，将鼠标指针放在蓝色线框的右下角并拖动调节蓝色线框，如图 7.17（d）所示，此时图表便创建完成，关闭 Excel 程序。

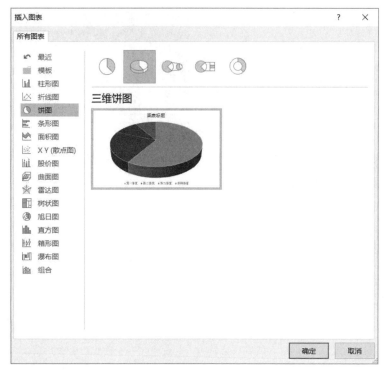

（a）选择图表类型

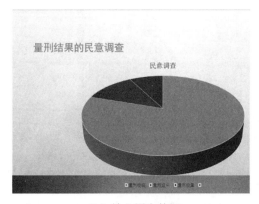

（b）输入图表数据　　　（c）初始图表　　（d）选择图表创建系列

图 7.17　插入图表

　　单击选择图表后，功能区中会出现"图表工具"选项卡，如需编辑图表中的数据，则应在"图表工具/设计"选项卡"数据"组中单击相应的编辑数据按钮重新在 Excel 程序中编辑数据。

7.2　幻灯片的美化

　　PowerPoint 2016 在对文本框、图片、表格、图表等元素的编辑设置上拥有令人惊艳的强大功能，我们不需要使用其他图形、动画软件便能制作出华丽的演示文稿，节省了大量时间。下面就学习编辑图片等元素的方法，以实现幻灯片的美化。

　　任务：（1）艺术字的使用。

　　　　　（2）SmartArt 图形、图表的美化。

　　　　　（3）文本框、图片、表格格式的设置。

　　1. 艺术字的使用

　　单击"插入"选项卡"文本"组中的"艺术字"按钮，在下拉列表中选择合适的艺术字样式后在提示框中输入文字即可。

　　因为我们已经在幻灯片中输入了文字，在实际操作的时候可以采用另一种方法来设置艺术字。在第一张幻灯片中选择"张 XX 醉驾案"文本框，这时功能区会出现"绘图工具/格式"选项卡，在"艺术字样式"组中单击"快速样式"按钮，在下拉列表中选择如图 7.18（a）所示的艺术字样式。

　　艺术字样式设置完毕后，还可以在"艺术字样式"组中设置"文本填充""文本轮廓"和"文本效果"3 个选项，如图 7.18（b）所示。

（a）选择艺术字样式　　　　　　　（b）文本效果设置

图 7.18　艺术字的使用

　　提示：单击"艺术字样式"艺术字的使用组的对话框开启按钮将会弹出"设置文本效果格式"对话框，在这里我们可以对艺术字的效果进行精确设置。

　　2. 美化 SmartArt 图形

　　选择已经创建好的 SmartArt 图形后，功能区中会新增"SmartArt 工具"的"设计"和"格式"选项卡，在这两个选项卡中可以进行图形的排版和修饰。

　　单击第二张幻灯片中的 SmartArt 图形的外边框，在新增的"SmartArt 工具/格式"选项卡的"大小"组中将"高度"设为 13 厘米，"宽度"设为 18.5 厘米。单击"SmartArt 工具/设计"选项卡"SmartArt 样式"组中的"更换颜色"按钮，选择如图 7.19（a）所示的色彩。将 SmartArt 图形中的文字设为黑体、42 号。单击 SmartArt 图形中每个条目前的"插入图片"按钮为 4 个条目分别插入相应的图片，如图 7.19（b）所示。

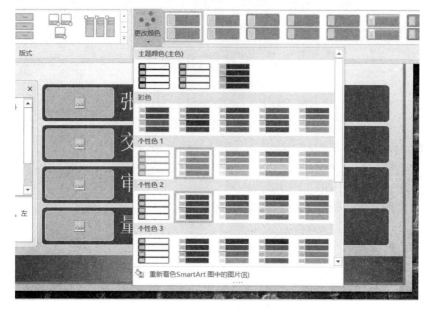

（a）设置图形样式

（b）插入图片

图 7.19　美化 SmartArt 图形

　　知识链接：在"SmartArt 图形工具"中有"设计"和"格式"两个选项卡，"设计"选项卡主要用于调整图形的布局、增加形状、更改节点顺序、设置 SmartArt 图形样式等，"格式"选项卡主要用于设置图形的形状轮廓、形状填充、形状效果、艺术字和大小等。

　　3. 文本框格式的设置

　　选择文本框后功能区中会出现"绘图工具/格式"选项卡，在其中可以进行文本框的格式设置。

　　选择"张 XX——基本资料"文本框，在"绘图工具/格式"选项卡的"形状样式"组中单击"形状填充"按钮，在下拉列表中选择"其他颜色"选项（如图 7.20（a）所示），按照图 7.20（b）所示设置颜色。

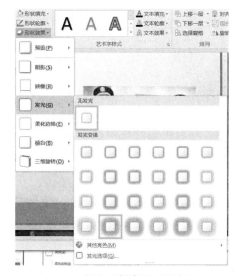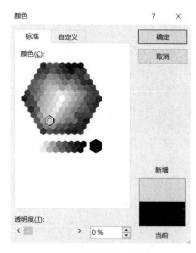

（a）调出"颜色"对话框　　　　　（b）设置颜色效果

图 7.20　设置文本效果

4. 图片的格式设置

选择图片后功能区中会出现"图片工具/格式"选项卡，在其中可以进行图片格式的设置。

选择第三张幻灯片中的图片，在"图片工具/格式"选项卡的"图片样式"组中选择"映像圆角矩形"图片样式，如图 7.21（a）所示；在"图片效果"下拉列表中选择"预设 11"，如图 7.21（b）所示。

（a）设置图片样式

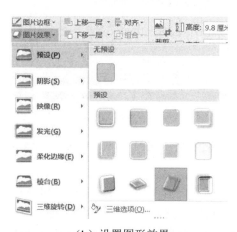

（b）设置图形效果

图 7.21　设置图片格式

PowerPoint 2016 中新增了对图片艺术效果的设置，通过这些功能便可直接得到以往只有通过图形处理软件才能制作出来的效果。方法是在"图片工具/格式"选项卡的"调整"组中单击"艺术效果"按钮，在下拉列表中选择相应的功能。

单击"图片工具/格式"选项卡"图片样式"组中的"图形版式"按钮可以将图片转换为 SmartArt 图形。

当幻灯片中有多个图片时，我们可以通过"图片工具/格式"选项卡"排列"组中的"上移一层"和"下移一层"按钮来改变图片的上下层位置。

5. 表格的格式设置

选择表格后功能区中会出现"表格工具"的"设计"和"布局"选项卡，在这两个选项卡中可以对表格进行设置。

选择第五张幻灯片中的表格，将表格中的文字设为黑体、20 号。当鼠标指针停在表格两列之间的边框线时指针会改变形状，此时拖动鼠标可以调整两列表格的大小。选择"表格工具/布局"选项卡，在"表格尺寸"组中设置表格的高为 9.2 厘米、宽为 22 厘米。选中整张表格（单击表格的外边框），在"对齐方式"组中选择"居中对齐"；将标题行选中（鼠标放在标题行前，当指针变成黑色箭头时单击鼠标便可选中当前行），设置对齐方式为"居中对齐"，如图 7.22 所示。

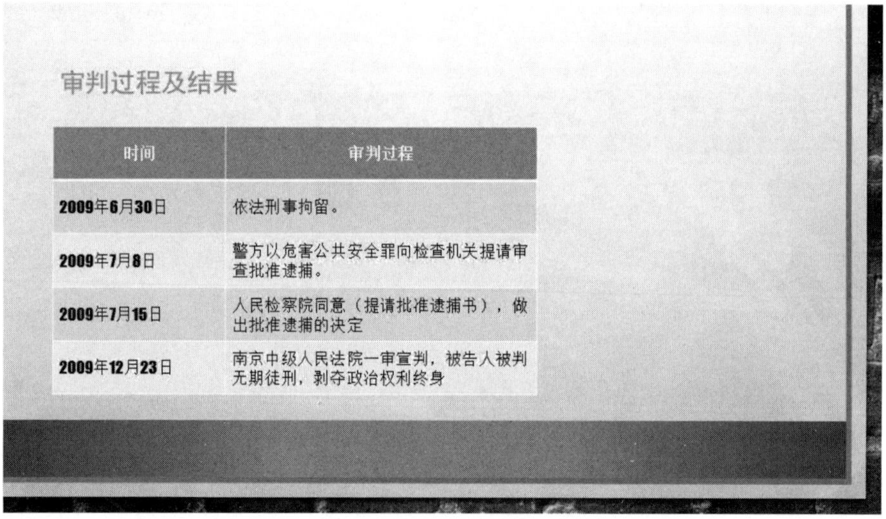

图 7.22　表格的格式设置

PowerPoint 2016 中对表格的编辑功能和 Word 2016 中的基本相同，这里不再赘述。

6. 图表的美化

选择图表后功能区中会出现"图表工具"的"设计""布局"和"格式"选项卡，在这 3 个选项卡中可以完成对图表的格式设置。

选择第六张幻灯片中的图表，将图表中的所有文字设为黑体。在"图表工具/格式"选项卡的"大小"组中设置图表的高为 10 厘米、宽为 13 厘米，在"设计"选项卡的"图表布局"

组中选择"样式 2"，如图 7.23 所示。

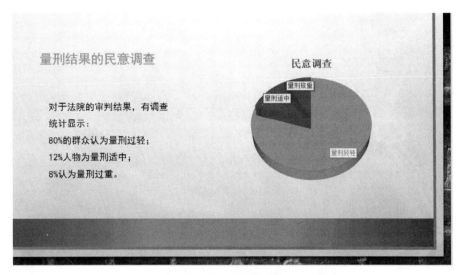

图 7.23　图表的美化

PowerPoint 2016 中对图表的编辑功能和 Excel 2016 中的基本相同，这里不再赘述。

7.3　制作动态的演示文稿

通常情况下，演示文稿总是由若干张幻灯片页面组成。当幻灯片切换时，可以设置前一张幻灯片消失的效果和后一张幻灯片插入显示的效果，从而增强演示文稿的生动性和趣味性。

任务：（1）创建超链接。

（2）幻灯片的切换。

（3）幻灯片中的动画设置。

7.3.1　创建超链接

在 PowerPoint 中，超链接可以是从一张幻灯片跳转到另一张幻灯片，或者是跳转到其他文件、网页、邮箱等。使用超链接可以使演示文稿变得更加丰富、更加灵活。

在第二张幻灯片中选择图片 1，单击"插入"选项卡"链接"组中的"超链接"按钮，在弹出的对话框中按照图 7.24 所示设置为将图片链接到本文档中的第三张幻灯片。按照此设置将图片 2 链接到第四张幻灯片、图片 3 链接到第五张幻灯片、图片 4 链接到第六张幻灯片。

在第三张幻灯片的右下角插入文本框，输入"返回"，如图 7.25 所示。选择文本框，单击"链接"组中的"超链接"按钮，将其链接到第二张幻灯片。将已创建链接的文本框复制到第四张至六张幻灯片中，此时会发现"返回"文本框连同设置好的超链接一同被复制了。

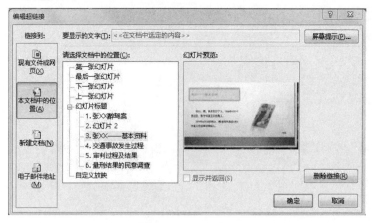

图 7.24 创建超链接

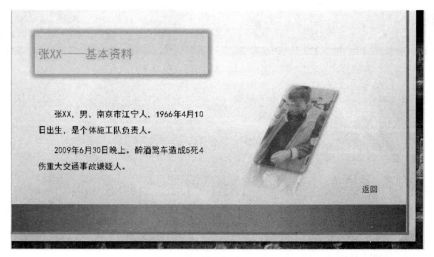

图 7.25 制作返回链接

7.3.2 幻灯片的切换

（1）选择第一张幻灯片，在"切换"选项卡的"切换到此幻灯片"组中选择"推进"切换方式，再选择第二张幻灯片，将切换方式设为"揭开"，同时选择第三张及以下所有幻灯片（选择第三张幻灯片后，按住 Shift 键的同时再单击最后一张幻灯片），选择"动态内容"中的"窗口"切换方式。

（2）若想删除某幻灯片的切换方式，只需选择该幻灯片后在"切换"选项卡的"切换到此幻灯片"组中选择"无"即可。若想删除所有幻灯片的切换方式，则在选择"无"切换方式后单击"计时"组中的"全部应用"按钮。

"切换到此幻灯片"组中的"效果选项"可以设置切换方式的动画效果；"计时"组中的"持续时间"用于设置动画切换的速度，数值越小速度越快。换片方式默认格式为"单击鼠标时"，可以与"设置自动换片时间"同时选择，这样在设置时间到达后可以自动换片，设置时间未到时可以通过鼠标单击切换幻灯片。

7.3.3　幻灯片中动画的设置

（1）第三张幻灯片。选择标题文本框"张 XX——基本资料"，在"动画"选项卡"动画"组的"动画"下拉列表框中选择"飞入"效果，在"动画"组右侧的"效果选项"中选择"自左侧飞入"效果。再次选择"张 XX——基本资料"文本框，然后双击"高级动画"组中的动画刷按钮，依次单击下面各页幻灯片中的标题文本框，便可设置同"张 XX——基本资料"文本框一样的动画方案。设置完毕后再单击动画刷按钮可取消动画刷设置。

选择标题文本框下的内容文本框，再选择"飞入"的动画方案，在"效果选项"中选择"自左侧飞入"选项。

选择图片 1，设为"飞入"动画，将"效果选项"设为"自右侧"。单击"高级动画"组中的"动画窗格"按钮，在右侧的动画窗格中选择编号为 3 的动画，在其下拉列表中选择"从上一项开始"选项，如图 7.26 所示。这样设置的动画效果是当标题文本框自左侧飞入完毕后内容文本框和图片会同时飞入幻灯片。

选择"返回"文本框，设置进入的动画效果为"淡出"。利用动画格式刷对下面所有页面中的"返回"文本框作相同的设置。

（2）第四张幻灯片。选择内容文本框，设置进入的动画方式为"弹跳"式。选择视频，在"动画"组的下拉列表中单击"更多进入效果"按钮，在弹出的对话框中选择"向内溶解"动画效果，如图 7.27 所示。

图 7.26　设置同时播放的动画效果

图 7.27　选择更多的进入动画效果

（3）第五张幻灯片。选择表格，设置动画方式为擦除。在动画窗格中，按住 Ctrl 键单击同时选中 3 个动画，在下拉列表中选择"从上一项之后开始"选项，如图 7.28 所示。这样设置后，在放映该页幻灯片时，不用鼠标单击便可自动播放该页的所有动画。

（4）第六张幻灯片。用鼠标框选内容文本框和图表，如图 7.29 所示。选择"翻转式由远及近"的动画方案，此时内容文本框和图表可以同时进入幻灯片，与在动画窗格中设置"从上一项开始"的效果一致。

图 7.28　动画的自动播放

图 7.29　框选文本框和图表

也可以更改动画播放的顺序，方法是在动画窗格中选择目标动画，然后单击"计时"组中的"向前移动"或"向后移动"按钮。

7.4　幻灯片的放映和打包

7.4.1　幻灯片的放映

单击"幻灯片放映"选项卡"开始放映幻灯片"组中的选择"从头开始"或"从当前幻灯片开始"按钮。

7.4.2　设置幻灯片循环放映

单击"幻灯片放映"选项卡"设置"组中的"设置幻灯片放映"按钮，在弹出的对话框中勾选"循环放映，按 ESC 键终止"复选项，如图 7.30 所示。

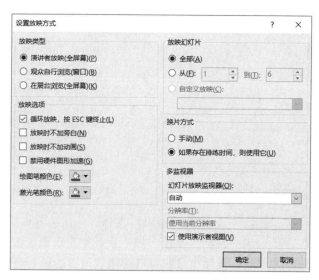

图 7.30　设置放映方式

　　幻灯片放映的默认选项是"演讲者放映"。在这种方式下，演讲者具有对放映的完全控制权，并可用自动或手动方式运行幻灯片。演讲者放映方式允许在放映过程中激活控制菜单，能进行画线、漫游等操作，甚至可在放映过程中录下旁白。

　　"观众自行浏览"方式是观众可以使用窗口自行观看幻灯片。利用这种方式提供的菜单可以进行翻页、打印，甚至 Web 浏览。但此时不能单击鼠标按键进行放映，只能自动放映或利用滚动条进行放映。在这种方式下，"循环放映，按<ESC>键终止"复选项有效。自动运行演示会在放映结束后重新开始，而且如果手动换片的空闲时间超过 5 分钟，也会重新开始。

　　"展台浏览"放映方式的控制最为简单。在放映过程中，除了可以用鼠标指针选择屏幕对象外，其他的功能将全部失效，只能使用 Esc 键终止放映。

　　单击"幻灯片放映"选项卡"设置"组中的"隐藏幻灯片"按钮，则在放映时被隐藏的幻灯片不被播放。

　　单击"幻灯片放映"选项卡"设置"组中的"排练计时"按钮，可以记录幻灯片播放时每张幻灯片所需的时间，便于以后设置自动运行放映。

7.4.3　将幻灯片打包成 CD

　　单击"文件"选项卡中的"导出"命令，在窗格中选择"将演示文稿打包成 CD"，单击"打包成 CD"，在弹出的对话框中将 CD 命名为"张 XX 醉驾案"，单击"复制到文件夹"按钮后单击"浏览"按钮，选择保存文件的位置，如图 7.31 所示。

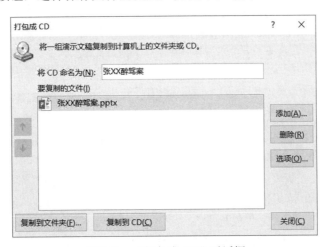

图 7.31　"打包成 CD"对话框

　　如果想将演示文稿打包到 CD 中，可以单击对话框中的"复制到 CD"按钮，但需要计算机的主机中要有空白光盘。

　　通过"打包成 CD"功能可以将演示文稿和所有支持文件（包括演示文稿所链接的文件）全部打包到文件夹或 CD 中，而且打包演示文稿时可以在文件夹或 CD 中加入最新的 PowerPoint 播放器，这样即使播放演示文稿的计算机没有安装 PowerPoint，也可以自动运行打包后的演示文稿。

习题 7

1. PowerPoint 2016 演示文稿的扩展名是（　　）。

    A．.pot   B．.pptx   C．.docx   D．.dot

2. 在 PowerPoint 2016 的（　　）可以进行文本的输入。

    A．幻灯片视图、幻灯片浏览视图、大纲视图

    B．大纲视图、备注页面视图、幻灯片放映视图

    C．幻灯片视图、大纲视图、幻灯片放映视图

    D．幻灯片视图、大纲视图、备注页视图

3. 在 PowerPoint 2016 中，要全屏演示幻灯片，可将窗口切换到（　　）。

    A．幻灯片视图   B．大纲视图   C．浏览视图   D．幻灯片放映视图

4. 利用（　　）视图可以方便地拖动幻灯片以改变它们的次序，还可以为它们增加转换效果，改变放映方式，从总体上把握一套电子讲演稿。

    A．幻灯片   B．幻灯片放映   C．大纲   D．幻灯片浏览

5. 在 PowerPoint 2016 中，放映的快捷键为（　　）。

    A．F5   B．Alt+F5   C．Ctrl+F5   D．Shift+F5

6. 在 PowerPoint 2016 中，从当前页放映的快捷键为（　　）。

    A．F5   B．Alt+F5   C．Ctrl+F5   D．Shift+F5

7. 在 PowerPoint 2016 中，退出放映的快捷键为（　　）。

    A．F6   B．Esc   C．Ctrl+Backspace   D．Enter

拓展练习

（1）建立页面一：版式为"标题幻灯片"；标题内容为"毕业论文"，设置为黑体、72；副标题内容为"学号姓名"，设置为宋体、28、倾斜。

（2）建立页面二：版式为"仅标题"；标题内容为"1. 论文简介"，设置为隶书、36、分散对齐；为标题设置"左侧飞入"动画效果并伴有"打字机"声音。

（3）建立页面三：版式为"仅标题"；标题内容为"2. 研究内容"，设置为隶书、36、分散对齐；为标题设置"盒状展开"动画效果并伴有"鼓"声音。

（4）建立页面四：版式为"仅标题"；标题内容为"3. 研究结果"，设置为隶书、36、分散对对齐；为标题"从下部缓慢移入"动画效果并伴有"幻灯放映机"声音。

（5）设置应用设计模板为"回顾"，将所有幻灯片的切换方式设置为"每隔6秒"换页。

第8章 网络技术在公安工作中的应用

计算机网络技术是通信技术与计算机技术相结合的产物。计算机网络，是指将地理位置不同的具有独立功能的多台计算机及其外部设备，通过通信线路连接起来，在网络操作系统、网络管理软件及网络通信协议的管理和协调下，实现资源共享和信息传递的计算机系统。

本章介绍了计算机网络的基本概念、基本组成、网络协议和体系结构，介绍了局域网及Internet 的组成和应用，还介绍了网络技术在公安工作中的应用。

 本章要点

- 计算机网络基本知识。
- 信息服务和检索。
- 收发电子邮件。
- FTP 文件传输协议。
- 网络技术在公安工作中的应用。

8.1 计算机网络概述

8.1.1 计算机网络的基本概念及功能

1. 计算机网络的基本概念

Internet 源于美国高级研究计划局（Advanced Research Project Agency，ARPA）建立的军用计算机网络 ARPAnet，于 1969 年开通。ARPAnet 被公认为世界上第一个采用分组交换技术组建的网络，是现代计算机网络诞生的标志。ARPA 后改名为国防部高级研究计划局（Defense Advanced Research Project Agency，DARPA），ARPAnet 被称为 DARPANET Internet，简称为 Internet。

1985 年，美国国家科学基金会（National Science Foundation，NSF）筹建了互联网中心，将位于新泽西州、加州、伊利诺斯州、纽约州、密西根州和科罗拉多州的 6 台超级计算机联接起来，形成 NSFNET。1990 年 3 月，NSFNET 接替 ARPAnet 成为 Internet 新的主干网络。1995年 4 月，NSFNET 停止运行，Internet 发展成为遍布世界各地的大小不等的网络联接组成的、结构松散的、开放性强的计算机网络体系。

计算机网络是指将地理位置不同的具有独立功能的多台计算机及其外部设备，通过通信线路连接起来，在网络操作系统、网络管理软件及网络通信协议的管理和协调下，实现资源共享和信息传递的计算机系统。

计算机网络具备以下 3 个基本要素，三者缺一不可：

（1）不同地理位置、独立功能的计算机。在计算机网络中，每一台计算机都具有独立完

成工作的能力，并且计算机可以不在同一区域（如同一个校园、同一个城市、同一个国家等）。

（2）计算机网络具有交互通信、资源共享及协同工作等功能。资源共享是计算机网络的主要目的，而交互通信是计算机网络实现资源共享的重要前提。例如，以 Internet 为代表的计算机网络，用户可以传递文件、发布信息、查阅/获取资料信息等。

（3）必须遵循通信规则。在计算机网络中，计算机需要互相通信时，它们之间必须使用相同的语言，而这种语言就是通信的规则，即通信协议。

？思考·感悟

思考：面对突如其来的新冠肺炎疫情，互联网显示出强大力量，对打赢疫情防控阻击战起到关键作用。疫情期间，全国一体化政务服务平台推出"防疫健康码"。截止到 2021 年底，累计多少人申领了"健康码"？

感悟：中国互联网络信息中心（CNNIC）在京发布第 47 次《中国互联网络发展状况统计报告》。《报告》称，"健康码"助 9 亿人通畅出行，互联网为抗疫赋能赋智。

2．计算机网络的功能

计算机网络的实现为人们打造分布式的网络环境提供了可能，主要功能表现在信息交换、资源共享、系统的安全性和可靠性、分布式处理等方面。

（1）信息交换。信息交换是网络最基本的功能。不同地区的用户通过计算机网络实现了相互通信的目的。用户之间通过计算机网络可以进行电子邮件的发送和接收、使用网上论坛发布消息和进行网上远程教学等。

（2）资源共享。资源是指网络中所有的软硬件和数据。资源共享是网络最主要的功能，是开发和推广计算机网络的源动力。在全网范围内实现硬件和软件共享，不但可以节约投资成本，而且便于集中管理和均衡网络负荷。另外，连接在计算机网络上的用户可以访问远程的数据库、使用网络文件传输服务和远程进程管理，通过对软件进行集中管理可以避免数据资源存储不规范。

（3）系统的安全性与可靠性。系统的可靠性对于军事、金融和工业工程控制等部门特别重要。网络中的不同计算机可以彼此成为后备机。例如，在工作过程中，一台机器出了故障，可以使用网络中的另一台机器；网络中一条通信线路出了故障，可以使用另一条通信线路，从而提高了整体网络系统的可靠性。

（4）分布式处理。分布式处理系统是将不同地点的、具有不同功能的、拥有不同数据的多台计算机通过通信网络连接起来，在控制系统的统一管理控制下，协调地完成大规模信息处理任务的计算机系统。

3．Internet 在我国的发展

（1）中国公用计算机互联网。1995 年底，由中国邮电电信总局承建了中国公用计算机互联网（ChinaNet），于 1996 年 6 月在全国正式开通。它是基于 Internet 技术、面向社会服务的大型数据通信网络，由骨干网和接入网组成，由中国电信经营。

（2）中国教育和科研计算机网。中国教育和科研计算机网（China Education and Research Network，CERNET）由清华大学、北京大学、上海交通大学、西安交通大学、东南大学、华南理工大学、华中理工大学、北京邮电大学、东北大学和电子科技大学 10 所高校承担建设。该项目的目标是建设一个全国性的教育科研基础设施，实现资源共享，由教育部管理。

（3）中国金桥信息网。中国金桥信息网（China Golden Bridge Network，ChinaGBN）是由原吉通通讯公司和各省市信息中心等有关部门合作经营、管理的互联网络。它是我国国民经济信息化基础设施，是"三金"（金关、金卡、金税）工程的重要组成部分，由原电子工业部于 1994 年负责建设和管理。其网控中心建在国家信息中心，主要向政府部门和企业提供服务。

（4）金盾工程。金盾工程是公安通信网络与计算机信息系统建设工程，于 2003 年 9 月 2 日至 3 日公安部组织召开的全国"金盾"工程工作会议后正式启动。它是我国公安机关利用现代信息通信技术，增强统一指挥、快速反应、协调作战、打击犯罪能力，提高公安工作效率和侦察破案水平，适应我国在现代经济和社会条件下实现动态管理和打击犯罪的需要，实现科技强警目标的重要举措。

思考·感悟

思考：金盾工程的目的是什么？

感悟：金盾工程的目的是落实"科技强警"战略决策，充分利用先进的技术手段建成并不断完善全国公安通信网络和全国公安信息系统，推动公安各业务系统的应用与全国信息化发展水平相适应，实现以各项公安业务为基础，以全国犯罪信息中心（CCIC）为核心，以全国公安工作信息化为目标的信息共享和综合应用。

8.1.2　计算机网络的组成

计算机网络的组成包括计算机、网络操作系统、传输介质（可以是有形的，也可以是无形的，如无线网络的传输介质就是空气）和应用软件 4 个部分。通常可以从下述两个角度来分析计算机网络的组成。

1. 从数据处理与数据通信的角度

从数据处理与数据通信的角度看计算机网络由完成数据处理的资源子网和完成数据通信的通信子网两部分组成，如图 8.1 所示。

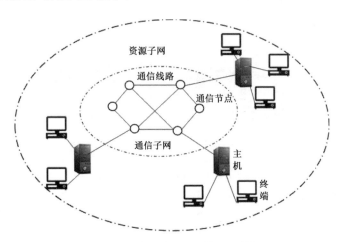

图 8.1　从数据处理与数据通信的角度看计算机网络的组成

（1）通信子网。通信子网提供网络通信功能，能完成网络主机之间的数据传输与交换、通信控制和信号变换等通信处理工作，由通信控制处理机（CCP）、通信线路和其他通信设备组成数据通信系统。

（2）资源子网。资源子网为用户提供了访问网络的能力，由主机系统、终端控制器、请求服务的用户终端、通信子网的接口设备、提供共享的软件资源和数据资源构成。资源子网负责网络的数据处理业务，向网络用户提供各种网络资源和网络服务。

2. 从系统组成的角度

从系统组成的角度看计算机网络由以下 3 部分组成：网络硬件、通信线路和网络软件，如图 8.2 所示。

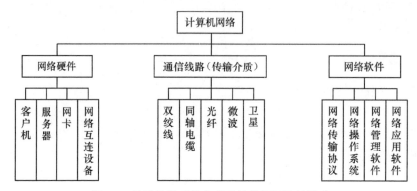

图 8.2 从系统组成的角度看计算机网络的组成

（1）网络硬件。

1）客户机（工作站）。客户机是一台连接服务器的计算机，它是用户向服务器申请服务的终端设备，用户可以在工作站上处理日常工作，并随时向服务器索取各种信息及数据，请求服务器提供各种服务（如传输文件、打印文件等）。

2）服务器。服务器通常是一台速度快、存储量大的计算机，它是网络资源的提供者，如图 8.3 所示。在局域网中，服务器对工作站进行管理并提供服务，是局域网系统的核心；在互联网中，服务器之间互通信息，相互提供服务，每台服务器的地位是同等的。

图 8.3 服务器

3）网卡。网卡也称为网络适配器或网络接口卡（Network Interface Controller，NIC），是安装在计算机主板上的电路板插卡，作用是将计算机与通信设施相连接，将计算机的数字信号转换成通信线路能够传送的信号。一般情况下，无论是服务器还是工作站都应安装网卡。

4）网络互联设备。

- 网桥。网桥是连接两个局域网的存储/转发设备，能将一个较大的局域网分割为多个网段，或将两个以上的局域网互联为一个逻辑局域网。网桥最早只能连接同类网络且只能在同类网络之间传送数据。目前，异种网络间的网桥已经实现连接，并已标准化。

- 交换机。交换机是一种用于转发电信号的网络设备，可以为接入交换机的任意两个网络节点提供独享的电信号通路，如图 8.4（a）所示。最常见的交换机是以太网交换机，其他常见的还有电话语音交换机、光纤交换机等。交换机不但可以对数据信号的传输进行同步、放大和整形处理，还提供对数据完整性和正确性的保证。
- 路由器。路由器是互联网的主要节点设备，主要功能是网络互连、数据处理和网络管理，如图 8.4（b）所示。路由器通过路由表决定数据的转发，转发策略称为路由选择。

（a）交换机　　　　　　　　　　　　（b）路由器

图 8.4　交换机和路由器

- 中继器。中继器的作用是放大电信号，提供电流以驱动长距离电缆，增加信号的有效传输距离。
- 集线器。集线器的功能是对接收到的信号进行再生整形放大，以扩大网络的传输距离，同时把所有节点集中在以它为中心的节点上。
- 网关。网关的作用是对两个网段中使用不同传输协议的数据进行相互的翻译转换。

（2）通信线路（传输介质）。

1）双绞线。双绞线俗称"网线"，是局域网中最常用的一种传输介质，由两根具有绝缘保护层的铜导线组成（把两根绝缘的铜导线按一定密度互相绞在一起可降低信号干扰的程度）。通常的做法是将一对或多对双绞线放在一个绝缘套管中，每根铜导线的绝缘层分别涂上不同的颜色，如图 8.5 所示。

2）同轴电缆。同轴电缆的中心是实心或多芯铜线电缆，外面包上一层圆柱形的绝缘皮，外导体为硬金属或金属网（既作为屏蔽层又作为导体的一部分来形成一个完整的回路），外导体外还有一层绝缘体，由于外导体屏蔽层的作用，同轴电缆具有较高的抗干扰能力，如图 8.6 所示。

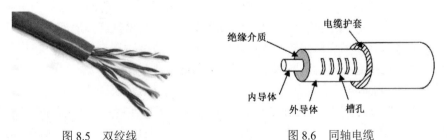

图 8.5　双绞线　　　　　　　　　图 8.6　同轴电缆

3）光纤。光纤的全称是光导纤维，它是发展最为迅速的传输介质。光纤通信是通过光纤传递光脉冲信号实现的，由多条光纤组成的传输线就是光缆，如图 8.7 所。与其他传输介质相比，光纤最主要的优点是低损耗、高带宽和高抗干扰性示。

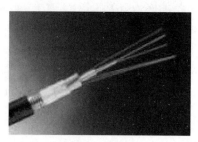

图 8.7　光纤

❓思考·感悟

思考：华人"光纤之父"是谁？

感悟：高锟是华人"光纤之父"，2009 年获得诺贝尔物理学奖。那时候世界已处于互联网时代，但光纤还没有普及。如今的光纤网络靠的正是高锟走出的第一步。他不为名利所动，潜心研究通信，并且对外说："我是炎黄子孙。"

8.1.3　计算机网络的分类

1. 按网络的覆盖范围分类

从地理覆盖范围划分是一种大家都认可的通用网络划分标准。按这种标准可以把计算机网络分为局域网、城域网和广域网 3 种。

（1）局域网（Local Area Network，LAN）。所谓局域网就是在局部地区范围内的网络，它所覆盖的地区范围较小。局域网在计算机数量配置上没有太多的限制，少的可以只有两台，多的可达几百台。局域网涉及的地理距离一般来说在几米至 10 千米，一般是位于一座建筑物或一个单位内，不存在寻径问题，不包括网络层的应用。局域网的特点是连接范围窄、用户数少、配置容易、连接速率高。

（2）城域网（Metropolitan Area Network，MAN）。城域网一般来说是在一个城市，但不在同一地理小区范围内的计算机互联，连接距离为 10～100 千米，采用的是 IEEE 802.6 标准。MAN 与 LAN 相比扩展距离更长，连接的计算机数量更多。

（3）广域网（Wide Area Network，WAN）。广域网又称为远程网，覆盖的范围比城域网（MAN）更广，一般是在不同城市的 LAN 或 MAN 之间的网络互联，地理范围为几百到几千千米。因为距离较远，信息衰减比较严重，所以广域网一般要租用专线，通过接口信息处理协议（IMP）和线路连接起来，构成网状结构，解决寻径问题。

2. 按网络的拓扑结构分类

计算机连接的方式叫作网络拓扑结构，是指用传输媒体连接各种设备的物理布局，特别是计算机的分布位置和电缆连接方法。每种拓扑都有自己的优点和缺点，设计网络时应根据实际情况选择正确的拓扑方式。网络的基本拓扑结构主要有以下 3 种：

（1）总线型拓扑结构。总线型拓扑采用单根传输线作为总线，所有工作站共用一条总线，如图 8.8 所示。当一个工作站发出信息时，该信息将通过总线传送到其他每一个工作站上。工作站在接到信息时，先要分析该信息的目标地址与本地地址是否相同，若相同则接收该信息；若不相同，则拒绝接收。总线型拓扑结构的优点是电缆长度短、布线容易、便于扩充，缺点是总线中任一处发生故障将导致整个网络瘫痪，且故障诊断困难。

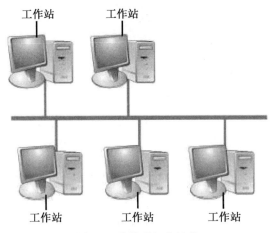

图 8.8　总线型拓扑结构

（2）环型拓扑结构。环型拓扑指每一个工作站都连接在一个封闭的环路中，如图 8.9 所示。当一个工作站发出信息时，该信息会依次通过所有的工作站，每个工作站在接收到信息时会对目标地址和本地地址进行比较，若相同则接收，然后恢复信号的原有强度并继续向下发送；若不同则不接收，只恢复信号的原有强度并继续向下发送，直到再次发送到起始工作站为止。环型拓扑结构的优点是信号强度不变，缺点是不易增加新用户、网络可靠性较差、不易管理。

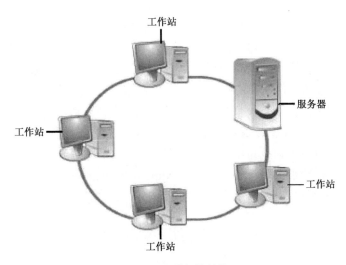

图 8.9　环型拓扑结构

（3）星型拓扑结构。星型拓扑结构是指网络中的各工作站都直接连接到集线器或交换机上，每个工作站要传送数据到其他工作站时都需要通过集线器或交换机实现，如图 8.10 所示。星型拓扑结构的优点是连接方便、故障诊断容易、可靠性较高（一个工作站出现故障不会影响网络的运行），缺点是连接电缆较长、对集线器或交换机的依赖性高。

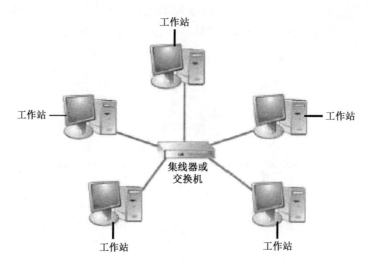

图 8.10   星型拓扑结构

Internet 是当今世界上规模最大、用户最多、影响最广泛的计算机互联网络。Internet 上连有大大小小、成千上万个不同拓扑结构的局域网、城域网和广域网。因此，Internet 本身只是一种虚拟拓扑结构，没有固定形式。

3. 按网络信息的交换方式分类

按照网络信息的交换方式，计算机网络可分为电路交换网、报文交换网和分组交换网。

（1）电路交换网。电路交换网是采用电路交换方式的计算机网络，类似于传统的交换机结构原理，通过建立一条真正的物理通路将源主机的数据传输到目的主机。在整个通信过程中，该条通路被独占。电路交换方式适用于实时通信，但网络利用率低。

（2）报文交换网。报文交换网是采用报文交换方式的计算机网络，是利用存储—转发原理，发送方先把待传送的信息分为多个报文正文，在报文正文上附加源站点地址、目的站点地址及其他控制信息，形成一份完整的报文，等信道空闲时在交换网络的各节点间传送报文。此方法提高了网络利用率，但因长报文传输带来的问题较多，所以目前很少被使用。

（3）分组交换网。分组交换又称包交换，可以看作是报文交换的改良版。为了提高信道容量的利用率、降低节点中数据量的突发性，将一个报文分为若干组，并将每个组单独传送，以更好地利用网络。每个组的长度受上限（Maximum Transfer Unit，MTU）的限制，典型值是一千至几千比特。分组交换也采用存储—转发原理，是目前广泛采用的网络形式，如 Internet。

8.2   计算机网络通信

8.2.1   计算机网络协议

在计算机网络中要做到有条不紊地交换数据，就必须遵守一些事先约定好的规则。这些规则明确规定了交换数据的格式和有关的同步问题。这里所说的同步不是狭义的（同频或同频同相）而是广义的，即在一定的条件下应当发生什么事件（例如应当发送一个应答信息），因而同步含有时序的意思。这些为进行网络中的数据交换而建立的规则、标准或约定称为网络协议，简称协议，主要由以下 3 个要素组成：

（1）语义：解释控制信息每个部分的含义，规定需要发出控制信息的格式、完成的动作、做出怎样的响应。

（2）语法：是用户数据和控制信息的结构与格式，以及数据出现的顺序。

（3）时序：是对事件发生顺序的详细说明（也称为"同步"）。

可以形象地把这 3 个要素描述为：语义表示要做什么，语法表示要怎么做，时序表示做的顺序。

8.2.2 计算机网络的体系结构

1. OSI 模型

OSI 模型（Open System Interconnection Reference Model，开放系统互连模型）是国际标准化组织（ISO）于 1981 年正式推荐的网络系统体系结构——七层参考模型，即物理层、数据链路层、网络层、传输层、会话层、表示层和应用层，如图 8.11 所示。

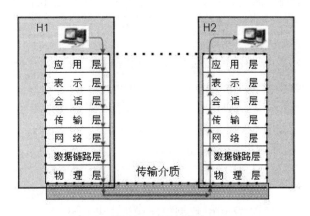

图 8.11 OSI 模型

OSI 仅仅是一个标准，而不是特定的系统或协议。网络开发者可以根据这个标准开发网络系统，制定网络协议，网络用户可以通过这个标准来考察网络系统、分析网络协议。

（1）物理层：位于 OSI 参考模型的**最底层**，提供一个物理连接，所传数据的单位是比特，功能是将数据转换为可通过物理介质传送的电信号，提供比特流传输服务。也就是说，有了物理层后，数据链路层及以上各层都不需要考虑使用的是什么传输媒体，无论是双绞线、光纤还是微波，都被看成是一个比特流管道。

（2）数据链路层：负责在各个相邻节点间的线路上无差错地传送以帧（Frame）为单位的数据，每一帧包括一定数量的数据和一些必要的控制信息，功能是对物理层传输的比特流进行校验，并采用检错重发等技术使本来可能出错的数据链路变成不出错的数据链路，从而对上层提供无差错的数据传输。

（3）网络层：网络层数据的传输单位是分组或包（Packet），它的任务就是要选择合适的路由，使发送端的传输层传下来的分组能够按照目的地址发送到接收端，使传输层及以上各层接发时不再需要考虑传输路由。

（4）传输层：在发送端和接收端之间建立一条不会出错的路由，对上层提供可靠的报文传输服务。与数据链路层提供的相邻节点间比特流的无差错传输不同，传输层保证的是发送端和接收端之间的无差错传输，主要控制的是包的丢失、错序、重复等问题。

（5）会话层：会话层虽然不参与具体的数据传输，但它却对数据传输进行管理。会话层建立在两个互相通信的应用进程之间，组织并协调其交互。例如，在半双工通信中，确定在某段时间谁有权发送，谁有权接收；当发生意外时（如已建立的连接突然断了），确定在重新恢复会话时应从何处开始，而不必重传全部数据。

（6）表示层：表示层主要为上层用户解决用户信息的语法表示问题，主要功能是完成数据转换、数据压缩和数据加密。表示层将要交换的数据从适合于某一用户的抽象语法转换为适合于 OSI 系统内部使用的传送语法。通过表示层，用户就可以把精力集中在他们所要交谈的问题本身，而不必过多地考虑对方的某些特性。

（7）应用层：应用层是 OSI 参考模型的**最高层**，她确定进程之间的通信性质以满足用户的需要，负责用户信息的语义表示，并在两个通信者之间进行语义匹配。这就是说，应用层不仅要提供应用进程所需要的信息交换等操作，而且还要作为互相作用的进程的用户代理，来完成一些为进行语义上有意义的信息交换所必需的功能。

2．TCP/IP 模型

TCP/IP（Transmission Control Protocol/Internet Protocol，传输控制协议/网际协议）又叫网络通信协议，是 Internet 中**最基本的协议**，是 Internet 的基础。

TCP/IP 是一种网际互联通信协议，目的在于通过它实现各种异构网络和异种计算机的互联互通。在任何一台计算机或其他类型的终端上，无论运行的是何种操作系统，只要安装了 TCP/IP，就能够相互连接和通信并接入 Internet。

TCP/IP 采用层次结构，但与国际标准化组织公布的 OSI 七层参考模型不同，它是四层结构，由应用层、传输层、互联网层和网络接口层组成，如图 8.12 所示。Internet 所采用的体系结构就是 TCP/IP 模型，这使得 TCP/IP 模型已经成为工业标准。

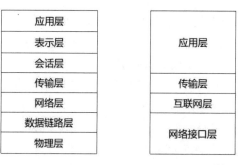

OSI 七层模型　　　　TCP/IP 四层模型

图 8.12　OSI 模型与 TCP/IP 模型

（1）应用层：是应用程序间沟通的层，主要协议有简单电子邮件传输协议（SMTP）、文件传输协议（FTP）、网络远程访问协议（Telnet）等。

（2）传输层：提供了节点间的数据传送和应用程序间的通信服务，包括数据格式化、数据确认和丢失重传等，主要协议是传输控制协议（TCP）和用户数据报协议（UDP）。TCP 和 UDP 为数据包加入传输数据并将其传输到下一层中。传输层负责传送数据，并确定数据已被送达并接收。

TCP（Transmission Control Protocol，传输控制协议）提供面向连接的、可靠的数据传输服务，数据传输的单位是报文段（Segment）。

UDP（User Datagram Protocol，用户数据报协议）提供无连接的、尽最大努力（best-effort）的数据传输服务（不保证数据传输的可靠性），数据传输的单位是用户数据报。

（3）互联网层：负责提供基本的数据封包传送功能，让每一个数据包都能到达目的主机（但不检查是否被正确接收），主要协议是网际协议（IP）。

（4）网络接口层：接收 IP 数据报并进行传输，从网络上接收物理帧，抽取 IP 数据报转交给下一层，对实际的网络媒体进行管理，定义如何使用实际网络（如 Ethernet、Serial Line 等）来传送数据。

8.2.3　IP 地址和域名结构

1．IP 地址

按照 TCP/IP 协议规定，IP 地址用**二进制**来表示，每个 IP 地址长 **32**bit，换算成字节就是 4 字节。例如一个采用二进制形式的 IP 地址是 00001010 00000000 00000000 00000001，这么长的地址人们处理起来十分困难。为了方便使用，IP 地址经常被写成十进制形式，中间用符号 "." 分开不同的字节。于是，上面的 IP 地址可以表示为 "10.0.0.1"，这种表示法叫作 "点分十进制表示法"。采用这种编址方法可使 Internet 容纳 40 多亿台计算机。

2．IP 地址的类型

最初设计互联网络时，为了便于寻址和层次化构造网络，每个 IP 地址包括两个标识码（ID），即网络 ID 和主机 ID。同一个物理网络上的所有主机都使用同一个网络 ID，网络上的一台主机（包括工作站、服务器和路由器等）有一个主机 ID 与其对应。IP 地址根据网络 ID 的不同分为 5 种类型：A 类地址、B 类地址、C 类地址、D 类地址和 E 类地址，其中前三类为基本地址，如图 8.13 所示。

A 类地址：由 1 字节的网络地址和 3 字节的主机地址组成，网络地址的最高位必须是 0，有效范围为 1.0.0.1～126.255.255.254。A 类地址的网络全世界仅可有 126 个，每个网络能容纳 1600 万台主机，通常供大型网络使用。

B 类地址：由 2 字节的网络地址和 2 字节的主机地址组成，网络地址的最高位必须是 10，有效范围为 128.0.0.1～191.255.255.254。B 类地址的可用网络有 16382 个，每个网络能容纳 6 万多台主机，通常供中型网络使用。

C 类地址：由 3 字节的网络地址和 1 字节的主机地址组成，网络地址的最高位必须是 110，有效范围为 192.0.0.1～222.255.255.254。C 类地址的可用网络可达 209 万余个，每个网络能容纳 254 台主机，通常供小型网络使用。

D 类地址：用于多点广播（Multicast），第一个字节以 1110 开始，是一个专门保留的地址，

1

它并不指向特定的网络，用来一次寻址一组计算机（标识共享同一协议的一组计算机），地址范围为 224.0.0.1～239.255.255.254。

E 类地址：以 1111 开始，为将来使用保留。

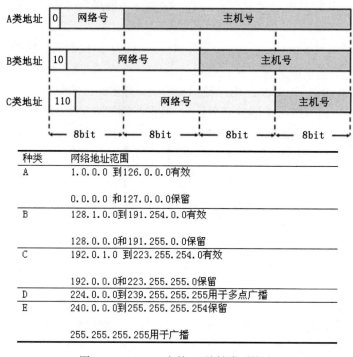

图 8.13　Internet 上的 IP 地址类型格式

全零地址（0.0.0.0）对应于当前主机，全 1 地址（255.255.255.255）是当前子网的广播地址。

提示：IP 地址匮乏问题。随着 Internet 中接入设备的增多，IPv4 体系的 IP 地址已经所剩无几，所以解决 IP 地址匮乏问题已成为当务之急，目前的措施有两种：通过网络地址转换（NAT）和 IPv6 体系。

3. 域名结构

IP 地址是能够唯一标识网络主机的编码，但由于 IP 地址是由数字组成的，缺点是不形象、没有规律、难记忆、不方便使用。为此，按照与 IP 地址一一对应的原则，又为每台主机分配了一个由字符组成的名字，称为"域名"。当用户访问网络上的某台计算机时，既可使用它的 IP 地址，也可使用它的域名。一个主机域名一般由四部分组成：主机名、主机所属单位名（三级域名）、网络名（二级域名）、最高层域名（顶级域名），例如 mail.qq.com 就是一个域名，如图 8.14 所示。

图 8.14　域名结构

（1）顶级域名。为了保证域名系统的通用性和唯一性，Internet 规定了一些通用标准，顶级域名一般分为区域名和类型名两类。区域名用两个英文字母表示世界各国或地区，如表 8.1 所示。

表 8.1　常见国家顶级域名

域名	含义	域名	含义
au	澳大利亚	fr	法国
br	巴西	uk	英国
ca	加拿大	in	印度
cn	中国	jp	日本
de	德国	kr	韩国
es	西班牙	my	马来西亚

（2）二级域名。以我国互联网域名体系为例，在国家顶级域名 cn 下设置类别域名和行政区域名两类二级域名。其中，类别域名共 9 个，如表 8.2 所示；行政区域名 34 个，对应各省、直辖市、自治区、特别行政区的组织，采用两个字符的汉语拼音表示，例如 BJ 为北京市、JX 为江西省、XJ 为新疆维吾尔自治区、HK 为香港特别行政区。

表 8.2　类别二级域名

域名	含义	域名	含义	域名	含义
政务	中国党政群机关等各级政务部门	公益	非营利性机构	NET	提供互联网服务的机构
COM	工、商、金融等企业	GOV	中国政府机构	ORG	非盈利组织
AC	科研机构	EDU	教育机构	MIL	中国国防机构

8.3　Internet 基本服务

8.3.1　信息浏览服务

WWW（World Wide Web，万维网）是一个基于超文本（Hypertext）的信息检索工具，它将位于全世界 Internet 上不同地点的相关信息有机地编织在一起。WWW 系统由 WWW 客户机（运行于客户端的浏览器软件）、WWW 服务器和超文本传输协议（HTTP）三部分组成，以客户机/服务器方式进行工作。

统一资源定位符（Uniform Resource Locator，URL）完整地描述了 Internet 上超媒体文档的地址，约定了资源所在地址的描述格式，通常将其简称为"网址"。完整的 URL 地址由资源类型、存放资源的主机域名或 IP 地址、资源文件名三部分组成，如图 8.15 所示。

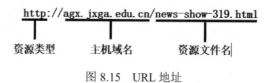

图 8.15   URL 地址

8.3.2   信息检索服务

1．浏览网页

浏览器是指可以显示网页服务器或文件系统的 HTML 文件内容，并让用户与这些文件交互的一种软件。浏览器主要通过 HTTP 协议与服务器交互并获取网页，这些网页由 URL 指定，文件格式通常为 HTML，并由 MIME 在 HTTP 协议中指明。一个网页中可以包含多个文档，每个文档需要分别从服务器获取。大部分浏览器支持包括 HTML 在内的广泛格式，如 JPEG、PNG、GIF 等图像格式，并能扩展支持众多插件。很多浏览器还支持其他 URL 类型及相应的协议，如 FTP、Gopher、HTTPS（HTTP 协议的加密版本）。HTTP 内容类型和 URL 协议规范允许网页设计者在网页中嵌入图像、动画、视频、声音、流媒体等。

当前主流网页浏览器有 Chrome、Microsoft Edge、Internet Explorer、Safari、Mozilla Firefox、360 浏览器等。

在 Internet 上，信息资源可为网页、图片、影音或其他内容，它们由统一资源定位符标识，其中的超链接可让用户方便地浏览相关信息。

2．保存网页中的信息

在浏览网页的过程中，经常会发现一些非常有价值的信息，这时即可将其保存到计算机中。

（1）保存整个网页。

在浏览器的地址栏中输入网址，按 Ctrl+S 组合键；或者单击浏览器窗口右上角的"工具"按钮，在弹出的下拉列表中选择"文件"→"另存为"选项（如图 8.16 所示），弹出"保存网页"对话框。

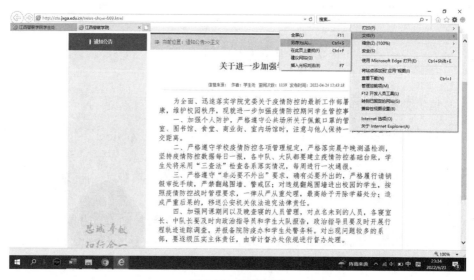

图 8.16   保存页面

在其中选择网页的保存位置，然后在"保存类型"下拉列表框中选择"网页，全部"，单击"保存"按钮，如图 8.17 所示。保存网页后会在保存网页的文件夹中产生一个 html 网页文件和一个文件夹，双击 html 文件可打开保存的网页。

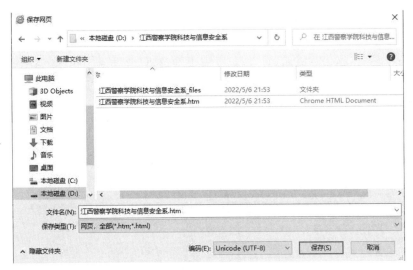

图 8.17　"保存网页"对话框设置

（2）保存网页中的图片。

网页中有大量精美的图片，用户可以将其保存在自己的计算机中，方法是在要保存的图片上右击，在弹出的快捷菜单中选择"图片另存为"选项，弹出"保存图片"对话框，设置好图片保存位置及名称，然后单击"保存"按钮，如图 8.18 所示。

图 8.18　保存网页中的图片

3. 收藏网页

浏览器具有收藏功能，在浏览网页时，如果发现了好的网页，则可将它们保存在"收藏夹"内（其实保存的是网页地址），这样当需要再次浏览这些网页时，利用"收藏夹"便能将它们打开，省去输入或者查找网址的麻烦。但当收藏夹中的网页很多时则会显得很杂乱，不方便查找，这时就需要对收藏的网页进行整理，可以将其分类存放。

在浏览器的地址栏中输入网址，然后单击窗口右上角的"查看收藏夹、源和历史记录"按钮，在展开的窗格中单击"添加到收藏夹"按钮右侧的三角按钮，在列表中选择"添加到收藏夹"选项，弹出"添加收藏"对话框，在"名称"文本框中输入网页名称，如图 8.19 所示。此时单击"添加"按钮可将网页保存到收藏夹的根目录下，这里我们单击"新建文件夹"按钮，在弹出的对话框中输入文件夹名称，然后单击"创建"按钮返回"添加收藏"对话框，再单击"添加"按钮，这样便将网页收藏到了新建的新文件夹中。

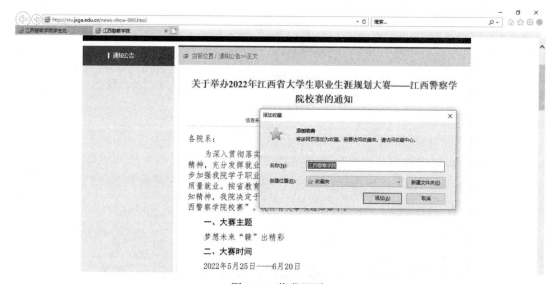

图 8.19　收藏网页

要打开收藏的网页，则单击"查看收藏夹、源和历史记录"按钮，在展开窗格的"收藏夹"选项卡中单击收藏网页的文件夹，然后再单击要打开的网页。

4. 信息检索

在 Internet 上，信息检索主要通过搜索引擎完成。搜索引擎是 Web 服务器提供的一种信息查询工具，它使用某种软件程序（如 Robots、Spiders 等）逐个访问 Internet 上的 Web 站点及其他信息服务系统，收集和返回有关的 URL 地址及其对应的信息，然后组成数据库，并向用户提供基于分类目录和关键词的信息查询服务。

目前比较常用的搜索引擎有 Google（http://www.google.com）、百度（https://www.baidu.com）、必应（http://cn.bing.com）。例如使用百度搜索引擎检索"中国互联网络发展状况统计报告.PDF"文档，在搜索栏中输入"中国互联网络发展状况统计报告 filetype:pdf"，如图 8.20 所示。

图 8.20　百度信息检索服务

8.3.3　电子邮件收发

1．申请免费邮箱

电子邮件（Electronic Mail，E-mail）是用户双方通过各自与 Internet 相连的计算机向邮件服务器发送的信息，这些信息以文本内容为主，也可带有背景图像或背景音频，还可以附加程序、文档、电子表格、图形图像、动画、音频、视频等，是当今非常受欢迎的 Internet 应用。

收发电子邮件需要先申请一个电子邮箱，获得电子邮件地址。目前，提供免费电子邮箱的网站有很多，如新浪、搜狐、网易和 QQ 等，在不同网站申请电子邮箱的过程类似，下面以在新浪网申请免费电子邮箱为例进行介绍。

（1）在 Chrome 浏览器的地址栏中输入新浪网的网址 www.sina.com，按 Enter 键打开新浪网主页，然后单击"邮箱"命令打开新浪网的邮箱页面。

（2）单击"注册"按钮打开邮箱注册页面，分别在邮箱地址、密码、手机号码等文本框中输入相应的内容，然后单击"立即注册"按钮，如图 8.21 所示。

E-mail 地址的标准书写格式为**<收件人信箱名>@主机域名**。其中，收件人信箱名指的是用户在某个邮件服务器上注册的用户标识，是该用户的私人邮箱；@为分隔符；主机域名是指信箱所在的邮件服务器的域名。例如 someone@sina.com，表示在新浪的邮件服务器上的名为 someone 用户的信箱。

2．收发电子邮件

电子邮件的工作原理是"存储—转发"，用 **SMTP 服务器**发送邮件，用 **POP3 服务器**接收邮件。当用户编辑好邮件开始发送时，计算机会根据简单邮件传输协议（Simple Mail Transfer Protocol，SMTP）和 TCP/IP 协议的要求将邮件打包并发送到 SMTP 服务器上，SMTP 服务器识别接收者的地址并向接收邮件服务器（POP3 服务器）发送消息。消息存放在接收者的电子邮箱内，当接收者收到服务器的通知后即可打开电子邮箱查收邮件，如图 8.22 所示。

图 8.21   新浪邮箱注册

图 8.22   登录邮件系统查看邮件

8.3.4   文件传输

文件传输协议（File Transfer Protocol，FTP）用于通过网络在主机间直接传送文件而不需要使用磁盘媒介。主机类型可以相同也可以不同，还可以传送不同类型的文件。简单地说，FTP 就是完成两台计算机之间的文件拷贝，从远程计算机拷贝文件至本地计算机称为"**下载**（Download）"文件，将文件从本地计算机中拷贝至远程计算机称为"**上传**（Upload）"文件。

FTP 采用客户/服务器模式。用户通过一个客户机程序连接至远程计算机上运行的服务器程序。依照 FTP 协议提供服务，进行文件传送的计算机就是 FTP 服务器，而连接 FTP 服务器，遵循 FTP 协议与服务器传送文件的计算机就是 FTP 客户端。常用的 FTP 客户端程序有很多，如 FlashFXP、CuteFTP 等。

　　FTP 协议规定，如果用户未被某一 FTP 主机授权，则不能访问该主机，即用户在某个主机上没有注册获得授权，没有用户名和口令，就不能与该主机进行文件的传输。而匿名 FTP（AnonymousFTP）则取消了这种限制，但它不适用于所有主机，只适用于提供了这项服务的主机。

　　例如，如果要登录某服务的 FTP，可以在浏览器的地址栏中直接输入提供服务的 FTP 地址，例如输入 ftp://www.3gpp.org/，按 Enter 键后输入已授权的用户名和密码并确认，如图 8.23 所示。

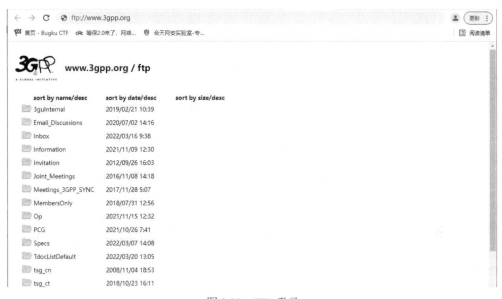

图 8.23　FTP 登录

8.3.5　其他 Internet 服务

　　1．电子公告服务

　　电子公告服务（Bulletin Board Service，BBS）是一种电子信息服务系统，向用户提供一个公共的发布信息的电子白板。用户通过 BBS 系统可以发表自己的看法、结交朋友等，目前 BBS 服务已被淘汰。

　　2．微博

　　微博（MicroBlog）是微型博客的简称，是一个基于用户关系的信息分享、信息传播、信息获取平台。用户通过微博可以建立个人社区，以短小的文字更新信息并实现即时分享。世界上最为著名的微博是美国的 Twitter，新浪微博则是中国最大的一家微博服务网站。

　　3．虚拟现实

　　虚拟现实（Virtual Reality）是一种在计算机世界里创造逼真现实环境的技术，从而使人们在虚拟环境中实现交流、购物、玩游戏、旅游观光等。

　　4．流媒体应用

　　流媒体（Streaming Media）是指在数据网络上按时间先后顺序传输和播放的连续音频数据及视频数据。流媒体数据流具有 3 个特点：连续性、实时性和时序性，时序性是指数据流具有严格的先后时间关系。

近几年基于流媒体的应用发展非常快，主要包括视频点播、视频广播、视频监控、视频会议、远程教学等。当前流行的微博直播、抖音直播、微视频、微师（教学平台）、腾讯课堂等都是流媒体的典型应用。

8.4　网络新技术的应用

8.4.1　云计算

1. 云计算概述

云计算（Cloud Computing）是分布式计算的一种，是指通过网络"云"将巨大的数据计算处理程序分解成无数个小程序，然后通过多个服务器组成的系统进行处理和分析，并将得到的结果返回给用户。早期的云计算就是简单的分布式计算，即分发任务并进行计算结果的合并。因而，云计算又称网格计算。通过这项技术，可以在很短的时间（几秒钟）内完成对数以万计的数据的处理，从而实现强大的网络服务。云计算是一种采用分布式处理的系统，主要是使用虚拟技术把大规模的计算机、网络和存储设备等进行硬件与软件的融合，做到了资源共享，进而充分满足对各种应用的需求。

云计算最初源于互联网公司对成本的控制，他们需要用最少的硬件成本配备服务器来支持各自特定的功能需求。随着业务量的增长，服务器的数量必然随之增加，但同时需要考虑企业的人力成本和运维效率，公司不能按照服务器的数量从几十到逾千的增长速度来配备维护人员。而云计算恰好可以为用户提供这种不需要购买服务器和部署新软件却可以得到应用环境或应用本身的新模式。

2. 云计算的分类

根据云计算的服务类型将云计算分为 3 类：基础设施即服务、平台即服务、软件即服务。

（1）基础设施即服务（Infrastructure as a Service，IaaS）：位于云计算三层服务的最底层，该层提供基本的计算和存储能力，如提供服务器。

（2）平台即服务（Platform as a Service，PaaS）：位于云计算三层服务的中间层，也称云操作系统，为用户提供开发环境，如编程接口、运行平台等，提供各种软硬件资源和工具。该层主要面向软件开发者。

（3）软件即服务（Software as a Service，SaaS）：位于云计算三层服务的顶端，用户通过 Web 浏览器使用 Internet 上的软件。服务供应商负责维护和管理软硬件设施，向最终用户提供按需租用的方式。此服务提供的应用程序减少了客户安装和维护软件的时间及对技能的要求。

3. 云计算在公安信息化建设中的应用

警务云是云计算与大数据技术结合的产物，它对公安信息化设施、大数据和相关业务进行整合，将基础设施的虚拟使用、数据共享和相关业务进行巧妙的连接，极大地提高了数据计算能力和使用率，实现了公安信息化建设的突破，如图 8.24 所示。云基础对警务云而言是必不可少的基础设施，采取虚拟化技术把大量的服务器、网络设备和存储设备连接起来，最终在整个逻辑上形成一台设备，并将设备的管理与使用集中于统一的平台之上，做到硬件管理全面、配置简单，提高了系统的冗余处理能力与可靠性。

图 8.24　警务云

　　云计算内部设置了功能较强的信息基础设施和良好的信息化环境，可以提升公安机关信息化水平，增强公共服务能力，变革民警的警务工作模式。大力发展警务云主要有以下几个积极意义：

　　（1）加快公安科技业务创新。云计算利用了强大的存储能力和处理能力，为公安科技创新打下坚实的基础，极大地提升了信息处理能力。警务云的大力推广必然会推动软件服务化的进程，加快虚拟化、并行计算、海量存储等先进技术的发展，推动 IT 产品从普通的生产工具向微型移动警务设备方向转变，从高端设备逐渐向普及设备过渡，并在技术上从终端应用逐渐向云服务技术方向过渡。

　　（2）推动公安信息技术应用。当前各级公安机关的业务系统无论是运行还是维护管理方面技术支持都比较缺乏，对系统的运维投入明显不足。云计算技术可以为其提供功能可靠的基础软硬件，丰富网络资源，并降低使用成本，能够有效完善信息基础设施建设工作，成功处理各级公安机关长久以来存在的信息系统运维难、成本高等问题，并确保信息系统具有持续发展能力。

　　（3）提高信息共享服务水平。信息化建设应用历经多年的发展，现在公安信息化步入了综合平台建设与应用的时期。随着公安业务对信息共享服务需求的逐步提升，更需要调动起云技术的信息高度整合能力，充分调用现有的 IT 资源，将多部门、多警种的数据中心及相关系统资源进行科学合理的整合，打造强有力的信息化基础平台。

　　（4）提高公安信息化处理能力。利用数据挖掘技术将数据库中的数据存储到"云"中的任何一个数据库服务器中，此时各级公安机关就可以实现不分时间地点地访问相同的数据资源。云计算技术可以在较短时间内处理大量的业务数据，实现存储、分析、挖掘、处理等功能，进而从中提取到具有价值的信息，提升了据的使用效率。

　　（5）变革民警警务工作模式。随着社会管理创新对公安信息化建设提出的新时代要求，云计算智慧应用已成为必然趋势。在云计算的支撑下，未来信息处理能力必将进一步提高，根本不需要民警像传统软件一样有复杂的操作，而仅需操作云服务的简洁界面。

8.4.2 物联网

1. 物联网定义

物联网是在互联网、移动通信网等通信网络的基础上，针对不同应用领域的需求，利用具有感知、通信与计算能力的智能物体自动获取物理世界的各种信息（数据），将所有能够独立寻址的物理对象互相连接，实现全面感知、可靠传输、智能处理，构建人与物、物与物互联的智能信息服务系统。

物联网不是互联网的简单扩展，它更强调通过人与人、人与物、物与物的互联实现感知、传输和智能处理。

2. 物联网的关键技术

可以将支撑物联网的关键技术归纳为以下 8 项：

（1）自动感知技术：包括 RFID 标签选型与读写器设计、RFID 标签编码体系与标准研究、传感器选型与传感器节点设计、传感网设计、中间件与数据处理软件设计等。

（2）嵌入式技术：包括专用芯片设计制造、嵌入式硬件结构设计、嵌入式操作系统设计、嵌入式应用软件编程、微机电等。

（3）移动通信技术：包括无线通信技术、无线通信网络系统、M2M 协议等。

（4）计算机网络技术：包括网络技术选型、网络结构设计、异构网络互联、异构网络管理等。

（5）智能数据处理技术：包括数据格式的标准化、信息融合、中间件、数据存储与搜索、数据挖掘等。

（6）智能控制技术：包括环境感知技术、规划决策算法、智能控制方法等。

（7）位置服务技术：包括位置信息的获取方法、网络地图应用、位置服务方法等。

（8）信息安全技术：包括感知层、网络层和应用层的安全及隐私保护等。

3. 公安物联网

公安物联网是指以物联网技术为基础，面向公安机关所关注的人、车、物、事件等感知对象的基础信息系统。例如基于物联网及 RFID 技术的"智慧安全小区"，集成了视频监控、周界防范、出入管理、单元门禁、人脸识别、车辆防控、人口管理 7 个子系统，实现了实时定位、轨迹查询、电子围栏、违法报警、视频联动等功能。

（1）公安物联网模型。

公安物联网模型作为互联网的子集，除了具有一般网络的组网特点之外，还具有其自身的安全性、实时性等特殊性。公安物联网基本组网模型如图 8.25 所示。

在这个模型中，以适用于公安装备的各种传感装置和传感网络为基础，利用接入的各类型智能传感器结合多网融合技术，将侦查信息、出入境信息、铁路民航信息、林业资源及其他各类信息，分门别类地存储到各海量分布式数据库中，进而根据这些数据信息的安全性、实时性等级排序，将交通、自然气候等信息进行公开，从而服务于公共安全和公众出行。

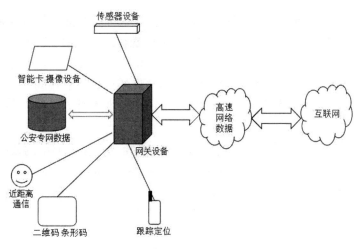

图 8.25　公安物联网基本组网模型

（2）公安物联网系统应用。

针对物联网和公安网络系统相结合的理论研究，在公共安全和防护等方面衍生出了大量的实际应用场景。

1）基于物联网的多媒体服务器集群调度指挥系统。终端设备与全球定位系统（如中国北斗卫星定位系统）相结合，致力于研发一套适用于交通系统的多媒体监控集群基础调度应用系统。

2）服务性软件系统。可以集中开发某一方面的人力资源调度应用，如实现警力资源高效、合理调度与充分使用的软件及高效实时响应软件，提高公安系统的自动监控能力，能够及时快速报警，缩短在突发事件和群体性事件上的响应时间，使就近的警务人员在最短的时间内响应并到达处理现场，使各种普通刑事、民事和交通案件的处理变得更为高效；更精准的关系定位软件服务，系统定位可以利用物联网互联特性，根据各个关联传感器位置的信息深度挖掘潜在的含义，可供指挥人员作为初步参考，从而制定出最合适的处理方案。

3）物联网在公共交通中的应用。实时视频信息采集、交互、挖掘是目前最核心的应用。该系统将物联网传感网络与全球立体地理信息系统相结合，实现智能交通和实时交通引导应用系统。

8.4.3　大数据

1. 大数据的介绍

大数据是指所涉及的数据量规模巨大到无法通过主流软件工具在合理的时间内达到选取、管理、处理并整理成能够帮助企业进行经营决策目的的信息。

大数据的特点归为以下 5 点：Volume（大量性）、Velocity（高速性）、Variety（多样性）、Value（低价值密度性）、Veracity（真实性）。

（1）Volume（大量性）。大数据的大量性是指数据量的大小。"大数据"在互联网行业指的是互联网公司在日常运营中生成、累积的用户网络行为的数据。比如社交电商平台每天产生的订单以及上传的图片、视频、音乐等，这些个体产生的数据规模非常庞大，数据体量早已达到了 PB 级别以上。

（2）Velocity（高速性）。大数据的高速性是指数据增长快速，在许多场景下数据都具有时效性，如搜索引擎要在几秒钟内呈现出用户所需的数据。企业或系统在面对快速增长的海量数据时，必须要高速处理，快速响应。

（3）Variety（多样性）。大数据的多样性是指数据的种类和来源是多样化的，数据可以是结构化的、半结构化的非结构化的，数据的呈现形式包括但不限于文本、图像、视频、HTML页面等。

（4）Value（低价值密度性）。大数据的低价值密度性是指在海量的数据源中，真正有价值的数据少之又少，许多数据可能是错误的，是不完整的，是无法利用的。总体而言，有价值的数据占数据总量的密度极低，提炼数据好比浪里淘沙。

（5）Veracity（真实性）。大数据的真实性是指数据的准确度和可信赖度，代表数据的质量。

2. 公安大数据应用的概述

大数据是推动公安工作创新发展的引擎，能全面提升公安机关在打击犯罪、治安防控、交通管理、便民服务、监测预警等各项警务工作中的效率，为维护国家安全，维护社会治安秩序，保护公民的人身安全、人身自由和合法财产，保护公共财产，预防、制止和惩治违法犯罪活动提供新的警务模式。

大数据侦查实现精准化主动打击违法犯罪活动。大数据应用于侦查领域，能快速发现犯罪嫌疑人，实施精准打击，深度挖掘犯罪证据，预测预警犯罪热点，主动防控犯罪风险。通过大数据开展侦查工作，实现精准化主动警务，改传统的被动受案为主动打击。在大数据赋能公安侦查工作背景下，各地公安机关着力构建数据、情报、指挥、保障、行动一体化工作机制，实行"两个一体化"运作。

随着图像、视频、指纹、人像模型等信息采集数据量的剧增，公安工作进入了"大数据"时代，公安系统传统的打防管控体系已逐渐被以大数据为核心的信息化新技术所取代。大数据已经成为公安警务工作中各类业务数据、案件线索、电子证据的重要来源。分析大数据应用的特点，拓展大数据应用领域可以进一步从效率、质量、动力等方面推进公安警务工作的变革。

大数据技术通过对海量数据进行收集、整理、归档、分析、预测，从复杂的数据中挖掘出各类数据背后所蕴含的、内在的、必然的因果关系，找到隐秘的规律，促使这些数据从量变到质变，实现对海量数据的深度应用、综合应用和高端应用。通过大数据建设促进公安业务系统向各警种提供资源集中、管理集中、监控集中和配套实施统一的大数据应用环境，在今后较长时期内很好地担负起对各种警务实战应用的支撑、服务和保障作用。

8.4.4　人工智能

人工智能（Artificial Intelligence，AI），是研究、开发用于模拟、延伸和扩展人的智能的理论、方法、技术及应用系统的一门新的技术。它是计算机科学的一个分支，企图了解智能的实质，并生产出一种新的能以人类智能相似的方式作出反应的智能机器，该领域的研究包括机器人、语音识别、图像识别、自然语言处理和专家系统等。

1. 人工智能的分类

通常按照水平高低，人工智能可以分成三大类：弱人工智能、强人工智能和超人工智能。

（1）弱人工智能。弱人工智能指的是专注于且只能解决特定领域问题的人工智能。我们现在看到的所有人工智能应用都属于弱人工智能的范畴，AlphaGo 也是弱人工智能的实例，它的能力仅止于围棋或者类似的博弈领域。弱人工智能属于相对容易控制和管理的计算机程序，只要严格控制、严密监管，人类完全可以像使用其他工具那样放心地使用今天所有的人工智能技术。

（2）强人工智能。强人工智能指的是可以胜任人类所有工作的人工智能。人可以做什么，强人工智能就能做什么。一般认为一个程序具备以下几点能力就可以称为强人工智能程序：拥有对存在不确定因素时进行推理、使用策略、解决问题的能力；具备知识的表示能力、规划能力和学习能力；能够使用自然语言进行交流；拥有能综合使用上述几种能力达到目标的能力。强人工智能的定义里存在一个有争议的关键问题，那就是它是否必须具备人类的"意识"。一旦牵涉到"意识"，强人工智能的评估标准就会变得异常复杂，而我们也必须像对待一个有健全人格的人那样去对待一台机器，这就是人们对人工智能的担忧所在。

（3）超人工智能。如果计算机程序比世界上最聪明的人还要聪明，那么这种人工智能就可以称为超人工智能。对于超人工智能，我们现在只能从哲学或科幻的角度来解析，因为我们不知道强于人类的智慧形式会是怎样的一种存在，所以超人工智能的定义最为模糊。

2. 人工智能在公安工作中的应用

（1）人工智能将改变公安机关侦查办案的格局。随着信息化和大数据向纵深发展，以"数据+智能"为关键要素的现代化侦查打击模式不断完善，人工智能正在从意识到实战对传统侦查办案工作进行"智能化改造"。人脸识别、虹膜识别、步态识别等人工智能技术将深刻改变公安机关抓捕犯罪嫌疑人的工作质态，融入犯罪倾向分析、案件特征分析等功能的人工智能系统可以自动搜集各类信息并智能分析关联要素，侦查办案更加高效化、智慧化。

（2）人工智能将改变公安机关巡逻防控的格局。用数据推动智能化预判预警，充分整合发现破案情况，智能分析案件高发地点和高发时段，自动划分治安防范重要区域和重点时段，按需调整警力部署和打防重点，实现精准巡逻防控和集约化用警。海量数据资源中的内在价值得以智能化深度挖掘，以大数据智能应用为核心的智慧巡逻防控新模式将有效提高公安工作智能化水平。

（3）人工智能将改变公安机关信息预警的格局。从"无人驾驶"的社会治理应对到智能调节红绿灯的"城市数据大脑"，从以机器换人力到以智能增效能，公安机关必须探索和实践"传统+科技"的现代警务之路，深化数据智能应用，使信息采集更迅捷、数据整合更高效、情报研判更智能。

（4）"人工智能+"时代的智能化情报分析研判理念将进一步提升公安机关对各类风险隐患的预测预警预防能力。中国特色社会主义新时代为科技兴警提出了更高的发展目标。各级公安机关要主动拥抱人工智能、车联网、物联网等前沿技术，通过科技兴警战略提升公安机关核心战斗力，将人工智能作为创新发展的强引擎，推动公安工作实现更高水平的信息化、智能化和现代化。

8.4.5 区块链技术

根据工业和信息化部《中国区块链技术和应用发展白皮书（2016）》的定义，区块链是一种"采用加密、哈希与共识机制保证网络中每个节点所记录的信息（亦称分布式账本）真实有效的新信息与网络技术"。换言之，可以把它看作一本公开的"账本"，网络上的每个节点都保存着这个"账本"，每一个区块存储着一段时间内系统内所有交易的加密信息，因此区块之间形成了紧密联系，每一笔交易都可追溯到"创始区块"，杜绝了造假和作弊的可能。也就是说，区块链就是一种去中心化的分布式账本数据库。

据中国信息通信研究院发布的《区块链白皮书（2019）》统计，截至 2019 年 8 月，由各国政府推动的区块链项目数量达 154 项；全球共有 2450 家区块链企业，其中 23%的企业专注于区块链技术研发，美国、中国、英国区块链企业数量分列前三位。

1. 区块链技术的特征及分类

近年来，区块链技术不断发展，受到金融、医疗、能源等领域的广泛重视，普遍将其视为解决共享和安全问题的利器。公安领域是一个相对封闭的领域，缺乏对数据的共享，对数据的安全性要求也非常高，在公安领域推行区块链技术具有很大的应用市场。

区块链的主要特征如下：

（1）去中心化。区块链数据的记录、存储、传输等过程均是基于分布式网络结构，采用纯数学方法来建立信任关系，不依赖第三方机构，实现了信息和价值的无障碍流动。

（2）安全性强。区块链技术采用了密码学技术，同时采用共识机制和分布式存储，提高了数据安全性，不仅数据的篡改具有难度，同时更改数据或实施其他异常举动都需要经过某种机制通过多人达成共识才能进行。

（3）可追溯性。区块链技术是一门综合性技术，其中包括时间戳技术。时间戳技术本就是一种给事件标记时间的技术，但由于其与链式结构和分布式存储相结合，时间戳一旦给某一事件标记了时间，那么由于链式结构使得修改难度加大，而且分布式存储导致篡改需要经过共识机制，因此一旦交易上链后便无法更改，将永久记录在区块链上面，而且在链上的行为也会被成功记录。

（4）可编程性。区块链技术的一大特性就是可以在链上提供灵活的脚本代码程序，并且目前很多区块链平台都支持图灵完备脚本语言，支持各种智能合约或 DAPP 的运行。用户通过提前将双方约定或者法律规定写入脚本程序并作为智能合约运行，降低了依赖第三方的成本，提高了双方的活动效率，同时维护了社会信用体系。

（5）信息不可篡改。一旦信息经过验证添加到区块链上就会永久地存储起来，除非能够同时控制整个系统中超过 51%的节点，否则单个节点上对数据库的修改是无效的，因此区块链的数据可靠性很高。

区块链按照准入机制大致可分为 3 类：公有链、私有链和联盟链。

（1）公有链。公有链的特点是去中心化程度高，系统向任何人开放，每个人都可以按照个人意愿自由加入到区块链网络中来，而且任何人都可以下载并获得完整的区块链账本。

（2）私有链。私有链的特点是去中心化程度弱，可以理解为机构内部的局域网，仅供机构内部使用。

（3）联盟链。联盟链的去中心化程度介于公有链和私有链之间，一般来说联盟成员在地位上是平等的。

2. 区块链在公安工作中的应用

各级公安机关快速积累并不断增长的信息数据已成为继警力资源、装备资源之后的新一类核心资源。区块链时代到来，并不意味着区块链将应用于公安的所有领域，公安机关有些数据资源适用于中心化的数据库，有些数据资源则采用去中心化的分布式账本数据库更有价值。

下面以"区块链+身份管理"为切入点介绍区块链应用于公安部门对社会管理及执法方式、办案模式、管理机制等的变革，如图 8.26 所示。

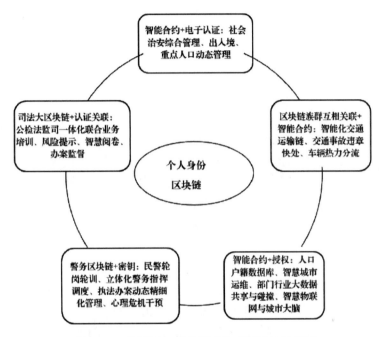

图 8.26 "区块链+身份管理"应用场景示意图

（1）区块链在身份认证方面的应用。与身份区块链相关联的还有隐私信息，如生物特征、信用记录、财产信息、行为轨迹等，也将被保存在该区块链中。由于区块链的透明性，自然会认为，如果将个人的所有信息都放到网络上将会带来安全风险。但事实上，身份区块链相关联的信息是有选择的披露，当个人认证时，仅披露自己的信息与行为记录，比如在金融行为中披露自己的信用记录。身份区块链的关联信息只出示证明自己信息具有某种性质的证据，并不披露具体细节。网上即可方便快捷地完成身份认证，让有限的警力从纷繁复杂的社会管理事务中解脱出来。

（2）区块链在公安内部管理方面的应用。公安部门内的人力资源、警用设备等通过"个人身份区块链+警察私有链"来管理，警察私有链和警用设备私有链的创建和写入权限分别为人事部门和装备管理部门，读取权限仅在公安部门内部并分级设限。警用设备使用者、批准者、经办者、用途等连同借/还时间写入警用设备私有链及使用者私有链。中心化的数据库有一定权限的管理人员可以更改数据，而区块链的不可篡改性和可追溯性防止了人为造假和更改，其管理从依赖人的素养变成依赖体系构建，将更加严格、规范、公正，符合现代管理发展趋势。

（3）区块链在案件侦查、社会治安综合治理及其电子认证方面的应用。身份区块链为公共链，链内信息虽不可见但全网公开，公安部门以云计算、量子计算等为手段，通过共识机制设定、智能合约监测全网搜索，无障碍收集数据，这些大数据为案件侦查、监控重点人员、分析治安案件等提供可靠依据，又可直接作为法律证据，不需要第三方机构背书即可让数据"说话"、让电子证据"作证"，极大地提高了效率、节约了成本。

（4）区块链在交通管理方面的应用。"区块链+交通管理系统"要求个人或单位购买车辆之时强制为每辆车创建区块，并与各部门、各行业的物联网、交通运输联盟链相关联，车辆的行车轨迹、修车记录、违章信息等都将实时关联到本车辆的区块链中，同时写入到车辆所属个人或法人身份区块链中。

8.4.6　VR 技术

1. VR 概念

VR（Vitual Reality）是指通过虚拟现实照相机录入的图像或者使用虚拟现实软件渲染出的图像，如由微想科技公司独立开发运营的 VR 全景平台提供了大量由 VR 照相机（如 Ista360、RICOH THETA）录入的全景图像。虚拟现实视频是指使用视频生成软件生成的虚拟现实动画或者使用虚拟现实录像机录入的视频，如 VR 资源网论坛提供了大量由 3ds Max、Maya 等软件生成的 VR 视频和由 VR 录像机录制的 VR 视频，MolanisVR 推出了 360°视频编辑工具 Flexible 360 Video Editor。

2. 虚拟现实技术的 3I 特征

虚拟现实技术区别于其他计算机应用技术的 3 个鲜明特征也称为 3I 特征，即 Immersion（沉浸性）、Interaction（交互性）和 Imagination（想象性）。

（1）Immersion（沉浸性）：是指给用户逼真的、身临其境的感觉。沉浸性又称为临场感，指用户感受到的作为主角存在于虚拟环境中的真实程度。虚拟现实技术根据人类的视觉、听觉和触觉的生理和心理特点设计出包括三维场景/图像、三维动画、声音和触摸感的应用，由计算机渲染产生逼真的三维立体图像。用户戴上头盔显示器和数据手套等交互设备，便可将自己置身于虚拟环境中，使自己由观察者变为主动参与者，成为虚拟环境中的一部分。

（2）Interaction（交互性）：是指用户感知与操作环境。传统的人机交互指的是通过鼠标和键盘与计算机进行交互，进而通过显示屏或音响得到反馈；虚拟现实中的交互指的是人能以较为自然的交互方式与虚拟世界中的对象进行交互操作和感知虚拟环境，突破了传统的桌面交互 WIMP（Windows、Icons、Menus、Pointers）模式，不仅可以利用键盘和鼠标，还可以借助专用的三维交互设备（如立体眼镜、数据手套、体感照相机、腕带、位置跟踪器等）让用户使用声音、动作、表情等较为自然的交互方式进行人机交互。

（3）Imagination（想象性）：是指激发的用户联想，提升用户创造性的能力。在虚拟环境中，用户可以根据所获取的视觉、听觉和触觉等信息以及自身在系统中的行为，结合自身的感知与认知情况，通过联想、推理和逻辑判断等思维过程，随着系统的运行状态变化对系统运动的未来进展进行想象，以获取更加丰富的知识，认识复杂系统深层次的运动机理和规律性，提升用户认知的主动性，加强用户的认知能力。

3. VR 技术在公安工作中的应用

公安部门通过 VR 技术服务公安实战，提升实训作战能力。如南昌市公安局搭建的 VR+5G 大数据综合管控平台解决了治安管理难题。系统运用当前先进的 VR 技术，以 VR、360 度全景形式呈现了秋水广场及周边实景的情况，预警秋水广场及周边的人流、车流情况，为公安机关实现精准指挥调度、维护现场秩序、规避风险提供决策数据，摆脱了以往对警力的过度依赖，实现事中迅速响应或事前预警，安全防范由被动向主动、粗放向精细的方向改变，全面提升了巡防管控能力。

？思考·感悟

思考：结合公安部《公安机关"十四五"规划（2021—2025 年)》和《关于加强公安大数据智能化建设应用的指导意见》，想一想如何促进公安信息化全面建设转型升级，实现向科技要警力、向科技要战斗力。

感悟：坚持"政治建警、改革强警、科技兴警、从严治警"。

习题 8

简答题

1. 网络协议的三个要素是什么？各有什么含义？
2. 简述具有五层协议的网络体系结构的要点，包括各层的主要功能。
3. 辨认以下 IP 地址的网络类别：128.36.199.2、21.12.240.18、183.194.76.254、192.12.69.246、89.4.0.1、200.3.6.2。

拓展练习

1. 制作"反诈宣传"的二维码。

（1）打开浏览器，在搜索引擎中输入关键字"二维码生成器"，访问制作二维码的"草料"网页（https://cli.im/text）。

（2）根据不同的内容，如文本、网址、文件、图片、音视频、名片、微信等，可制作不同样式的二维码。

（3）输入相应的信息，单击"生成二维码"按钮即可生成一个所输入信息的二维码。

2. 利用网络搜索特定相关线索。

（1）商业信息。

企查查网站：企业查询，企业法人查询，企业工商信息查询（失信、经营风险、联系方式），网址为 https://www.qcc.com/。

天眼查网站：企业查询，企业法人查询，企业工商信息查询，网址为 https://www.tianyancha.com/。

（2）IP 查询。

通过 https://www.ip138.com/网址查询域名是否已经被注册以及注册域名的详细信息（如域名所有人、域名注册商、域名注册日期和过期日期等）。通过域名 Whois 服务器可以查询域名归属者联系方式、注册和到期时间。

（3）工业和信息化部查询 ICP 或 IP 地址/域名备案。

通过 https://beian.miit.gov.cn/#/Integrated/recordQuery 网址查询 ICP 备案信息。ICP 备案详情针对公司，是对公司从事电信增值业务的一种资格认可，在当地通信管理局申请办理。

（4）手机号码归属地查询。

可以通过 https://www.ip138.com/sj/网址输入电话号码查询卡号归属地和卡类型等信息。

第9章 信息安全

本章主要阐述信息安全的概念，介绍常用的网络安全相关技术（如加密技术、认证技术、访问控制和防火墙技术、云安全技术），计算机病毒的概念、分类、特点、危害和防治方法、信息安全道德观念及相关法律法规。

本章要点

- 信息安全的基本概念。
- 信息安全技术。
- 计算机病毒及防范。
- 信息安全法律法规。

9.1 信息安全概述

9.1.1 信息安全的重大事件

目前，国内外各地频发信息安全事件，诸如数据泄漏、勒索软件、黑客攻击等层出不穷，有组织、有目的的网络攻击形势愈加明显，网络安全风险持续增加。

1. "熊猫烧香"病毒

"熊猫烧香"是由湖北省武汉市新洲区人李俊于 2006 年 10 月 16 日制作并于 2007 年 1 月初肆虐网络的一款计算机病毒，它与"灰鸽子"不同，是一款拥有自动传播、自动感染硬盘能力和强大破坏能力的病毒，不但能感染系统中的 exe、com、pif、src、html、asp 等文件，还能终止大量的反病毒软件进程、删除扩展名为 gho 的文件（该类文件是系统备份工具 GHOST 的备份文件，删除后会使用户的系统备份文件丢失），被感染用户系统中的所有.exe 可执行文件全部被改成熊猫举着三根香的模样。2007 年 2 月 12 日，湖北省公安厅宣布，李俊及其同伙共 8 人已经落网，这是中国警方破获的首例计算机病毒大案。2014 年，张顺、李俊被法院以开设赌场罪判处有期徒刑五年和三年，并处罚金 20 万元和 8 万元。

2. "棱镜门"事件

爱德华·斯诺登是前美国中央情报局的技术分析员。2013 年 6 月，他通过英国《卫报》和美国《华盛顿邮报》曝光了美国国家安全局和联邦调查局于 2007 年启动的代号为"棱镜"的绝密电子监视项目。美国国家安全局通过"棱镜"项目可以监控每个人的电子邮件、即时消息、视频、照片、存储数据、文件传输、视频聊天，甚至是网络搜索内容。美国时代周刊报道，美国政府对公众隐私的监控可能比媒体报道的更深入、更彻底。

3. 勒索病毒

从 2018 年初到 9 月中旬，勒索病毒共计对超过 200 万台终端发起过攻击，攻击次数高达

1700 万余次，损失高达 80 亿美元。这种病毒利用各种加密算法对文件进行加密，被感染者一般无法解密，必须拿到解密的私钥才有可能破解。加密完成后，还会修改壁纸，在桌面等明显位置生成勒索提示文件，指导用户去缴纳赎金。

4. 公安部"净网 2020"专项行动全面展开

2020 年，全国公安机关网安部门发起"净网 2020"打击网络黑产犯罪集群战役，重拳打击为电信网络诈骗、网络赌博、网络水军等突出违法犯罪提供网号恶意注册、技术支持、支付结算、推广引流等服务的违法犯罪活动，共侦办刑事案件 4453 起，抓获违法犯罪嫌疑人 14311 名（含电信运营商内部工作人员 152 名），查处关停网络接码平台 38 个，捣毁"猫池"窝点 60 个，查获、关停涉案网络账号 2.2 亿余个。相关数据显示，通过此次行动，网络活跃接码平台日接码量降幅 67%，黑市手机号数量降幅近 50%，有力维护了网络秩序。

5. 2021 年国内最大信息泄露事件——江苏警方破获数据泄露量达 54 亿条的重大案件

2021 年 10 月，江苏无锡警方成功破获了一起侵犯公民个人信息案，犯罪嫌疑人非法获取各类公民信息，数据累计高达 54 亿多条，并通过非法网络平台以查询、出售等方式牟利。该犯罪团伙为他人查询某大型社交网络账号关联的手机号码等个人信息数据，并将查询信息以每条 1000 美元（约合人民币 6384 元）的价格出售。

思考·感悟

思考：大数据时代，在智能终端设备非常普及的今天，信息安全与我们的生活息息相关，你发现了哪些信息安全问题？

感悟：没有网络安全就没有国家安全，没有信息化就没有现代化。

——2014 年 2 月 27 日，习近平在中央网络安全和信息化领导小组第一次会议上发表讲话

9.1.2 信息安全的基本认识

1. 信息安全的发展历程

信息安全的发展历程大体上可以分为通信安全时代、信息安全时代、信息安全保障阶段和网络空间安全阶段。计算机网络的普及、云计算和大数据的出现，使得分布式跨平台信息系统的安全保密成为信息安全的主要内容。

第一阶段：通信安全时代（约为 20 世纪 60 年代），这个阶段一般认为信息安全就是通信安全，对信息进行编码、加密，然后在通信链路上传输，即使信息被窃取也无法破译。例如战争时，作战指挥室与作战前线的通信，采用罕见、难以听懂的"方言"传输作战命令。

第二阶段：信息安全时代（始于 20 世纪 80 年代），这个阶段开始采用信息安全及其属性来描述内涵，并提出信息的完整性、可用性、机密性、可控性、不可否认性。其中机密性、完整性和可用性是信息安全的 3 个基本目标，机密性保证信息为授权者使用而不泄露给非授权者，完整性保证信息不会被非授权者篡改或损坏，可用性保证信息和信息系统随时为授权者提供服务，从而实现信息"看不到""改不了"和"用得着"。

第三阶段：信息安全保障阶段（始于 20 世纪 90 年代）。信息安全的重点是主动防御，包括保护、检测、反应、恢复等，信息安全保障阶段的防御手段可分为 4 类：主动防御（通过对攻击行为进行分析、检测的技术主动进行防御或提供报警信息）、纵深防御（通过设置多层重叠的安全防护系统而构成多道防线）、深度防御（对攻击者和目标之间的信息环境进行分层，

在每一层都"搭建"由技术手段和管理等综合措施构成的一道道"屏障")、泛在防御（无处不在的信息安全）。

第四阶段：网络空间安全阶段（始于 21 世纪初）。我国信息安全的重点主要是国家安全，包括信息基础设施的安全、信息系统和数据的安全等。网络空间安全不仅拓展了信息安全的领域，也更加重视信息安全的重要性，把信息安全上升到了国家安全层面。

2. 信息安全的概念及基本属性

ISO（国际标准化组织）对信息安全的定义为：为数据处理系统建立和采用的技术、管理上的安全保护，保护计算机硬件、软件、数据不因偶然或恶意的原因而遭到破坏、更改和泄露。

信息安全的基本属性主要表现在以下 5 个方面：

（1）完整性（Integrity）：是指未经授权不能修改数据的内容，保证数据的一致性。在网络传输和存储过程中，系统必须保证数据不被篡改、破坏和丢失。因此，网络系统有必要采用某种安全机制确认数据在此过程中没有被修改。

（2）保密性（Confidentiality）：是指由于网络系统无法确认是否有未经授权的用户截取数据或非法使用数据，因此就要求使用某种手段对数据进行保密处理。数据保密可分为网络传输保密和数据存储保密。对机密敏感的数据使用加密技术，将明文转化为密文，只有经过授权的合法用户才能利用秘钥将密文还原成明文；反之，未经授权的用户无法获得所需信息。

（3）可用性（Availability）：是指信息可被授权者访问并按需求使用，即保证合法用户对信息和资源的使用不会被不合理地拒绝。对可用性的攻击就是阻断信息的合理使用，例如，破坏系统的正常运行就属于这种类型的攻击。

（4）不可否认性（Nonrepudiation）。不可否认性是指建立有效的责任机制，防止网络系统中合法用户否认其行为，这一点在电子商务中是极其重要的。抗否认包含两个方面：数据来源的抗否认，为数据接收者 B 提供数据的来源证据，使发送者 A 不能否认其发送过这些数据或不能否认发送数据的内容；数据接收的抗否认，为数据的发送者 A 提供数据的交付证据，使接收者 B 不能否认其接收过这些数据或不能否认接收数据的内容。比如，张三通过支付宝的借呗借了支付宝 5 万元，再通过网上转账的方式转给了李四，那么这个金融数据在网络系统的传输中就具有不可否认性，张三不可否认，李四也不可否认。

（5）可控性（Controllability）：是指对信息的传播及内容具有控制能力的特性。授权机构可以随时控制信息的机密性，能够对信息实施安全监控。

9.1.3 信息安全威胁及其技术

1. 信息安全威胁

信息安全威胁是指某个人、物、事件或概念对信息资源的保密性、完整性、可用性或合法使用所造成的危险。攻击是对安全威胁的具体体现，根本原因就是利用网络的脆弱性入侵系统有价值的信息资产。

常见的是因开放的网络环境、协议缺陷和操作系统漏洞等人为因素和非人为因素而造成的信息安全威胁，但精心设计的人为攻击则威胁最大。信息安全威胁分为两类：自然威胁和人为威胁。

（1）自然威胁：包括自然灾害、网络设备老化、电磁辐射和电磁干扰、相对恶劣的场地环境。

（2）人为威胁：包括人为攻击、安全缺陷、软件漏洞、结构隐患4种。

- 人为攻击：分为偶然事故和恶意攻击。偶然事故没有明显的恶意，但是造成的后果可能会比较严重。恶意攻击则带有明显的恶意，是故意行为，这种行为往往带有明显的目的性和针对性，分为被动攻击和主动攻击两种类型。被动攻击是指在不干扰网络信息系统正常工作的状况下进行侦收、截获、窃取、破译和业务流量分析及电磁泄露等攻击，被侵害方一般难以发现；主动攻击包括各种有选择的破坏，如修改、删除、伪造、添加、重放、乱序、冒充、制造病毒等，容易让被侵害方发现。
- 安全缺陷：网络信息系统本身存在的一些安全问题。
- 软件漏洞：随着软件规模的逐渐扩大，软件在开发过程中总是会出现一些不易被发现的软件漏洞。
- 结构隐患：一般指的是网络体系结构方面的隐患或者是网络设备在结构方面的一些安全隐患。

2. 威胁信息安全的来源

（1）窃取：非法用户通过数据窃听手段获得敏感信息。

（2）截取：非法用户首先获得信息，再将此信息发送给真实接收者。

（3）伪造：将伪造的信息发送给接收者。

（4）篡改：非法用户对合法用户之间的通信信息进行修改，再发送给接收者。

（5）拒绝服务攻击：攻击服务系统，造成系统瘫痪，阻止合法用户获得服务。

（6）行为否认：合法用户否认已经发生的行为。

（7）非授权访问：未经系统授权而使用网络或计算机资源。

（8）传播病毒：通过网络传播计算机病毒，其破坏性非常高，而且用户难以防范。

3. 信息安全的目标

信息安全要实现的目标如下：

（1）真实性：对信息的来源进行判断，能对伪造来源的信息予以鉴别。

（2）保密性：保证机密信息不被窃听或窃听者不能了解信息的真实含义。

（3）完整性：保证数据的一致性，防止数据被非法用户篡改。

（4）可用性：保证合法用户对信息和资源的使用不会被不正当地拒绝。

（5）不可抵赖性：建立有效的责任机制，防止用户否认其行为，这一点在电子商务中是极其重要的。

（6）可控性：对信息的传播及内容具有控制能力。

（7）可审查性：对出现的网络安全问题提供调查的依据和手段。

4. 信息安全技术

信息安全的内涵在不断地延伸，从最初的信息保密性发展到信息的完整性、可用性、可控性和不可否认性等多方面的基础理论和实施技术。要保障网络信息的安全，可以采用以下几种技术手段：

（1）信息保密技术：包括信息加密技术和信息隐藏技术。

信息加密是指使有用的信息变为看上去似为无用的乱码，使攻击者无法读懂信息的内容从而保护信息。信息加密是保障信息安全的最基本、最核心的理论基础和技术措施，也是现代密码学的主要组成部分。信息加密过程由形形色色的加密算法来具体实施，它以很小的代价提供很大的安全保护，如图 9.1 所示。到目前为止，据不完全统计，已经公开发表的各种加密算法多达数百种。如果按照收发双方的密钥是否相同来分类，可以将这些加密算法分为单钥密码算法和公钥密码算法。

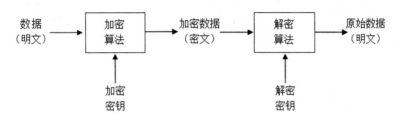

图 9.1　信息加密过程

在实际应用中，把单钥密码和公钥密码结合在一起使用，比如利用高级加密标准（AES）来加密信息，采用 RSA 算法来传递会话密钥。如果按照每次加密所处理的比特数来分类，可以将加密算法分为序列密码和分组密码。序列密码每次只加密一个比特，而分组密码则先将信息序列分组，每次处理一个组。

加密是网络安全的核心技术。加密技术不仅应用于数据的存储和传输过程中，还应用于程序的执行中。网络中的数据加密与选择的加密算法密切相关，加密算法可分为对称密钥算法和非对称密钥算法。

- 对称密钥算法：属于私钥体制，即加密密钥和解密密钥相同，典型算法有 DES 和 AES，如图 9.2 所示。

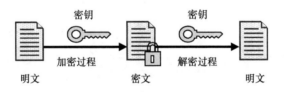

图 9.2　对称密钥体系

- 非对称密钥：属于公钥体制，有两把密钥（公钥加密，私钥解密），典型算法为 RSA，它解决了网络环境中密钥的分发问题，简化了密钥管理，如图 9.3 所示。

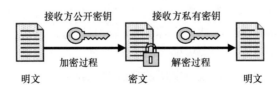

图 9.3　非对称密钥体系

数据加密主要与选择的加密方式有关，主要方式有链路层点对点加密、网络层主机对主机加密、传输层进程对进程加密和应用层内容加密。加密算法除了提供信息的保密性之外，还可与其他技术结合，如单向哈希（Hash）函数，保证数据的完整性。

随着计算机网络通信技术的飞速发展，信息隐藏技术作为新一代的信息安全技术也很快地发展起来。加密虽然隐藏了消息内容，但同时也暗示攻击者所截获的信息是重要信息，从而引起攻击者的兴趣，攻击者可能会在解密失败的情况下将信息破坏掉。而信息隐藏是将有用的信息隐藏在其他信息中，使攻击者无法发现，不仅能够保护信息，也能够保护通信本身，因此信息隐藏不仅隐藏了消息内容，而且隐藏了消息本身。虽然至今，信息加密仍是保障信息安全的最基本手段，但信息隐藏作为信息安全领域的一个新的方向，对它的研究越来越受到人们的重视。

（2）信息认证技术。在信息系统中，信息安全的实现除了保密技术外，还有一个重要方面就是认证技术。认证技术主要用于防止对手对系统进行的主动攻击，如伪装、窜扰等，这对于开放环境中的各种信息系统的安全性尤为重要。认证的目的有两个方面：一是验证信息的发送者是合法的而不是冒充的，即实体认证，包括信源、信宿的认证和识别；二是验证消息的完整性，验证数据在传输和存储过程中是否被篡改、重放、延迟等。

数字签名在身份认证、数据完整性和不可否认性等方面有着重要的作用，是实现信息认证的重要工具。数字签名与手写签名效果一样，可以为仲裁者提供发信者对消息签名的证据，而且能使消息接收者确认消息是否来自合法方。签名过程是将签名者的私有信息作为密钥，或对数据单元进行加密，或产生该数据单元的密码校验值；验证过程是利用公开的规程和信息来确定签名是否是用该签名者的私有信息产生的，但并不能推出签名者的私有信息，如图 9.4 所示。

图 9.4　数字签名过程

数据签名机制是对加密机制和数据完整性机制的重要补充，也是解决网络通信安全问题的有效方法。数字签名机制解决了以下问题：

● 否认：发送方事后否认自己曾发送过某文件，接收方否认自己曾接收过某文件。

● 伪造：接收方伪造一份文件，声称文件来自发送方。

● 冒充：网上某个用户冒充别人的身份收发信息。

● 篡改：接收方私自更改发送方发出的信息内容。

数据签名机制保证数据来源的真实性、通信实体的真实性、抗否认性、数据完整性和不可重用性。

鉴别交换机制是通过互相交换信息的方式来确认彼此的身份。鉴别交换技术有多种，常见方法有以下 3 类：

- 口令鉴别：发送方提供口令（Password）以证明自己的身份，接收方根据口令来检测对方的身份。
- 数据加密鉴别：将交换的数据加密后进行传送，只有合法用户才能通过密钥解密，得出明文并确认发送方是掌握另一个密钥的人。通常，数据加密与握手协议、数字签名和公钥基础设施（PKI）等结合使用，使身份鉴别更加可靠。
- 实物属性鉴别：利用通信双方的固有特征或所拥有的实物属性进行身份鉴别，例如指纹、声谱识别、身份卡识别。

身份认证是一门新兴的理论，是现代密码学发展的重要分支。身份认证是信息安全的基本机制，通信双方之间应相互认证对方的身份，以保障赋予正确的操作权限和数据的存取控制。网络也必须认证用户的身份，以保证合法的用户进行正确的操作并进行正确的审计。通常有 3 种方法来验证主体身份：一是只有该主体了解的信息，如口令、密钥；二是主体携带的物品，如智能卡和令牌卡；三是只有该主体具有的独一无二的特征和能力，如指纹、声音、视网膜、签字等。

（3）访问控制技术。访问控制是网络安全防范和保护的重要手段，是信息安全的重要组成部分。访问控制涉及主体、客体和访问策略，三者之间关系的实行构成了不同的访问的模型。访问控制模型是探讨访问控制实现的基础，针对不同的访问控制模型会有不同的访问控制策略，访问控制策略的制定应该符合安全原则。访问控制机制是按事先确定的规则防止未经授权的用户或用户组非法使用系统资源。当一个用户企图非法访问未经授权的资源时，系统访问控制机制将拒绝这一企图，并向审计系统报告，审计系统发出报警并形成部分追踪审计日志。

访问控制的主体能够访问和使用客体信息资源的前提是主体必须获得授权，授权与访问控制密不可分。访问控制可分为自主访问控制和强制访问控制两类。

- 自主访问控制：是指用户有权对自身所创建的访问对象（文件、数据表等）进行访问，并可将这些对象的访问权授予其他用户和从已授予权限的用户收回其访问权限。
- 强制访问控制：是指由系统（通过专门设置的系统安全员）对用户所创建的对象进行统一的强制性控制，按照规定的规则决定哪些用户可以对哪些对象进行什么样的操作系统类型访问，即使是创建者用户，在创建一个对象后也可能无权访问该对象。

审计是访问控制的重要内容与补充，可以对用户使用何种信息资源、使用的时间以及如何使用进行记录与监控。审计的意义在于客体对其自身安全的监控，便于查漏补缺，追踪异常事件，从而达到威慑和追踪不法使用者的目的。访问控制的最终目的是通过访问控制策略显式地准许或限制主体的访问能力及范围，从而有效地限制和管理合法用户对关键资源的访问，防止和追踪非法用户的侵入以及合法用户的不慎操作等行为对权威机构所造成的破坏。

（4）信息安全监测。入侵检测技术是一种网络信息安全新技术，对网络进行检测，提供对内部攻击、外部攻击和误操作的实时监测并采取相应的防护手段，如记录证据用于追踪、恢复和断开网络连接。

入侵检测系统（Intrusion Detection System，IDS）是从计算机网络系统中的若干关键点收集信息并对其进行分析，检查网络中是否有违反安全策略的行为和遭到袭击的迹象的系统，如图 9.5 所示。与其他安全产品不同的是，入侵检测系统需要更多的智能，它必须可以对得到的数据进行分析,并得出有用的结果。一个合格的入侵检测系统能大大简化管理员的工作,保证网络安全地运行。

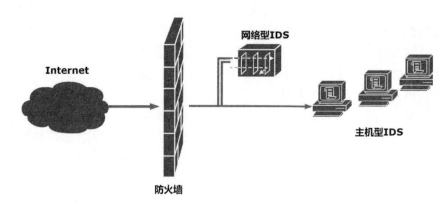

图 9.5   入侵检测系统(IDS)

根据不同的分类标准,入侵检测系统可以分为不同的类型。按照信息资源划分入侵检测系统是目前最通用的方法。入侵检测系统主要分为两类:基于网络的 IDS 和基于主机的 IDS。

入侵检测技术是主动保护自己免受攻击的一种网络安全技术,能够帮助系统对付网络攻击,扩展系统管理员的安全管理能力(包括安全审计、监视、攻击识别和响应),提高信息安全基础结构的完整性。IDS 的主要功能有监控、分析用户和系统的活动;系统构造及其安全漏洞的审计;识别入侵的活动模式并向网络管理员报警;对异常活动的统计分析;操作系统的审计、跟踪、管理;识别违反安全策略的用户行为;评估关键系统及其数据文件的完整性。

(5)信息内容安全。信息内容主要是信息安全在政治、法律、道德层次上的要求。我们要求信息内容是安全的,就是要求信息内容在政治上是健康的,在法律上是符合国家法律法规的,在道德上是符合中华民族优良道德规范的。

信息内容安全是指对信息在网络内流动中的选择性阻断,以保证信息流动的可控能力,在此被阻断的对象可以是通过内容判断出来的可对系统造成威胁的脚本病毒、因无限制扩散而导致消耗用户资源的垃圾类邮件、导致社会不稳定的有害信息(如涉恐涉暴、淫秽色情等信息)等。所面对的难题包括信息不可识别(因加密)、信息不可更改、信息不可阻断、信息不可替换、信息不可选择、系统不可控等,主要的处置手段是密文解析或形态解析、流动信息的裁剪、信息的阻断、信息的替换、信息的过滤、系统的控制等。

9.1.4   信息安全意识

实际上,很多信息安全问题都是因为用户没有养成良好的安全习惯造成的。

(1)良好的密码设置习惯。密码是一个系统的第一道屏障,没有密码的网络信息系统是不可想象的。

(2)网络和个人设备安全。不要随意将自己的个人设备连到公共网络中,这是应该具备的良好的安全意识。另外个人设备要安装防火墙及杀毒软件,不要安装那些未经授权的软件。

(3)电子邮件安全。电子邮件在网络上传输的每一个环节都有可能造成信息泄露,因为网络系统管理员或网络黑客可能会采取技术手段截取电子邮件的内容。

（4）媒介安全。有些文档资料可以不打印出来，即使要打印出来也尽量不要使用公共计算机。打印出来的资料如果已经不需要了，尽量用碎纸机粉碎或者按照单位或机构规定的流程进行销毁。

（5）物理安全。这属于管理层面的安全保障，企业或机构需要采取措施保证内部的信息资源不外泄，尤其要保障各类敏感资源不遭到破坏。

互联网大数据技术迅猛发展，对人类的生产、生活、学习产生了重要影响。但是毋庸讳言，当前人们的信息安全意识还非常淡薄，还没有真正意识到信息泄露可能产生的不良影响。在我国，由于信息网络安全管理体制尚不完善，由此导致计算机犯罪数量快速增长，所造成的负面影响也在快速增加。因此加强信息安全管理、提高国民的信息安全意识具有重要意义。

❓思考·感悟

思考： 如何提高国民的信息安全意识？

感悟： 广大民众对信息安全的漠视是当前非常严重的问题，必须采取各种措施，提高民众对信息安全重要性的认识。从信息在各个领域的应用来看，无论是软件还是硬件，无论是工业还是农业，无论是实体产业还是虚拟产业，无论是商业还是教育，信息的地位都是极为突出的。信息安全不仅关乎政府企业及运行的稳定，对个人的信息安全也至关重要。从国家信息化战略角度出发，信息安全是非常重要的一个方面。

9.2　计算机病毒及其防范

9.2.1　计算机病毒概述

1. 计算机病毒的概念

1994 年 2 月 18 日，我国正式颁布实施了《中华人民共和国计算机信息系统安全保护条例》，在《条例》第二十八条中明确指出："计算机病毒，是指编制或者在计算机程序中插入的破坏计算机功能或者毁坏数据，影响计算机使用，并能自我复制的一组计算机指令或者程序代码。"

计算机病毒，可以瞬间让一台计算机的系统和数据全部损毁，甚至格式化磁盘，而计算机网络病毒则可能瞬间中断一个大型计算机中心的正常工作，将病毒复制到网络中的数千台计算机中并造成网络瘫痪。

鉴于计算机病毒给信息化社会带来的危害，世界各国纷纷将制作和散布计算机病毒的行为定为犯罪行为。我国的刑法、民法典、网络安全法等法律根据计算机病毒的传播方式、危害程度等也有了明确的条款。

2. 计算机病毒的特点

计算机病毒具有生物病毒的某些特性，如破坏性、传染性、潜伏性、寄生性，同时具有其自身独有的性质，如隐蔽性和不可预见性等。

（1）破坏性。计算机病毒的破坏性主要体现在对系统和数据的破坏上。

（2）传染性。传染性即病毒的自我复制能力，是计算机病毒最根本的特征，一般的感染途径都是自动将病毒本身"挂接"到其他文件中，比如挂接到 exe 文件、doc 文件等，能自我复制到内存、硬盘和 U 盘中，甚至感染所有类型的文件。计算机网络的快速发展其实也为计算机病毒的发展提供了"便利"，使其能够迅速蔓延到互联网的所有计算机系统中。

（3）潜伏性。有些计算机病毒并不立即发作，而是隐藏在系统中，等到满足一定条件时才大肆发作。在潜伏期，它并不影响系统的正常运行，它可能是系统文件夹或磁盘根目录下的一个隐藏文件，只占用少量的系统资源，并悄悄地复制、传播，一旦满足条件（如某个特定的日期）就会对系统产生很大的破坏作用。

（4）寄生性。一般病毒程序并不独立存在，而是寄生在某种载体中，当载体被激活时病毒随之触发。病毒通常寄生在系统文件区和系统文件中，按寄生方式可分为引导区病毒、文件型病毒和混合型病毒（如幽灵病毒）。

（5）隐蔽性。计算机病毒具有很强的隐蔽性，它通常是一个没有文件名的程序。

（6）不可预见性。病毒种类繁多，破坏性各不相同，人们可以查杀已知计算机病毒，但对未知病毒或已知病毒的变种却无能为力。这也是杀毒软件所面临的一大难题，必须是先有病毒，甚至病毒造成一定危害后，杀毒软件才会更新病毒特征库，进行查杀。

3．计算机病毒的分类

通常计算机病毒的分类有以下两种方式：

（1）按病毒程序特有的算法。计算机病毒可分为伴随性病毒、蠕虫病毒、特洛伊木马病毒和寄生性病毒等。需要特别说明的是，特洛伊木马程序表面上伪装成一般的应用程序，但暗地里会对系统进行恶意操作，比如偷偷获取计算机中的重要文件，盗取用户的 QQ 密码或微信密码，甚至是电子支付密码、网络银行密码等。

（2）按病毒的寄生媒介。计算机病毒可分为入侵型病毒、源码型病毒、外壳型病毒和操作系统病毒。其中操作系统病毒较常见，危害性也最大。

9.2.2　计算机病毒的防范

计算机病毒的传播主要有以下几种方式：

（1）硬盘、软盘、光盘等存储介质。

（2）网络。

（3）盗版软件、计算机机房和其他共享设备。

计算机感染病毒后的症状有：

- 程序加载时间或程序执行时间与正常时间相比明显变长。
- 系统较平时反应缓慢，任务管理器中有陌生进程。
- 文件的最后修改时间明显不对。
- 计算机多次出现死机。
- 系统文件夹或者磁盘根目录下发现陌生隐藏文件。

计算机病毒的防范包括两个方面：预防和杀毒，并且预防胜于杀毒。预防病毒首先要在思想上重视，加强管理，养成良好的使用习惯，防止计算机病毒的入侵。一般来说，可采取以下措施：

- 及时下载、更新操作系统最新发布的安全漏洞补丁。
- 安装防火墙软件、安全卫士或杀毒软件，并定期进行升级。
- 及时取消不必要的共享目录。
- 管理员的密码至少要保证大小写字母、数字和特殊符号两种以上的组合。
- 不浏览不良网站，不在不熟悉的网站下载程序或文件。
- 不随意点击不安全的陌生链接，避免访问钓鱼网站。
- 定期使用安全卫士或杀毒软件全面查杀木马和病毒。
- 定期对计算机中的数据进行异地备份，甚至备份到两个以上的地方。
- 尽量不要使用捡到的移动硬盘或 U 盘。
- 不运行来路不明的软件或安装程序。

计算机病毒的查杀主要依靠杀毒软件来完成。如果是比较熟练的专业人士，也可以尝试进入安全模式，显示所有隐藏文件，手动去查杀病毒。目前，杀毒软件行业基本完成了颠覆性模式改革，从以前的包年收费模式转变为免费模式，但随之而来的是各种广告的推送。在这里，推荐的组合防护套装是"360 安全卫士和 360 杀毒软件"，也有人选择"腾讯电脑管家和金山毒霸"组合，但不推荐同时安装 360 安全卫士和腾讯电脑管家，实测中发现存在软件不兼容的情况，甚至影响用户的使用。

下面将对"360 安全卫士和 360 杀毒软件"防护套装进行简要介绍。

360 公司是北京奇虎科技有限公司的简称，由周鸿祎于 2005 年 9 月创立，是互联网免费安全的倡导者，先后推出 360 安全卫士、360 手机卫士、360 杀毒等安全产品。特别是 360 安全卫士，它是预防病毒和木马的第一道"关卡"，使用免费，安装简单。不足之处是近几年弹出的广告较多，影响用户体验。

相关软件界面及使用方法如图 9.6 至图 9.8 所示。

图 9.6 定期使用 360 安全卫士的"体检功能"

图 9.7 定期使用 360 安全卫士的"木马查杀"

图 9.8 使用 360 杀毒的"快速扫描"进行杀毒

9.3 常见网络攻击及其防范

9.3.1 常见网络攻击

计算机和计算机网络主要受到以下几方面的安全威胁：操作系统的安全威胁、Web 应用安全漏洞和网络攻击威胁。

1. 网络安全概述

网络安全是指网络系统的硬件、软件及其中的数据受到保护，不因偶然的或者恶意的原因而遭受到破坏、更改、泄露，系统连续可靠正常地运行，网络服务不中断。简单地说就是确保网络传输的信息到达目标计算机后没有任何改变或丢失，并且只有授权者可以获取相应信息。

2. 常见的网络攻击方式

网络攻击，一般是利用网络中存在的漏洞对网络系统的硬件、软件及其中的数据进行攻击。常见的网络攻击方式有以下几种：

（1）ARP 欺骗。地址解析协议（Address Resolution Protocol，ARP）是将 IP 地址（或称网络层地址）解析为以太网 MAC 地址（或称物理地址）的协议。

类似于现实中的收发信件和快递，当网络中的主机或网络设备有数据要发送到另一台主机或设备时，它必须知道对方的 IP 地址，封装成数据包后还必须有接收站的物理地址，ARP 协议就是实现从 IP 地址到物理地址的映射。

ARP 攻击的过程（如图 9.9 所示）如下：

● 主机 A 要向主机 B 发送数据，不知道主机 B 的 MAC 地址，广播一个 ARP 请求包，其中包含主机 B 的 IP 地址。

● 主机 B 将 ARP 应答包回复给主机 A，其中包含主机 B 的 MAC 地址。

● 其他主机都收到了请求包，这时攻击者主机 C 就可以冒充主机 B 向主机 A 发送 ARP 应答，而 ARP 应答包中的 IP 地址是主机 B 的，MAC 地址是主机 C 的。

● 主机 A 更新本地 ARP 缓存，就会把发送给主机 B 的数据包发送给主机 C。

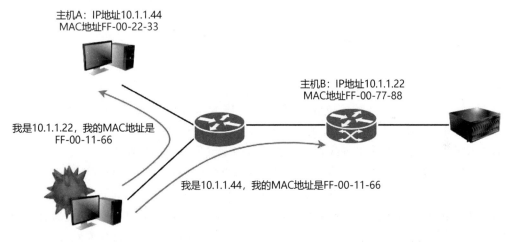

图 9.9　ARP 攻击的过程

ARP 欺骗就是通过伪造 IP 地址和 MAC 地址来实现欺骗，攻击者持续不断地发出伪造的 ARP 响应数据包，在网络中产生大量的 ARP 通信，造成网络堵塞或网络中断。ARP 欺骗主要存在于局域网中，局域网中若有一台计算机感染 ARP 木马，则会影响整个网段甚至整个网络。

（2）网络欺骗。网络欺骗是对网络进行攻击的手段之一，包括 IP 地址欺骗、邮件欺骗、钓鱼欺骗等多种方式，其中 IP 地址欺骗是典型方式。

　　IP 地址欺骗是指行动产生的 IP 数据包为伪造的源 IP 地址,以便冒充其他系统或发件人的身份，如图 9.10 所示。如张三使用一台计算机上网，但其实偷偷使用了别人机器的 IP 地址，从而冒充了别人的机器与服务器打"交道"，甚至窃取、篡改服务器上的数据。IP 地址欺骗就是通过伪造数据包中源地址和目的地址信息，使信息源不是实际的来源。其实，IP 地址欺骗是利用主机之间的正常信任关系来发动的。

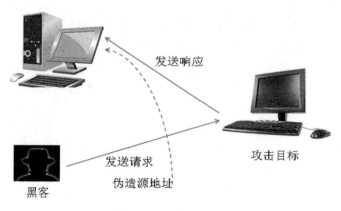

图 9.10　IP 地址欺骗

　　（3）会话劫持。会话劫持是一种结合了嗅探及欺骗技术的攻击手段。简单地说，就是攻击者把自己插入到受害者和目标机器之间,并设法使攻击者的机器成为类似介于受害者和目标机器之间的数据通道中的"数据中转站"监听敏感数据、替换数据等。

　　常见的是 DNS 欺骗攻击，它是一种高危害性的中间人攻击。DNS（Domain Name System，域名解析系统）的功能是将域名和 IP 地址相互映射。DNS 欺骗攻击后，攻击者冒充域名服务器向主机提供错误的 DNS 信息，比如主机访问网上银行时，可能就会访问到一个"假冒"银行网站，从而被窃取了登录账号和密码等信息。

　　（4）分布式拒绝服务攻击。分布式拒绝服务攻击（Distributed Denial of Serviceattack，DDoS）俗称洪水攻击。攻击者通过某种手段有意地造成计算机或网络不能正常运转，从而不能向合法用户提供所需要的服务或者是服务质量降低（服务器响应缓慢）。

　　这种攻击可以让处于不同位置的多个攻击者同时向一个或者多个目标服务器发起攻击，或者是一个或多个攻击者控制了位于不同区域的多台"肉机"，同时对受害者实施攻击。

　　DDoS 攻击可以造成被攻击主机有大量等待的 TCP 连接、网络中产生大量无用数据包造成网络堵塞，使得受害主机无法正常和外界通信或提供服务，甚至造成系统死机。比如，某网站受 DDoS 攻击后，访问缓慢或无法访问。

　　针对不同的网络攻击，有各种网络安全防御手段。比如在接入层交换机上配置端口绑定，静态绑定主机 MAC 地址与 IP 地址，来防范 ARP 欺骗攻击；设置虚拟局域网（VLAN），实现端口隔离，在接入交换机中配置 10 个甚至 20 个 VLAN，这是逻辑上划分网段的技术，VLAN 技术把 ARP 攻击的报文限制在一个很小的广播域内，有效抑制 ARP 广播风暴；直接使用 IP 地址访问，防止 DNS 欺骗攻击；基于异常入侵检测技术及时记录主机的网络通信情况，如异常，检测系统发出警报，用来防范 DDoS 攻击。

❓思考·感悟

思考： 为什么国家一直强调网络安全？

感悟： 要切实保障国家数据安全。要加强关键信息基础设施安全保护，强化国家关键数据资源保护能力，增强数据安全预警和溯源能力。

——习近平

9.3.2　常见网络攻击的防范

1.　身份认证

身份认证也称身份鉴别，目的是鉴别通信伙伴的身份，或者在对方声明自己的身份之后能够进行验证。身份认证通常需要加密技术、密钥管理技术、数字签名技术，以及可信机构（鉴别服务站）的支持。可以支持身份认证的协议有很多，如 Needham-schroedar 鉴别协议、X.509 鉴别协议、Kerberos 鉴别协议等。实施身份认证的基本思路是直接采用不对称加密体制，由称为鉴别服务站的可信机构负责用户的密钥分配和管理，通信伙伴通过声明各自拥有的密钥来证明自己的身份。

❓思考

思考： 生活中常用的身份认证方式有哪些？

2.　访问控制

访问控制是指系统对用户身份及其所属的预先定义的策略组限制其使用数据资源能力的手段。通常用于系统管理员控制用户对服务器、目录、文件等网络资源的访问。访问控制的目的是保证网络资源不被未授权的用户访问和使用。资源访问控制通常采用网络资源矩阵来定义用户对资源的访问权限。对于信息资源，还可以直接利用各种系统（如数据库管理系统）内在的访问控制能力为不同的用户定义不同的访问权限，有利于信息的有序控制。同样，设备的使用也属于访问控制的范畴，网络中心尤其是机房应当加强管理，严禁外人进入。对于跨网的访问控制，签证（visa）和防火墙是企业 CIMS 网络建设中可选择的较好技术。

3.　一次性口令

一次性口令认证技术的基本原理是在登录过程中加入不确定因子，使用户在每次登录的过程中提交给认证系统的认证数据都不相同，系统接收到用户的认证数据后，以事先预定的算法去验算认证数据即可验证用户的身份。在基于一次性口令认证技术的认证（OTP）系统中，用户的口令并不直接用于验证用户的身份，用户口令和不确定因子使用某种算法生成的数据才是直接用于用户身份认证的数据。目前的一次性口令认证技术几乎都采用单向散列函数来计算用户每次登录的认证数据。

4.　双因子认证

双因子认证指的是用两个独立的方式来建立身份认证和权限。认证因子可分为四类：一是你的个人识别码、密码或其他信息；二是你的安全记号、密钥或私钥；三是你自身的手、脸、眼睛等；四是你的行为，如手写签名、击键动作等。因子数量越多，系统的安全性就越强。显然采用生物识别技术来作为第二因子，利用人体固有的生理特性和行为特征来进行个人身份的鉴定将进一步增强认证的安全性。但是对于现有的双因子认证系统来说，引用生物识别技术作为其检测因子代价过高，实现起来比较复杂。

5. 防火墙

防火墙是指设置在不同网络（如可信任的企业内部网和不可信任的公共网）或网络安全域之间的一系列部件的组合。它可通过监测、限制、更改跨越防火墙的数据流尽可能地对外部屏蔽网络内部的信息、结构和运行状况，以此来实现网络的安全保护。在逻辑上，防火墙是一个分离器、一个限制器，也是一个分析器，它有效地监控了内部网和 Internet 之间的任何活动，保证了内部网的安全。

防火墙启动后，通过它的网络信息都必须经过扫描，这样可以滤掉一些攻击，以免其在目标计算机上被执行。防火墙还可以关闭不使用的端口，禁止特定端口流出通信，可以锁定特洛伊木马。除此之外，防火墙还可以禁止来自特殊站点的访问，从而防止不明者的入侵。

9.3.3 移动互联网终端安全的防范

根据 2022 年第 49 次《中国互联网络发展状况统计报告》统计，截至 2021 年 12 月，我国手机网民规模达 10.29 亿。智能手机或其他移动终端，跟计算机一样，都有操作系统。移动互联网终端的操作系统有安卓（Android）、iOS、华为 HarmonyOS 等。

以安卓系统为例，Android 操作系统是建立在 Linux 平台上的一种开放源码的操作系统，开放源码意味着系统自身代码和功能是可以被修改的，同样就存在被发现漏洞、植入木马等安全隐患。Android 操作系统是一种权限分离的操作系统，应用程序安装后，可以读取通信录、重要事件等个人隐私信息，甚至包括相册中的隐私照片，也可能导致木马程序盗取用户的网银账户、微信钱包或支付宝账户。

下面是提高自身安全意识，保护自身信息安全的几点建议。

- 从正规渠道下载应用软件（App）。
- 合理赋予应用程序访问权限。
- 安装手机管家并定期查杀病毒。
- 拒绝来源不明的免费 Wi-Fi 网络。
- 定期更换自用无线路由器的初始登录密码和无线密码。
- 移动智能终端设置密码。
- 备份重要数据。
- 不打开陌生链接和文件，不安装来历不明的软件。

9.4 网络犯罪

9.4.1 网络犯罪的概念

网络犯罪存在广义说和狭义说两种。狭义的网络犯罪是传统意义上的网络犯罪，仅是指以网络为侵害对象而实施的犯罪行为。狭义的网络犯罪对应我国《刑法》第二百八十五条和第二百八十六条规定的非法侵入计算机信息系统罪和破坏计算机信息系统罪；广义的网络犯罪是指将利用计算机网络实施的犯罪行为都归于网络犯罪行为中，例如网络诈骗、网络盗窃等。

网络犯罪的概念可以总结为，网络犯罪是指行为人运用计算机技术，借助于网络对其系统或信息进行攻击，破坏或利用网络进行其他犯罪的总称。既包括行为人运用其编程、加密、解码技术或工具在网络上实施的犯罪，也包括行为人利用软件指令实施的犯罪。可以认为网络犯罪的概念涵盖了计算机犯罪。

1．网络犯罪的分类

网络犯罪分为以下两类：

（1）以计算机网络为犯罪对象的犯罪。如行为人针对信息系统或网络发动攻击，这些攻击包括非法侵入计算机信息系统、非法获取计算机信息系统数据、非法控制计算机信息系统、破坏计算机信息系统功能、篡改计算机信息系统数据、制作或传播病毒和木马等。

（2）以计算机网络作为犯罪工具的传统犯罪。如使用计算机网络系统盗窃他人信用卡信息，或者通过连接互联网的计算机存储、传播淫秽物品和儿童色情等。

2．网络犯罪的特征

网络犯罪的特征有以下几点：

（1）犯罪主体智能化。犯罪分子大多具有一定学历，受过较好教育或专业训练，了解计算机系统技术，对实施犯罪领域的业务比较熟悉。

（2）犯罪手段隐蔽性。由于网络的开放性、不确定性、虚拟性和超越时空性等，犯罪手段看不见、摸不着，破坏波及面广，但犯罪嫌疑人的流动性很大，证据难以固定，使得计算机网络犯罪具有极高的隐蔽性，增加了计算机网络犯罪案件的侦破难度。

（3）跨国性。网络冲破了地域限制，计算机犯罪呈现国际化趋势。这为犯罪分子跨地域、跨国界作案提供了可能。犯罪分子只要拥有一台联网的计算机终端，就可以通过 Internet 到网络上的任何一个站点实施犯罪活动。

（4）犯罪分子低龄化。犯罪主体趋于低龄化，犯罪实施人以青少年为主体，而且年龄越来越低，低龄罪犯比例越来越高。

（5）犯罪后果具有严重的社会危害性。随着计算机的广泛普及和信息技术的不断发展，现代社会对计算机的依赖程度日益加重，大到国防、电力、金融、通信系统，小到机关的办公网络、家庭计算机都是犯罪侵害的目标。

9.4.2　网络犯罪的侦查

网络犯罪侦查是指为了揭露和证实网络犯罪，查获犯罪嫌疑人，依法收集相应的电子证据，进行专门的调查和实施强制性措施的活动。网络犯罪侦查的主体是具有侦查权的侦察部门。这些部门依据国家和地方颁布的法律法规进行打击网络犯罪的工作。根据《刑事诉讼法》的规定，具有侦查权的主体为公安、国家安全、检察院、军队保卫等部门。

除此之外，由于网络犯罪侦查具有一定的技术性，因此还需要多方参与，配合上述执法部门的侦查。除了学术机构在法律和政策制定、人才培养上予以帮助之外，网络安全行业的公司也利用自身的技术优势配合执法部门进行执法工作，这也是网络犯罪侦查与其他侦查方式不同的特色。

1. 网络犯罪侦查技术

网络侦查技术是指利用计算机、网络、通信等高科技的公开技术，有针对性地形成打击网络犯罪的相关技术和方法的科学技术。网络侦查技术偏重于网络技术原理与侦查实际操作相结合，目的是打击网络犯罪。

按照网络侦查技术在网络犯罪侦查过程中的应用方向，网络侦查技术可分为以下 3 种：

（1）网络数据搜集技术。网络犯罪的数据来源非常广泛，数据类型多样。网络数据可分为结构化数据和非结构化数据。结构化数据是能够用统一的结构表示的数据，如数据库数据；非结构化数据是无法用统一的结构表示的数据，如图像、声音、网页等。网络数据搜集针对的是结构化数据和非结构化数据，重点是将不同格式的数据收集存储起来，但不对数据进行清洗，具体的清洗和分析工作交由数据关联和数据分析完成。

（2）网络数据关联技术。网络数据关联比对是从海量的网络数据中提取出针对特定目标的或者拥有共同特征目标的相关信息的技术。简单地说，就是运用计算机对数据进行分析，对两组以上同类型的数据集进行梳理，通过关联查询、筛选数据集获取目标数据，又称为"数据碰撞"。网络数据关联比对技术常用于网络犯罪侦查的线索比对和犯罪行为关联。数据关联比对有助于侦查人员全方位、多角度地思考分析案情，帮助侦查人员发现破案线索，理清破案思路，划定侦查范围。

（3）网络数据分析技术。网络数据分析技术是网络犯罪侦查技术的核心，网络犯罪的多样性决定了网络犯罪分析技术的多样性和广泛性。网络分析技术分支众多，包括日志分析技术、文件分析技术、渗透技术、逆向技术等。

2. 电子数据取证

网络犯罪是计算机网络出现后产生的新型犯罪，留存的信息以二进制代码的虚拟形式存在，这些信息"看不见""摸不到"。在办理网络犯罪案件的过程中，电子数据具有极其重要的地位，是最重要的证据之一。电子数据取证和使用贯穿整个侦查和诉讼阶段。电子数据取证可谓是网络犯罪侦查工作的生命线，电子数据取证工作的质量将直接影响网络犯罪案件的侦破成败和打击效果。

最高人民法院、最高人民检察院、公安部印发的《关于办理刑事案件收集提取和审查判断电子数据若干问题的规定》中明确指出，**电子数据是案件发生过程中形成的，以数字化形式存储、处理、传输的，能够证明案件事实的数据**。电子数据取证是指采用技术手段，获取、分析、固定电子数据作为认定事实的科学。

（1）电子数据取证工具。电子数据取证工具可分为取证硬件和取证软件，如图 9.11 所示。取证硬件包括写保护设备、镜像设备、现场勘验设备、介质取证设备、移动终端取证设备、网络数据提取设备、数据恢复设备等；取证软件是集计算机知识体系于一体的专业化工具，它分析的是非结构化的电子数据，将其以结构化的形态呈现。取证软件种类繁多，有介质取证软件、移动终端取证软件、镜像软件、系统仿真软件、内存取证软件、密码破解软件等。介质取证软件主要有 Encase、FTK、X-Way forensics、取证大师、盘古石计算机取证分析系统（SafeAnalyzer）等。

（2）电子数据取证技术。电子数据取证技术涉及的领域非常广，凡是计算机科学知识都可以作为取证技术，电子数据取证技术随着计算机技术的发展而不断发展。常见的电子数据取证技术有 Windows 取证、UNIX/Linux 取证、Mac OS 系统取证、移动终端取证、网络电子数据取证、恶意代码取证、数字图像取证等。

（a）只读锁

（b）手机取证设备——UFED Touch

（c）硬盘复制机

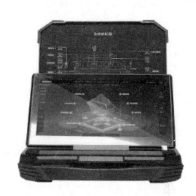
（d）现场勘查分析设备——取证魔方

图 9.11　电子取证设备

9.4.3　黑客

黑客一词源于英文 Hacker，最初曾指热心于计算机技术、水平高超的计算机高手，尤其是程序设计人员，而现在的黑客是指那些专门利用计算机搞破坏或恶作剧的人。目前黑客已成为一个广泛的社会群体，黑客的行为会扰乱网络的正常运行，甚至会演变为犯罪。

1. 黑客犯罪的主要行为方式

黑客犯罪的主要行为方式有以下 5 种：

（1）侵犯网络经营秩序的行为。目前，侵犯网络正常经营秩序的行为主要表现为：

● 擅自建立或者使用其他非法信息通道进行国际联网。

● 接入单位未经许可非法从事国际联网经营活动。

● 侵犯他人域名权的行为。

此类黑客犯罪行为还不是纯粹定义上的黑客犯罪，其犯罪行为也并不一定通过网络进行，但都与网络相关，行为直接破坏网络的正常运营以及网络资源的合理使用。

（2）对计算机信息系统进行破坏和控制的行为。计算机信息系统是计算机网络的核心组成部分，对计算机信息系统进行侵犯的犯罪形式主要有以下两种形态：

● 未经许可非法进入计算机信息系统，进而控制他人的主机。

● 破坏计算机信息系统，使其功能不能正常运行。

这两种行为通常被认为是最原始的黑客犯罪。

（3）电子盗窃行为。黑客以解码、修改指令、注入非法程序等方法擅自破译他人接受某项网络服务的密码，侵入系统终端，达到盗获机密或隐私信息的行为。如入侵他人网站后以指令、程序或者其他工具开启经过加密的档案或未经加密处理的档案；盗用他人上网账号，未经他人同意而拨号上网，而上网所发生的费用则由被盗用者承担等。

（4）制造、传播病毒行为。当前在网络上散布计算机病毒十分猖獗。有些病毒具有攻击性和破坏性，可能破坏他人的计算机设备、档案。其中电子邮件是现今计算机病毒最主要的传播方式，感染率一直呈上升趋势，超过了软盘存储和网络下载这两种病毒传播途径。制造病毒或违法程序进行现实中的违法犯罪活动（如日益猖獗的网上信用卡诈骗）或提供给他人进行犯罪（如网络洗钱）成了一种新的趋势。

（5）滥用网络的行为。滥用网络行为是指利用计算机网络实施的侵犯非计算机网络本身及其资源的其他非法使用网络的行为。该项犯罪行为并不涉及任何网络本身的安全性问题，只是利用网络实施了传统的犯罪。事实上中国的传统犯罪已经呈现出"网络化"的趋势，网络恐怖主义、网络色情和网络金融犯罪等新型犯罪屡屡发生。

2. 预防黑客攻击

预防黑客攻击需要注意以下几点：

（1）不要随便打开来历不明的电子邮件。

（2）使用防火墙。

（3）不要暴露自己的 IP 地址。

（4）安装杀毒软件并及时升级。

（5）做好数据备份。

（6）需要使用复杂的密码。使用字母+数字+大小写区分+各种符号的密码，提高安全性。

3. 黑客犯罪行为

黑客犯罪即危害计算机信息系统安全的犯罪行为，我国刑法主要规定了 4 项罪名：

（1）非法侵入计算机信息系统罪.

（2）非法获取计算机信息系统数据、非法控制计算机信息系统罪。

（3）提供侵入、非法控制计算机信息系统程序、工具罪。

（4）破坏计算机信息系统罪。

？思考·感悟

思考：许某通过其个人专用电脑利用黑客手段非法侵入某省公务员考试中心报名网站，并非法获取了考生报名信息。经鉴定，该公务员考试网计算机信息系统属于国家事务的计算机信息系统。许某的行为构成了什么罪？

感悟：许某违反法律规定，侵入国家事务领域的计算机信息系统，其行为构成非法侵入计算机信息系统罪。

要依法严厉打击网络黑客、电信网络诈骗、侵犯公民个人隐私等违法犯罪行为，切断网络犯罪利益链条，持续形成高压态势，维护人民群众合法权益。

——习近平 2018 年 4 月 20 日在全国网络安全和信息化工作会议上的讲话

9.5　网络道德与信息安全法律法规

9.5.1　网络道德

网络道德作为一种实践精神，是人们对网络持有的意识态度、网上行为规范、评价选择等构成的价值体系，是一种用来正确处理、调节网络社会关系和秩序的准则。网络道德的目的是按照善的法则创造性地完善社会关系和自身，其社会需要除了规范人们的网络行为之外，还有提升和发展自身内在精神的需要。

（1）网络道德问题的不良表现。

- 浏览不良信息，如图 9.12 所示。
- 恶意攻击他人。
- 网络知识侵权。
- 网络成瘾。
- 网络"暴力"。

图 9.12　涉"黄"网络直播

（2）网络道德失范的不良影响。

- 影响形成正确的人生观、价值观、世界观。
- 造成在社会生活中的价值取向紊乱。
- 导致道德人格的缺失。
- 产生对现实生活的疏离感。

（3）使用计算机网络应遵循的道德规范。

- 不能利用电子邮件进行广播型的宣传,这种强加于人的做法会造成别人的信箱充斥无用的信息而影响正常工作。

- 不应该使用他人的计算机资源，除非你得到了准许或者做出了补偿。
- 不应该利用计算机去伤害别人。
- 不能私自阅读他人的通信文件（如电子邮件），不得私自拷贝不属于自己的软件资源。
- 不应该窥探他人的计算机，不得蓄意破译别人的密码。

？思考·感悟

思考： 大数据时代，如何保护自己的隐私？

感悟： 网络空间同现实社会一样，既要提倡自由，也要保持秩序。自由是秩序的目的，秩序是自由的保障。我们既要尊重网民交流思想、表达意愿的权利，也要依法构建良好的网络秩序，这有利于保障广大网民合法权益。网络空间不是"法外之地"。网络空间是虚拟的，但运用网络空间的主体是现实的，大家都应该遵守法律，明确各方权利义务。

——习近平

9.5.2　我国信息安全相关法律法规及制度

1. 国内信息系统安全法规简介

1987 年，公安部推出了《电子计算机系统安全规范（试行草案）》，这是我国第一部有关计算机安全工作的国家级管理规范。

1994 年 2 月 18 日，《计算机信息系统安全保护条例》由中华人民共和国国务院令第 147 号发布并实施。

2000 年 1 月 1 日，《计算机信息系统国际联网保密管理规定》正式生效，该规定针对计算机信息系统中涉及国家秘密的保密制度及保密监督制度进行了详细规定。

2000 年 3 月 30 日，我国的《计算机病毒防治管理办法》正式发布实施，该办法对计算机病毒进行了定义，并对计算机病毒防治工作、传播计算机病毒行为、计算机病毒防治产品生产及检测等进行了具体阐述。

2016 年 11 月 7 日，《中华人民共和国网络安全法》正式颁布，2017 年 6 月 1 日正式实施。该法律从网络安全支持与促进、网络运行安全、网络信息安全、监测预警与应急处置、法律责任等方面进行立法。

2020 年 1 月 1 日，《中华人民共和国密码法》正式实施。该法律是国家安全法律体系的重要组成部分，其颁布实施大大提升了立法工作的科学化、规范化和法治化水平，有力促进了密码技术的进步，促进了产业的发展。

2021 年 9 月 1 日，《中华人民共和国数据安全法》正式施行。《中华人民共和国数据安全法》由中华人民共和国第十三届全国人民代表大会常务委员会第二十九次会议于 2021 年 6 月 10 日通过。该部法律体现了总体国家安全观的立法目标，聚焦数据安全领域的突出问题，确立了数据分类分级管理，建立了数据安全风险评估、监测预警、应急处置、数据安全审查等基本制度，并明确了相关主体的数据安全保护义务，是我国首部数据安全领域的基础性立法。

2021 年 11 月 1 日，《中华人民共和国个人信息保护法》正式施行。《中华人民共和国个人信息保护法》由中华人民共和国第十三届全国人民代表大会常务委员会第三十次会议于 2021 年 8 月 20 日通过。通过颁布个人信息保护法，进一步完善个人信息处理规则，特别是对应用程序（App）过度收集个人信息、"大数据杀熟"等违规行为进行了有针对性规范；明确了通过自动化决策方式向个人进行信息推送、商业营销（如基于浏览或搜索行为的自动推荐程序）应提供不针对其个人特征的选项或提供便捷的拒绝方式，明确了处理生物识别、医疗健康、金融账户、行踪轨迹等敏感个人信息应取得个人的单独同意。

2. 信息安全等级保护制度

（1）等级保护的定义。信息安全等级保护是对信息和信息载体按照重要性等级分级别进行保护的一种工作，等级保护备案证明如图 9.13 所示。

图 9.13　信息安全等级保护备案示图

等级保护经历了近 20 年的发展，从起步阶段到 2007 年以后的推广阶段，各行业单位全面开展定级、整改、测评、检查等信息安全等级保护工作。2004 年公安部规定公安机关负责信息安全等级保护工作的监督、检查、指导；国家保密工作部门负责等级保护工作中有关保密工作的监督、检查、指导。有关法律要求执行信息安全等级保护制度的行业包括：

● 电信、广电行业的公用通信网
● 广播电视传输网等基础信息网络
● 经营性公众互联网信息服务单位的重要信息系统
● 互联网接入服务单位的重要信息系统
● 数据中心等单位的重要信息系统

（2）等级保护关键技术。等级保护关键技术包括边界防护、访问控制、通信传输、入侵防范、恶意代码防范、集中管控。

（3）等级保护流程。等级保护工作包含定级、备案、等级测评、建设整改、监督和检查 5 个工作环节，如图 9.14 所示。信息系统安全责任主体根据系统重要性负责对系统开展定级，并向地市所在的公共网络安全监管部门进行备案，委托具备资质的等级保护测评机构开展测评，依据测评结果开展安全建设整改，公安机关对单位的等级保护工作开展进行监督检查。

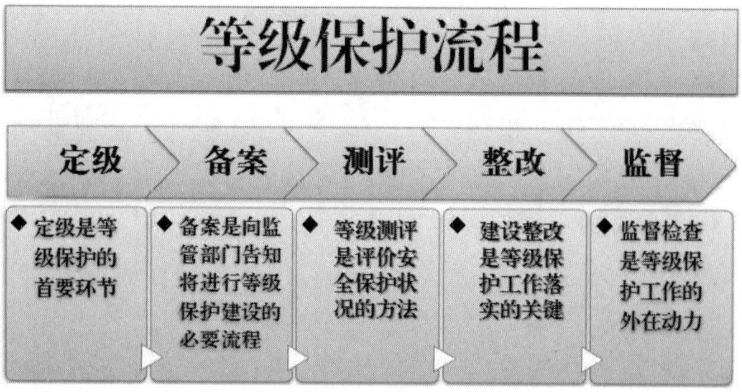

图 9.14　等级保护流程

9.5.3　规范使用公安信息网

公安信息网，是从物理链路上就独立于互联网之外的公安内网。接入公安信息网的计算机不得安装无线网卡、无线鼠标、无线键盘等具有无线互联功能的设备，更不能将公安信息网的网线直接插在无线路由器上使用。具体规范包括：

（1）连接互联网的移动警务终端不得与公安信息网计算机违规连接。

（2）公安信息网计算机应当使用符合保密要求的移动存储介质和导入/导出设备。

（3）公安信息网的计算机维修时，应当在本单位内部进行，并指定专人全程监督，严禁维修人员读取或复制其中的涉密敏感信息，如确需送外维修的，必须拆除存储部件。公安信息网的计算机报废时，应先拆除存储部件，拆除的存储部件应当按照涉密载体有关规定处理。

（4）不得在公安信息网计算机、互联网计算机之间交叉使用存储介质和打印机、传真机、扫描仪、多功能一体机等具有存储功能的设备。

（5）公安信息网计算机应当采取符合保密要求的身份鉴别措施。公安民警不得将公安信息网计算机数字证书交由他人使用。不得越权访问公安信息资源，不得泄露公民个人信息等不宜对外公开的信息。公安机关应当留存应用系统访问日志信息，任何单位和个人不得擅自删除、篡改、审计日志信息。

？思考·感悟

思考：计算机专业毕业的小陈进入公安局实习，由于办公室的计算机都是接入到公安信息网的，小陈感觉枯燥无味，于是在互联网上下载了游戏程序，在办公室的公安信息网计算机上架设网络游戏"私服"，邀请其他辅警和民警加入"战斗"。小陈的行为是否符合规范？

感悟：公安信息网要落实"谁主管、谁负责"，"谁使用、谁负责"的管理责任制。小陈的行为不符合规范。

习题 9

一、简答题

1. 信息安全有哪些基本属性？

2．简述信息安全等级保护的流程。

3．什么是计算机病毒？

4．简述常见的网络攻击方式。

5．简述当前时代背景下的个人隐私保护策略。

拓展练习

1．查找资料，了解端口扫描工具。

2．简述杀毒软件的工作原理，并制作木马和病毒的查杀流程图。

3．你知道哪些网络"翻墙"行为？

参考文献

[1]   贾学明，刘凌，徐明．公安信息系统应用教程[M]．北京：中国水利水电出版社，2016．

[2]   孟庆博．公安信息化技术基础[M]．北京：中国人民公安大学出版社，2018．

[3]   毛建景．计算机应用基础[M]．北京：人民邮电出版社，2021．

[4]   王东霞．计算机应用基础项目化教程[M]．西安：西安交通大学出版社，2017．

[5]   刘志成，石坤泉．大学计算机基础（Windows 7+WPS Office 2019）（微课版）[M]．3 版．北京：人民邮电出版社，2021．

[6]   甘勇，尚展垒，王伟，等．大学计算机基础[M]．4 版．北京：人民邮电出版社，2020．

[7]   唐永华，刘鹏，于洋，等．大学计算机基础[M]．4 版．北京：清华大学出版社，2022．

[8]   康曦，连慧娟．计算机基础实例教程（Windows 10+Office 2016 版）（微课版）[M]．北京：清华大学出版社，2022．

[9]   熊福松．计算机基础与计算思维[M]．2 版．北京：清华大学出版社，2018．

[10] 邵增珍．计算思维与大学计算机基础[M]．北京：清华大学出版社，2021．

[11] 罗晓娟．计算机基础（Windows 10+Office 2016）[M]．北京：清华大学出版社，2021．

[12] 陈卓然，杨久婷，陆思辰，等．大学计算机基础教程[M]．北京：清华大学出版社，2021．

[13] 宋广军．计算机基础[M]．6 版．北京：清华大学出版社，2021．

[14] 马利，范春年，桂梓原．大学计算机基础（立体化教材）[M]．2 版．北京：清华大学出版社，2020．